"十二五"高等职业教育电子信息类专业规划教材

电子电路设计实例教程

李晓虹　主编

中国铁道出版社
CHINA RAILWAY PUBLISHING HOUSE

内 容 简 介

本书以培养学生从事实际工作的综合职业能力和综合职业技能为目的，本着理论联系实践、仿真与实际操作并用、会做与能写会画相结合的原则，注重知识的实用性、针对性和综合性，注重知识的扩展与引导，同时反映电子技术的新成果、新动向，有利于学生的可持续发展。

全书分为三篇，其中：上篇"电子电路设计基础知识"包括电子电路设计简介、常用电子仪器仪表两章；中篇"电子电路设计实践"包括数字电子电路设计、模拟电子电路设计、综合电子电路设计、单片机电子电路设计四章；下篇"电子电路设计实验与综合实训"包括电子电路设计实验、电子电路设计综合实验两章。书中所有电子电路设计实例和实验均具有很强的可操作性，均可通过仿真或实际操作完成，且对实验设备的要求不高，适用面较广。

本书可作为高等职业院校及成人高校应用电子技术、电子信息工程技术等专业师生使用的教材，也可作为学生电子兴趣小组的指导用书，以及供从事电子信息技术相关工作的工程技术人员参考。

图书在版编目（CIP）数据

电子电路设计实例教程/李晓虹主编. —北京：中国铁道出版社，2014.2
"十二五"高等职业教育电子信息类专业规划教材
ISBN 978 - 7 - 113 - 16902 - 2

Ⅰ. ①电… Ⅱ. ①李… Ⅲ. ①电子电路 - 电路设计 - 高等职业教育 - 教材 Ⅳ. ①TN702

中国版本图书馆 CIP 数据核字（2013）第 265160 号

书　　名：**电子电路设计实例教程**
作　　者：李晓虹　主编

策　　划：吴　飞　　　　　　　　　　读者热线：400 - 668 - 0820
责任编辑：何红艳　鲍　闻　　　　　　特邀编辑：赵　瑗
封面设计：刘　颖
封面制作：白　雪
责任校对：汤淑梅
责任印制：李　佳

出版发行：中国铁道出版社（100054，北京市西城区右安门西街 8 号）
网　　址：http://www.51eds.com
印　　刷：化学工业出版社印刷厂
版　　次：2014 年 2 月第 1 版　　　　2014 年 2 月第 1 次印刷
开　　本：787 mm × 1 092 mm　1/16　印张：18.75　字数：451 千
印　　数：1～3 000 册
书　　号：ISBN 978 - 7 - 113 - 16902 - 2
定　　价：36.00 元

电子电路设计是高职应用电子技术、电子信息工程技术等专业必修的一门专业综合能力训练课程，为从事电子产品整机生产企业培养具有产品开发、调试、检验与维修等能力的高端技能型专门人才。

本书是高等职业教育中课程教学改革的成果。为了满足高等职业教育培养高端技能型专门人才的教学需要，本书的编写注重融入自己的独特风格，将教师多年教学的经验总结升华，体现"教、学、做、画、写"多元一体的课程教学组织模式，实现理论与实践教学相融合，并在教学过程中引入仿真等现代教学技术手段。全书体现了知识体系的完整性，并分类融入了大量电子电路设计实例和实验，且这些实例和实验及其扩展项目和思考题全部经过了实际验证，均可通过仿真或实际操作完成，且对实验设备的要求不高，适用面较广。学生通过实际操作，不仅能够掌握相关操作技能，对相关理论知识的理解也会更加深刻。书中同一电路设计的完成结果允许有所差别，这就给学生留下了可以充分发挥创造的空间，引导学生积极思考，培养了学生的创新能力。此外，还预留了足够的扩展空间及课题储备量，供学生课外自我提高，从而将课程教学由课内延伸到了课外。

本书的教学目标是使学生掌握电子电路设计及改进的实际流程和基本方法，能够正确选择和合理使用各类电子元器件；掌握电子电路分析与仿真、电路识图与绘图；掌握电子电路安装与调试、故障分析与处理等技能；掌握电子电路改进的思路与方法，能熟练地运用电子仪器仪表检测元器件、检查电路和整机的工作状态或性能；掌握资料查阅的方法；掌握技术论文及实验报告的撰写。通过本书的学习，学生能够获得电子电路设计必要的基本理论、基本知识、基本技能及综合分析问题和解决问题的方法、能力，为学习后续专业知识以及今后从事工程技术工作打下坚实的基础。此外，还可培养学生根据项目任务制定、实施工作计划的能力，培养学生分析问题、解决问题的能力，培养学生的沟通能力及团队协作精神，培养学生勇于创新、敬业乐业的工作作风，培养学生的社会责任心、质量意识、成本意识。

全书分为三篇，其中上篇电子电路设计基础知识包括电子电路设计简介、常用电子仪器仪表两章，中篇电子电路设计实践包括数字电子电路设计、模拟电子电路设计、综合电子电路设计、单片机电子电路设计四章，下篇电子电路设计实验与综合实训，包括电子电路设计实验、电子电路设计综合实验两章。书中所有电子电路设计内容均具有很强的可操作性，均可通过仿真或实际操作完成，且对实验设备的要求不高，适用面较广。

本书由武汉工程职业技术学院李晓虹主编。其中2.1.2数字示波器、3.3智力竞赛抢答计时器、4.2函数波形发生器为武汉工程职业技术学院陈贞编写，其余均为李晓虹编写。全书由李晓虹选题、统稿、审核及定稿。

本书的编写得到了武汉工程职业技术学院同仁的大力支持，在此向他们表示衷心的感谢！

由于编者水平有限，书中的疏漏和不足之处在所难免，真诚欢迎读者给予指正和交流，编者的电子邮箱为 lixiaohong_youxiang@126.com。

编　者

2013 年 12 月

中篇 电子电路设计实践

下篇　电子电路设计实验与综合实训

绪论

电子电路设计是在模拟电子技术、数字电子技术、传感器原理与应用、单片机原理与应用等课程之后，从应用的角度出发，深入浅出地介绍有关电子电路设计的基本方法和基本技能，结合所学知识进行综合应用，培养和提高学生分析、解决实际电路问题的能力。它是高等职业技术学院电子类专业的学生必须进行的一项综合性训练。教师可选择相关课题指导学生进行设计与制作。

1. 电子电路设计的任务与要求

电子电路设计的任务一般是让学生设计、组装并调试一个简单的电子电路装置。需要学生综合运用模拟电子技术、数字电子技术、传感器原理与应用、单片机原理与应用等课程的知识，通过调查研究、查阅资料、选定方案，设计单元电路及选取元器件，进行电子电路仿真、组装和调试，测试技术指标及分析讨论、改进方案等，最后撰写设计报告，完成设计任务。

电子电路设计过程中要综合运用仿真与实验检测手段，使理论设计逐步完善，做出达到指标要求的实际电路。通过这种综合训练，学生可以掌握电子电路设计的基本方法，提高动手实验的基本技能，培养分析解决电路问题的实际本领，为以后毕业设计和从事实际工作打下基础。

电子电路设计主要是围绕一门或多门课程内容所做的综合性练习。题目出自电子电路的实际应用，一般没有固定的答案。但由于电路比较简单且已定型，所以学生基本上有章可循，完成起来并不困难。这里的着眼点是将学生从理论学习的轨道上逐步引向实际操作及应用方面，把过去熟悉的定性分析、定量计算逐步和工程估算、实验调整等手段结合起来，掌握工程设计的步骤和方法，了解科学实验的程序和实施方法，对今后从事技术工作无疑是个启蒙训练。

从电子电路设计的任务出发，应通过设计工作的各个环节，达到以下教学要求：

（1）巩固和加深学生对电子电路基本知识的理解，提高其综合运用所学知识的能力。

（2）培养学生根据课题需要选择参考书籍，查阅手册、图表和文献资料的自学能力。通过独立思考，深入钻研，学会自己分析并解决问题的方法。

（3）通过电子电路方案的分析、论证和比较，设计计算和选取元器件，电子电路仿真、组装、调试和检测等环节，初步掌握简单实用电子电路的分析方法和工程设计方法。

（4）掌握常用仪器、设备的正确使用方法，学会电子电路实验调试和整机指标测试方法，提高学生的动手能力和从事电子电路实验的基本技能。

（5）了解与课题有关的电子电路及元器件的工程技术规范，能按设计任务书的要求，完成设计任务，编写设计说明书，正确地反映设计与实验的成果，正确地绘制电路图等。

（6）培养严肃、认真的工作作风和科学的态度。通过电子电路设计与实践，帮助学生逐步建立正确的生产观点、经济观点和全局观点。

2. 电子电路设计的内容与安排

1）电子电路设计题目的选择

电子电路设计题目选择是否合适，直接关系到学生完成的情况和教学效果。教师必须根据教学要求、学生的实际水平、能完成的工作量和实际的实验条件适当选题，争取让不同程度的学生经过努力都能完成设计任务，在巩固所学知识、提高基本技能和能力等方面均有所收获。

我们将在简单介绍电子电路设计的基础知识之后，分主次以不同的方式介绍部分选题。这些题目的基础知识均是模拟电子技术、数字电子技术、传感器原理与应用、单片机原理与应用等课程中学过的知识，而且多是运用集成电路或单片机组成的实用电子装置，具有一定的实用性和趣味性，反映了电子技术的新水平。这些题目有的以数字电路为主，有的以模拟电路为主，有的以单片机电路为主，还有包含传感器应用电路、数字电路、模拟电路、单片机电路的综合性题目。它们的设计指标不仅符合教学要求，并且都是从学生实际出发选定的课题内容，设计、仿真、安装调试的方法均难易适中。

2）电子电路设计内容及要求

首先，教师要向学生布置设计任务，下发设计任务书。电子电路设计任务书应写明：设计题目；主要技术指标和要求；给定的条件和所用的仪器设备等。

教师讲解必要的电路原理和设计方法，如果需要深化和扩展学过的知识，还要补充讲授有关的内容，帮助学生明确任务、掌握工程设计方法。

学生在教师指导下选择设计方案，进行设计计算、绘图及编程，完成预设计。设计方案经过教师审查通过后，即可开始仿真、安装和调试，其中安装调试是电子电路设计的重点和难点，教师要加强对学生的指导。尤其在电路出现异常现象或故障时，要帮助学生根据电路原理图按照目测观察、逐级查找原因、调整电路、再进行实验的步骤，解决电路中的问题。

3）电子电路设计说明书

电路调试已达到设计要求后，学生要对设计的全过程作出系统的总结报告，按照一定的格式撰写设计说明书。电子电路设计说明书主要内容有：设计题目；作者，单位；摘要、关键词、目录；方案选择及电路工作原理；单元电路设计计算，元器件的选择，画出预设计总体电路图等；仿真、安装、调试中遇到的问题，解决的方法以及实验效果等，实际总体电路图；电路性能指标测试结果，结论，设计是否满足要求及对成果的评价；改进设计的建议；收获和体会；附录、参考文献。

4）教学安排

电子电路设计一般可分为三个阶段：

（1）预设计阶段：包括教师授课、方案论证、设计计算和完成预设计。这一阶段约占总学时的50%。

（2）仿真、安装调试阶段：包括仿真、组装电路、调试和检测，完成实际电路的制作。这一阶段约占总学时的50%。

（3）总结报告阶段：包括总结设计工作，综合运用所学知识撰写设计说明书。这一阶段由学生课后完成，并按教师要求提交设计报告。

3. 电子电路设计的教学方法

电子电路设计作为集中实践性教学环节，应着重提高学生的自学能力，独立分析、解决问题的能力和动手进行电路实验的能力。

为了培养学生的自学能力，对于课上已学过的基本知识，教师不必重复讲解，只需根据设计任务提出具体要查阅的资料，让学生自学就可以了。对于设计或实验中可能碰到的重点、难点，可通过典型分析和讲解，启发学生的分析思路和研究方法，以便达到举一反三的目的。设计中要教给学生查阅资料、使用工具书的方法，让他们遇到问题时，不是立刻找老师，而是通过独立思考，查阅相关的资料和书籍，自己寻找答案。

要提高学生独立分析、解决问题的能力，必须为学生提供在设计实践中自己锻炼的机会和条件。引导学生自主学习和钻研问题，明确设计要求，找出实现要求的方法。鼓励学生开动脑筋、大胆探索，发挥主动性和创造性。在时间安排上要留有余地，保证学生有条件独立地解决设计和实验中的问题。同时，要采用经验交流、集体讨论、课题报告等形式，互相启发、集思广益。

要提高动手实验的能力，关键是启发学生把动脑和动手结合起来。安排实验不再由教师包办代替，而由学生按照需要自己拟定实验内容和操作步骤：自选仪器、设备，独立测试和记录，并对实验结果作出分析、处理。教师主要做好审查、把关的工作，并且帮助学生处理疑难问题。学生从设计、计算、选择元器件开始，直到做出合格的电路，始终由自己动手完成，有利于增长学生的综合职业能力。

教学中强调引导学生独立完成设计任务，这并没有降低教师的作用，而是对教师的教学提出了更高的要求。教师要树立"以学生为中心"的思想，为学生做好各种服务；要熟练掌握设计中的重点、难点，发挥教师的主导作用；在教学方法上既不能包办代替，又不能撒手不管，放任自流。应注意根据学生的基础和能力的差别提出不同的要求，做到因材施教；还要注意对学生的全面训练，教书又育人，使学生专业、思想双丰收。

上篇　电子电路设计基础知识

第❶章　电子电路设计简介

教学目标

1. 掌握电子电路设计的一般方法及电路图的绘制。
2. 掌握电子电路仿真软件的使用。
3. 掌握电子电路安装调试的方法。
4. 掌握设计论文、实验报告的撰写。

1.1　电子电路一般设计方法

在电子技术基础课程的教学中，往往是对给定电路或简单电路系统进行分析和计算，以了解其工作原理和性能。而在电子电路设计中，是要根据设计指标和要求，做出实现所需性能的实际电路。前者侧重运用电子电路理论知识作电路分析，后者则需根据掌握的电子电路理论、实践知识和实验技能进行综合运用。它不仅涉及一般电子电路的设计方法，还会遇到工程估算、安装制作、电路调试、故障分析与处理等实践性的技能问题。

电子电路种类很多，设计方法也不尽相同，尤其是随着集成电路的迅速发展，各种专用功能新型器件大量涌现，使电路设计工作发生了巨大的变革，原始的分立元件电路设计方法已逐渐被集成器件应用电路所取代。所以，要求设计者应把精力从单元电路的设计与计算，转移到整体方案的设计上来，不断熟悉各种集成电路的性能、指标，根据总体要求正确选取集成器件，合理地进行实验调试，完成总体的系统设计。

由于电子电路种类繁多，使得电路的设计过程和步骤也不完全相同。不过多数情况下，还是有共同的规律可遵循。一般来说，对于简单的电子电路装置的设计步骤大体如图 1-1-1 所示。

1. 选定总体方案与框图

根据设计任务、指标要求和给定的条件，分析所要设计的电路应该完成的功能，并将总体功能分解成若干单项的功能，分清主次和相互的关系，形成由若干单元功能块组成的总体方案。设

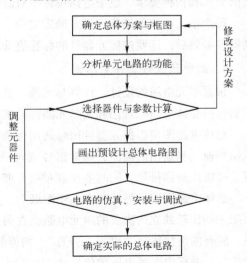

图 1-1-1　电子电路设计的一般步骤

计方案可以有多个，需要通过实际的调查研究、查阅有关资料和集体讨论等方式，着重从方案能否满足要求、构成是否简单、实现是否经济可行等方面，对几个方案进行比较和论证，择优选取。对选取的总体方案，常用框图的形式表示出来。注意每个方框尽可能是完成某一种功能的单元电路，尤其是关键的功能块的作用与功能一定要表达清楚。还要表示出它们各自的作用和相互之间的关系，注明信息的走向和制约关系。

2. 分析单元电路的功能

任何复杂的电子电路装置和设备，都是由若干具有简单功能的单元电路组成的。总体方案的每个方框，往往是由一个主要单元电路组成的，它的性能指标也比较单一。在明确每个单元电路的技术指标的前提下，要分析清楚各个单元电路的工作原理，设计出各单元电路的结构形式。要利用过去学过的或熟悉的单元电路，也要善于通过查阅资料、分析研究一些新型电路，开发利用一些新型器件。

各单元电路之间要注意在外部条件、元器件使用、连接关系等方面的相互配合，尽可能减少元件的类型、电平转换和接口电路，以保证电路简单、工作可靠、经济实用。各单元电路拟定之后，应全面地检查一遍，看每个单元各自的功能能否实现，信息是否畅通，总体功能能否满足要求。如果存在问题，还要针对问题作局部调整。

3. 选择器件与参数计算

单元电路确定之后，根据其工作原理和所要实现的功能，首先要选择在性能上能满足要求的集成器件。所选集成器件最好能完全满足单元电路的要求。当然在多数情况下集成器件只能完成部分功能，需要同其他集成器件和电子元器件组合起来构成所需的单元电路。这里需要灵活运用过去学过的知识，也需要十分熟悉各种集成电路的性能和指标，注意对新型器件的开发和利用。

经常会出现这种情况，在花费了许多工夫之后仍然选不到合适的电路，或者性能指标达不到要求，或者电路太复杂实现十分困难。这就需要对总体方案作修正或改进，调整某些功能方块的分工和指标要求。电子电路设计中有时要经过多次反复修正和完善。

每个单元电路的结构、形式确定之后，还需要对影响技术指标的元器件进行参数计算，得到器件参数后，还要按照元器件的标称值选取适用的元器件。

4. 画出预设计总体电路图

根据单元电路的设计、计算与元器件选取的结果，画出预设计的总体电路图。总体电路图主要包括总体电路原理图和实际元器件的接线图。

总体电路图应根据元器件国际通用标准或国家标准以及电路图的规范画法画出。图中要注意信号输入和输出的流向，通常信号流向是从左至右、从下至上或从上至下，各单元电路也应尽可能按此规律排列，同时要注意布局合理。

总体电路图应尽可能画在一张图纸上。如果电路比较复杂，应当把主电路画在一张图纸上，而把一些比较独立或次要的单元电路画在另一张或另几张图纸上，但要标明相互之间的连接关系。所有的连接线要"横平、竖直"，相连的交叉线要在交点上用圆点标出。电源线和地线尽可能统一，并标出电源电压数值。

总体电路图画出之后，还要进行认真的审查。检查总体电路是否满足方案的要求，单元电路是否齐备；每个单元电路的工作原理是否正确，能否实现各自的功能；各单元电路之间的连接有无问题，电平和时序是否合适；图中标注的元器件型号、引脚序号、参数值等是否正确等。这种审查十分重要，以防在安装、调试中损坏器件。

5. 进行电路的仿真、安装与调试

具备仿真条件的电路首先进行仿真调试，成功后再进行实际电路的安装与调试，这样可减少电路设计的成本与时间。电路的安装与调试是完成电子电路设计的重要环节。它是把理论设计付诸实践、制作出符合设计要求的实际电路的过程。安装与调试为学生创造了一个动脑动手独立开展电路实验的机会，要求学生掌握电子电路的基本制作工艺和操作技能，运用实验的手段检验理论设计中的问题，运用学过的知识指导电路调试和检测工作，使理论与实践有机地结合起来，提高分析解决电路实际问题的能力。

电子电路设计的电路安装，应根据题目的要求和教学条件，可以利用实验箱等实验设备完成电路，也可以制作出实际的电子电路装置。后者还需要考虑电路的布局、制作专门的印制电路板、焊接和组装电路等。

由于多种实际因素的影响，原来的理论设计可能要作修改，原来选择的元器件需要调整或改变参数，有时还需要增加一些电路或器件，以保证电路能稳定地工作。因此，调试之后很可能要对前面"选择器件和参数计算"一步中所确定的方案再作修改，最后完成实际的总体电路。

电子元器件品种繁多且性能各异，电子电路设计与计算中又采用工程估算，再加之设计中要考虑的因素很多，设计出的电路难免会存在这样或那样的问题甚至差错。实践是检验设计正确与否的唯一标准，任何一个电子电路都必须通过实验检验，没有经过实验检验的电子电路不能算是成功的电子电路。通过实验可以发现问题，分析问题，找出解决问题的办法，从而修改和完善电子电路的设计。只有通过实验证明电路性能全部达到设计要求后，才能画出正式的总体电路图。

电子电路实验应注意以下几点：

（1）审图或仿真。电子电路组装前应对总体电路草图全面审查一遍，尽早发现草图中存在的问题，能进行仿真的草图用仿真调试来审查修改，以避免实际电路组装时出现过多反复或重大事故。

（2）电子电路组装与调试。一般先在面包板上采用插接方式组装与调试，或在具备条件的实验装置上组装与调试，或在多功能印制电路板上采用焊接方式组装与调试。初步调试成功后可试制印制电路板，之后焊接组装，并做进一步的调整与测试。

（3）选用合适的实验设备。一般电子电路实验必备的设备有：直流稳压电源、万用表、信号发生器、示波器、低压交流电源等，其他专用测试设备视具体电路要求而定。

（4）实验步骤。先局部，后整体。即先对每个单元电路进行实验，重点是主电路的单元电路实验。可先易后难，亦可依次进行，视具体情况而定。调通后再逐步扩展到整体电路。只有整体电路调试通过后，才能进行性能指标测试。性能指标测试合格才算实验完成。

6. 确定实际的总体电路

通过电路调试和技术指标的检测，达到了预期的设计要求，即可确定所要设计的总体电路，并画出实际的总体电路图。画正式总体电路图应注意的问题与画草图一样，只不过要求更严格、更工整。一切都应按制图标准绘图。按规定还要列出所用的元器件明细表。电子电路设计还要求对设计的全过程作出系统的总结，写出设计说明书。

1.2　电子工程图绘制

电子工程图在电子产品设计文件和工艺文件中均大量采用，绘制好电子工程图是电子工程技术人员必备的基本技能。

1.2.1　电子工程图

电子工程图是根据元器件国际通用标准或国家标准以及电路图的规范画法绘制的电子产品的简化工程图，在电子行业广泛采用。电子产品在设计开发和生产中的设计文件和工艺文件也离不开电子工程图，例如电路图、框图、流程图、接线图、印制板图，等等。

1. 图形符号

在实际应用图形符号时，只要不发生误解，人们总希望尽量简化。图1-2-1中是实践中常见的图形符号，使用这些简化画法的符号一般不会发生误解，已经国家标准所承认。

● 三极管省去圆圈；
● 电解电容、电池的负极用细实线画。

图1-2-1　图形符号

有关符号还遵守下列规定：

（1）在工程图中，符号所在的位置及其线条的粗细并不影响含义。

（2）符号的大小不影响含义，可以任意画成一种和全图尺寸相配的图形。在放大或缩小图形时，其各部分应该按相同的比例放大或缩小。

（3）在元器件符号的端点加上"o"不影响符号原义，如图1-2-2（a）所示。在开关元件中"o"表示接点，一般不能省去，如图1-2-2（b）所示。符号之间的连线画成直线或斜线，不影响符号本身的含义，但表示符号本身的直线和斜线不能混淆，如图1-2-2（c）所示。

（4）在逻辑电路的元件中，有无"o"含义不同，如图1-2-3所示。输出有"o"表示"非"，如4071是或门，4001是或非门，4081是与门，4011是与非门；输入有"o"端表示低电平有效，输入无"o"端表示高电平有效；输出全"o"表示全部反码输出，如74LS138；时钟脉冲 CLK 端有 "o" 表示在时钟脉冲的下降沿触发，无 "o" 表示在时钟脉冲的上升沿触发，异步置 1 端 S 端和异步置 0 端 R 端有 "o" 表示低电平有效，无 "o" 表示高电平有效，如 74111、7476、4013、7474。

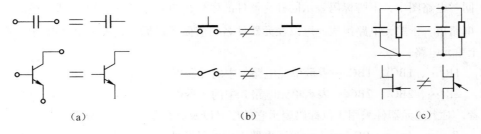

图 1-2-2　符号规定示例

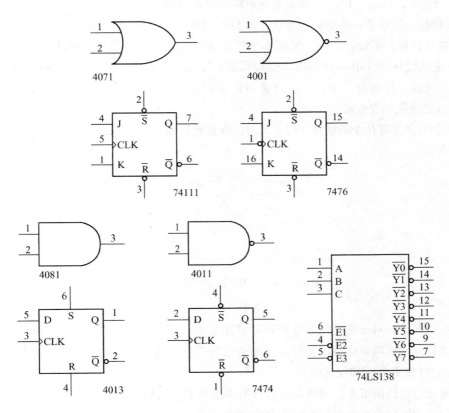

图 1-2-3　逻辑电路的元件符号示例

2. 元器件代号

在电路中，代表各种元器件的符号旁边，一般都标有字符记号，这是该元器件的标志说明，不是元器件符号的一部分。同样，在计算机辅助设计电路制板软件中，每个元件都必须有唯一的字符作为该元件的名称，也是该元件的说明，称为元件名（component reference designator）。在实际工作中，习惯用一个或几个字母表示元件的类型：有些元器件是用多种记号表示的，一个字母也不仅仅代表某一种元件。

在同一电路图中，不应出现同一元器件使用不同代号或一个代号表示一种以上元器件的现象。

3．下脚标码

1）同一电路图中，下脚标码表示同种元器件的序号，如 R_1、$R_2\cdots$，BG_1、$BG_2\cdots$。

2）电路由若干单元电路组成，可以在元器件名的前面缀以标号，表示单元电路的序号。例如有两个单元电路：

$1R_1$、$1R_2\cdots$，$1BG_1$、$1BG_2\cdots$表示单元电路 1 中的元器件；

$2R_1$、$2R_2\cdots$，$2BG_2$、$2BG_2\cdots$表示单元电路 2 中的元器件。

或者，对上述元器件采用 3 位标码表示它的序号以及所在单元电路，例如：

R_{101}、$R_{102}\cdots$，BG_{101}、$BG_{102}\cdots$表示单元电路 1 中的元器件；

R_{201}、$R_{202}\cdots$，BG_{201}、$BG_{202}\cdots$表示单元电路 2 中的元器件。

3）下脚标码字号小一些的标注方法，如 $1R_1$、$1R_2\cdots$，常见于电路原理性分析的书刊，但在工程图里这样的标注不好：第一，采用小字号下标的形式标注元器件，为制图增加了难度，计算机 CAD 电路设计软件中一般不提供这种形式；第二，工程图上的小字号下脚标码容易被模糊、污染，可能导致混乱。所以，一般采用将下脚标码平排的形式，如 1R1、1R2…或 R101、R102…，这样就更加安全可靠。

4）一个元器件有几个功能独立的单元时，在标码后面再加附码，如图 1-2-4 中三刀三掷开关的表示方法。

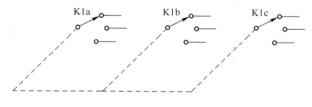

图 1-2-4　三刀三掷开关的表示方法

4．元器件标注

在一般情况下，对于实际用于生产的正式工程图，通常不把元器件的参数直接标注出来，而是另附文件详细说明。这不仅使标注更加全面准确，避免混淆误解，同时也有利于生产管理（材料供应、材料更改）和技术保密。

在说明性的电路图纸中，则要在元器件的图形符号旁边标注出它们最主要的规格参数或型号名称。标注的原则主要是根据以下几点确定的：

1）图形符号和文字符号共同使用，尽可能准确、简捷地提供元器件的主要信息。例如，电阻的图形符号表示了它的电气特性，图形符号旁边的文字标注出了它的阻值；电容器的图形符号不仅表示出它的电气特性，还表示了它的种类（有无极性和极性的方向），用文字标注出它的容量和额定直流工作电压；对于各种半导体器件，则应该标注出它们的型号名称。在图纸上，文字标注应该尽量靠近它所说明的那个元器件的图形符号，避免与其他元器件的标注混淆。

2）应该减少文字标注的字符串长度，使图纸上的文字标注既清楚明确，又只占用尽可能小的面积；同时，还要避免因图纸印刷缺陷或磨损折旧而造成的混乱。在对电路进行分析计算时，人们一般直接读（写）出元器件的数值，如电阻 47 Ω、1.5 kΩ，电容 0.01 μF、1000 pF 等，但把这些数值标注到图纸上去，不仅五位、六位的字符太长，而且如果图纸印刷（复印）质量不好或经过磨损以后，字母"Ω"的下半部丢失就可能把 47 Ω 误认为 470，小数点丢失就可能把 1.5 kΩ 误认为 15 kΩ。

因此采取了一些相应的规定：在图纸的文字标注中取消小数点，小数点的位置上用一个字母代替，并且数字后面一般不写表示单位的字符，使字符串的长度不超过四位。

对常用的阻容元件进行标注，一般省略其基本单位，采用实用单位或辅助单位。电阻的基本单位 Ω 和电容的基本单位 F 一般不出现在元器件的标注中。如果出现了表示单位的字符，则是用它代替了小数点。

（1）电阻器

电阻器的实用单位有 Ω、kΩ、MΩ 和 GΩ，其中 Ω 在整数标注中省略，在小数标注中由 R 代替小数点，而 kΩ、MΩ、GΩ 分别记作 k、M 和 G：

$1 \, kΩ = 10^3 \, Ω$；

$1 \, MΩ = 10^6 \, Ω$，即 $1 \, MΩ = 10^3 \, kΩ$；

$1 \, GΩ = 10^9 \, Ω$，即 $1 \, GΩ = 10^6 \, kΩ = 10^3 \, MΩ$。

所以，对于电阻器的阻值，应该把 0.56 Ω、5.6 Ω、56 Ω、560 Ω、5.6 kΩ、56 kΩ、560 kΩ 和 5.6 MΩ 分别标注为 R56、5R6、56、560、5k6、56k、560k 和 5M6。

（2）电容器

电容器的实用单位有 pF、μF，分别记作 p 和 μ：

$1 \, pF = 10^{-12} \, F$；

$1 \, μF = 10^{-6} \, F$，即 $1 \, μF = 10^6 \, pF$。

例如，对于电容器的容量，还需要标出 p 或 μ，例如应该把 4.7 pF、47 pF、470 pF 分别记作 4p7、47p、470p，把 4.7 μF、47 μF、470 μF 分别记作 4μ7、47μ、470μ。为了便于表示容量大于 1000 pF、小于 1 μF 以及大于 1000 μF 的电容，采用辅助单位 nF 和 mF：

$1 \, nF = 10^{-9} \, F$，即 $1 \, nF = 10^3 \, pF = 10^{-3} \, μF$；

$1 \, mF = 10^{-3} \, F$，即 $1 \, mF = 10^3 \, μF$。

所以，1n、4n7、10n、22n、100n、560n、1m、3m3 分别表示容量为 1000 pF、4700 pF、0.01 μF、0.022 μF、0.1 μF、0.56 μF、1000 μF 和 3300 μF。

另外，对于有工作电压要求的电容器，文字标注要采取分数的形式：横线上面按上述格式表示电容量，横线下面用数字标出电容器的额定工作电压。如图 1-2-5 中电解电容器 C2 的标注是 $\frac{3m3}{160}$，表示电容量为 3300 μF、额定工作电压为 160 V。

图 1-2-5 中微调电容器 7/25 虽然未标出单位，但通常微调电容器的容量都很小，单位只可能是 pF，即 7 ~ 25 pF。

也有一些电路图中，所用某种相同单位的元件特别多，则可以附加注明。例如，某电路中有 100 只电容，其中 90 只是以 pF 为单位的，则可将该单位省去，并在图上添加附注："所有未标电容均以 pF 为单位。"

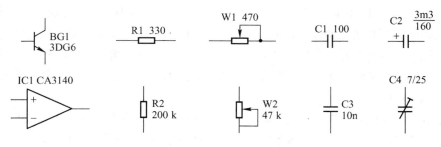

图 1-2-5　元器件标注举例

（3）SMT 阻容元器件

由于 SMT 元器件特别细小，一般采用 3 位数字在元件上标注其参数。例如，电阻上标注 101 表示其阻值是 100Ω（即 $10 \times 10^1 \Omega$），标称为 474 的电容器表示其容量是 $0.47 \mu F$（即 $47 \times 10^4 pF$）。

1.2.2　电路图

电路图用来表示设备的电气工作原理，它使用各种图形符号按照一定的规则绘制，表示元器件之间的连接以及电路各部分的功能。

电路图不表示电路中各元器件的形状或尺寸，也不反映这些器件的安装、固定情况。所以，一些整机结构和辅助元件如紧固件、接线柱、焊片、支架等组成实际产品必不可少的东西在电路图中都不需要画出来。

1. 电路图中的连线

1）连线要尽可能画成水平或垂直的。

2）相互平行线条的间距不要小于 $1.6\,mm$；较长的连线应按功能分组画出，线间应留出 2 倍的线间距离，如图 1-2-6（a）所示。

3）一般不要从一点上引出多于三根的连线，如图 1-2-6（b）所示。

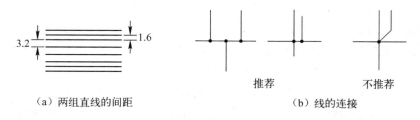

（a）两组直线的间距　　　　　　　　（b）线的连接

图 1-2-6　连接线画法

4）连线可以根据需要适当延长或缩短。

2. 电路图中的虚线

在电路图中，虚线一般是作为一种辅助线，没有实际电气连接的意义。其作用如下：

1）表示两个或两个以上元件的机械连接。例如在图 1-2-7（a）中，表示带开关的电位器，这种电位器常用在音量控制电路中，调整 W 可以通过改变音频信号的大小改变音量，当调整音量至最小时，开关K断开电源；图1-2-7（b）表示两个同步调谐的电容器，这种电容器常用在超外差无线电接收机里，C1和C2分别处于高放回路和本振回路，同步调谐保证两回路的差频不变。

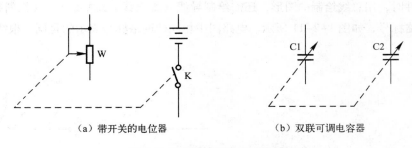

（a）带开关的电位器　　　　　　　　　（b）双联可调电容器

图1-2-7　虚线表示机械连接

2）表示屏蔽（如图1-2-8所示）。

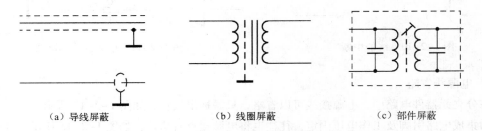

（a）导线屏蔽　　　　　（b）线圈屏蔽　　　　　（c）部件屏蔽

图1-2-8　用虚线表示屏蔽

3）表示一组封装在一起的元器件（如图1-2-9所示）。

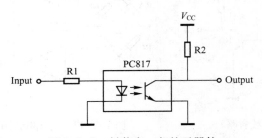

图1-2-9　封装在一起的元器件

4）其他作用：表示一个复杂电路划分成若干个单元或印制电路分隔为几块小板的界限等，一般需要附加说明。

3. 电路图中的省略

在比较复杂的电路中，如果将所有的连线和接点都画出来，图形就会过于密集，线条太多反而不容易看清楚。因此，人们采取各种办法简化图形，使画图、读图都方便。

1）线的中断

在图中距离较远的两个元器件之间的连线（特别是成组连线），可以不必画到最终去处，采用中断的办法表示，可以大大简化图形，如图1-2-10所示。

在这种线的断开处，一般应该标出去向或来源（可用网络标号 NetLabel 标明）。

2）总线

需要在电路图中用一组线连接的时候，可以使用总线（BUS）（粗实线）来表示。在使用计算机绘图软件时，用总线绘制的图形，还需绘制导线（细直线）、总线分支（细斜线），标示每根导线的网络标号，如图 1-2-11 所示。电路图中相同的网络标号表示的是同一根线，即电路是连通的。

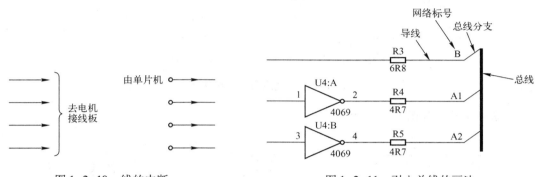

图 1-2-10　线的中断　　　　　　图 1-2-11　引入总线的画法

3）电源线省略

在分立元器件电路中，电源接线可以省略，只需标出接点，如图 1-2-12 所示。

因集成电路引脚及工作电压固定，往往也将电源接点省略掉，如图 1-2-13 所示。

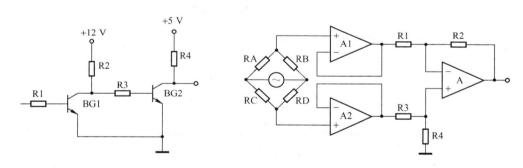

图 1-2-12　电源线省略　　　　　　图 1-2-13　集成电路图中的电源线省略

4. 电路图的绘制

绘制电路图时，要注意做到布局均匀，条理清楚。

（1）要注意符号统一。在同一张图内，同种电路元件不得出现两种符号。应尽量采用符合国际通用标准或国家标准的符号，但大规模集成电路的引脚名称一般保留外文字母标注。

（2）在正常情况下，采用电信号从左到右、自上而下（或自下而上）的顺序，即输入端在图纸的左、上方（或下方），输出端在右、下方（或上方）。

（3）每个图形符号的位置，应该能够体现电路工作时各元器件的作用顺序。在图 1-2-14 中，运放 A3 作为反馈电路，将输出信号反馈到输入端，故它的方向与 A1、A2 不同。

（4）把复杂电路分割成单元电路进行绘制时，应该标明各单元电路信号的来龙去脉，并遵循从左至右、从下至上或从上至下的顺序。

（5）串联的元件最好画到一条直线上；并联时按各元件符号的中心对齐，如图 1-2-15 所示。

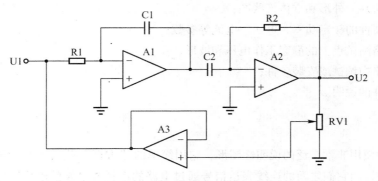

图 1-2-14　图形位置及其作用

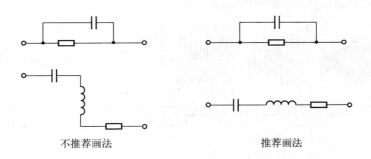

不推荐画法　　　　　　　　　　推荐画法

图 1-2-15　元器件串、并联时的位置

（6）电气控制图中开关及继电器等元件的触点在绘制时方向应遵循"横画上闭下开口朝左，竖画左开右闭口朝上"，并且元件与其触点的文字标注应相同，如图 1-2-16 所示。

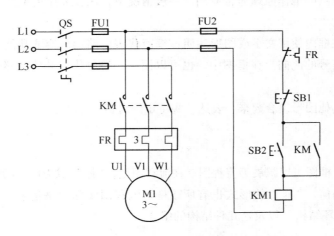

图 1-2-16　电气控制图中元件的方向与标注

（7）根据图纸的使用范围及目的需要，可以在电路图中附加以下并非必须的内容：

① 导线的规格和颜色；

② 某些元器件的颜色；

③ 某些元器件的外形和立体接线图；

④ 某些元器件的额定功率、电压、电流等参数；

⑤ 某些电路测试点上的静态工作电压和波形；

⑥ 部分电路的调试或安装条件；

⑦ 特殊元件的说明。

1.2.3　框图

框图是一种使用非常广泛的说明性图形，它用简单的"方框"代表一组元器件、一个部件或一个功能模块，用它们之间的连线表达信号通过电路的途径或电路的动作顺序。框图具有简单明确、一目了然的特点。图 1-2-17 是普通超外差式收音机的框图，它能让我们一眼就看出电路的全貌、主要组成部分及各级电路的功能。

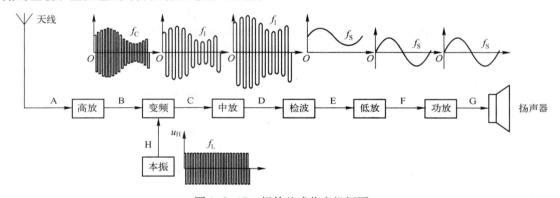

图 1-2-17　超外差式收音机框图

框图对于了解电路的工作原理非常有用。一般情况下，比较复杂的电路原理图都附有框图作为说明。

绘制框图，要在框内使用文字或图形注明该框所代表电路的内容或功能，框之间一般用带有箭头的连线表示信号的流向。在框图中，也可以用一些符号代表某些元器件，例如天线、电容器、扬声器等。

框图往往也和其他图形组合起来，表达一些特定的内容。

1.2.4　流程图

对于复杂电路，框图可以扩展为流程图。在流程图里，"框"成为广义的概念，代表某种功能而不管具体电路如何，"框"的形式也有所改变。流程图实际上是信息处理的"顺序结构""选择结构"和"循环结构"以及这几种结构的组合。

1. 程序流程图

程序的执行过程有顺序执行过程、控制转移过程和子程序调用与返回过程，而子程序调用过程又包含前两者。画程序流程图时，"控制转移"用菱形表示；"过程"用矩形表示；"开始"、"结束"用类似于环形跑道的图形表示。

顺序执行过程的流程图比较容易画，只需按照电路的工作步骤顺序列出即可。但在画带有控制转移过程的流程图时，要根据控制转移指令的特点进行，通常在菱形有箭头指出的左右两角用"N"或用"否"来表示，而在菱形有箭头指出的下角用"Y"或用"是"来表示。

2. 工艺流程图

流程图还可以用来表示产品的生产加工过程或者工艺处理过程。

1.3　电子电路安装技术

电子电路设计完毕后，需要进行电路安装。电子电路的安装技术与工艺在电子工程技术中占有十分重要的位置，不可轻视。安装技术与工艺的优劣，不仅影响外观质量，而且影响电子产品的性能，并且影响到调试与维修，必须引起足够的重视。

1.3.1　电子电路安装布局的原则

备好按总体电路图所需要的元器件之后，如何把这些元器件按电路图组装起来，电路各部分应放在什么位置，是用一块电路板还是用多块电路板组装，一块板上电路元件又如何布置，等等，这都属于电路安装布局的问题。

电子电路安装布局分电子装置整体结构布局和电路板上元器件安装布局两种。

1. 整体结构布局

这是一个空间布局的问题。应从全局出发，决定电子装置各部分的空间位置。例如，电源变压器、电路板、执行机构、指示与显示部分、操作部分以及其他部分等，在空间尺寸不受限制的场合，这些都比较好布局；而在空间尺寸受到限制且组成部分多而复杂的场合时，布局是十分艰难的，常常要对多个布局方案进行比较，多次反复是常有的事。

整体结构布局没有一个固定的模式，只有一些应遵循的原则：

1）注意电子装置的重心平衡与稳定。为此，变压器和大电容等比较重的器件应安装在装置的底部，以降低装置的重心。还应注意装置前后、左右的重量平衡。

2）注意发热部件的通风散热。为此，大功率管应加装散热片，并布置在靠近装置外壳的地方，且开凿通风孔，必要时加装小型排风扇。

3）注意发热部件的热干扰。为此，半导体器件、热敏器件、电解电容等应尽可能远离发热部件。

4）注意电磁干扰对电路正常工作的影响，容易接受干扰的元器件（如高放大倍数放大器的第一级）应尽可能远离干扰源（如变压器、高频振荡器、继电器、接触器等）。当远离有困难时，应采取屏蔽措施（即将干扰源屏蔽或将易受干扰的元器件屏蔽起来）。此外，输入级也应尽可能远离输出级。

5）注意电路板的分块与布置。如果电路规模不大或电路规模虽大但安装空间有限，应尽可能采用一块电路板；如果采用多块电路板，分块的原则是按电路功能分块，不一定一块一个功能，可以一块有几个功能。电路板的布置可卧式布置，也可立式布置，视具体空间而定。不论采用哪一种，都应考虑到安装、调试和检修的方便。此外，与指示和显示有关的电路板最好是安装在面板附近。

6）注意连线的相互影响。强电流线与弱电流线应分开走，输入级的输入线应与输出级的输出线分开走。

7）操作按钮、调节按钮、指示器与显示器等都应安装在装置的面板上。

8）注意安装、调试和维修的方便，并尽可能注意整体布局的美观。

2. 电路板结构布局

在一块板上按电路图把元器件组装成电路，其组装方式通常有两种：插接方式和焊接方式。插接方式是在面包板上或相应的实验设备上进行，电路元器件和连线均接插在面包板或相应的实验设备上的孔中；焊接方式是在印制电路板上进行，电路元器件焊接在印制电路板上，电路连线为印制导线，必要时还需自己布线。

不论是哪一种组装方式，首先必须考虑元器件在电路板上的结构布局问题。布局的优劣不仅影响到电路板的走线、调试、维修以及外观，也对电路板的电气性能有一定影响。

电路板结构布局没有固定的模式，不同的人进行的布局设计有不同的结果，但有如下一些供参考的原则：

（1）首先布置主电路的集成电路芯片和晶体管等主要元件的位置。安排的原则是，按主电路信号流向的顺序布置各级的集成电路芯片和晶体管。当芯片多而板面有限时，布成"U"字形，"U"字形的口一般应尽量靠近电路板的引出线处，以利于第一级输入线、末级输出线与电路板引出线之间的连线。此外，集成电路芯片之间的间距（即空余面积）应视其周围元器件的多少而定。

（2）安排其他电路元器件（电阻器、电容器、二极管等）的位置。其原则是，按级就近布置，即各级元器件围绕各级的集成电路芯片或晶体管布置。如果有发热量较大的元器件，则应注意它与集成电路芯片或晶体管之间的间距应尽量大些。

（3）连线布置。其原则是，第一级输入线与末级输出线、强电流线与弱电流线、高频线与低频线等应分开走，其间距应足够大，以避免相互干扰。

（4）合理布置接地线。为避免各级电流通过地线时产生相互间的干扰，特别是末级电流通过地线对第一级的反馈干扰，以及数字电路部分电流通过地线对模拟电路产生干扰，通常采用地线割裂法使各级地线自成回路，然后再分别一点接地，如图 1-3-1（a）所示。即各级的地是割裂的，不直接相连，然后再分别接到公共的一点地上。

根据上述一点接地的原则，布置地线时应注意如下几点：

① 输出级与输入级不允许共用一条地线。

② 数字电路与模拟电路不允许共用一条地线。

③ 输入信号的"地"应就近接在输入级的地线上。

④ 输出信号的"地"应接公共地，而不是输出级的"地"。

⑤ 各种高频和低频退耦电容的接"地"端应远离第一级的地。

显然，上述一点接地的方法可以完全消除各级之间通过地线产生的相互影响，但接地方式

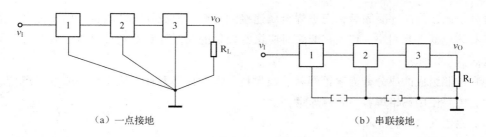

（a）一点接地　　　　　　　　　　　（b）串联接地

图 1-3-1　地线布置

比较麻烦，且接地线比较长，容易产生寄生振荡。因此，在印制电路板的地线布置上常常采用另一种地线布置方式，即串联接地方式，如图 1-3-1（b）所示，各级地一级级直接相连后再接到公共的地上。

在这种接地方式中，各级地线可就近相连，接地比较简单，但因存在地线电阻（如图中虚线所示），各级电流通过相应的地线电阻产生干扰电压，影响各级的工作。为了尽量抑制这种干扰，常常采用加粗和缩短地线的方法，以减小地线电阻。

（5）电路板的布局还应注意美观和检修方便。为此，集成电路芯片的安置方式应尽量一致，不要横的横、竖的竖，电阻、电容等元器件亦应如此。

1.3.2　元器件焊接技术

1. 焊接工具和材料

1）电烙铁

根据焊点的需要选用合适的电烙铁。电烙铁在使用前要进行必要的检查和处理。

（1）安全检查

用万用表检查电源线有无短路、开路，电源线装接是否牢固，螺丝是否松动，在手柄上电源线是否被顶紧，电源线套管有无破损。

（2）烙铁头处理

烙铁头一般由紫铜做成，在温度较高时容易氧化，在使用过程中其端部易被焊料浸蚀失去原有的形状，这时需及时用锉刀等加以修整，然后重新镀锡。

镀锡具体操作方法：将处理好烙铁头的电烙铁通电加热，并不断在松香上擦洗烙铁头表面，当烙铁头温度刚能熔化焊锡时，立即在其表面熔化一层焊锡，并不断地在粗糙的小木块或废旧的印制电路板上来回磨擦，直至烙铁头表面均匀地镀上一层锡为止，镀锡长度为 1 cm 左右。

（3）使用注意事项

旋电烙铁手柄盖时不可使电源线随着手柄盖扭转，以免损坏电源线接头部位，造成短路。电烙铁在使用中不要敲击，烙铁头上过多的焊锡不得随意乱甩，可用洁净的软湿棉布擦除。电烙铁在使用一段时间后，应将烙铁头取出，除去外表氧化层，取烙铁头时切勿用力扭动烙铁头，以免损坏烙铁心。

2）焊料

焊料是易熔金属，它的熔点低于被焊金属。焊料熔化时，将被焊接的两种相同或不同的金属结合处填满，待冷却凝固后，把被焊金属连接到一起，形成导电性能良好的整体。一般要求焊料具有熔点低、凝固快的特点，熔融时应该有较好的润湿性和流动性，凝固后要有足够的机械强度。

焊料按照组成的成分分为锡铅焊料、银焊料、铜焊料等多种。目前在一般电子产品的装配焊接中，主要使用锡铅焊料，简称焊锡。

（1）锡铅共晶焊料

锡铅合金的熔化温度随锡的含量而变化。当含锡63%、含铅37%时，合金的熔点是183℃，凝固点也是183℃，可由固体直接变为液体，这时的合金称为共晶合金。按共晶合金的配比制成的焊锡称共晶焊锡。锡铅共晶焊料有如下优点：

- 低熔点，降低了焊接时的加热温度，可以防止元器件损坏。
- 熔点和凝固点一致，可使焊点快速凝固，几乎不经过半凝固状态，不会因为半熔化状态时间间隔长而造成焊点结晶疏松，强度降低。
- 流动性好、表面张力小、润湿性好，有利于提高焊点质量。
- 机械强度高，导电性能好。

（2）实验室常用管状焊锡丝

管状焊锡丝将助焊剂与焊锡制作在一起，在焊锡管中夹带固体助焊剂。助焊剂一般选用特级松香为基质材料，并添加一定的活化剂。管状焊锡丝适用于手工焊接。

3）助焊剂

实验室常用的助焊剂为松香。

助焊剂的作用是清除金属表面氧化物、硫化物、油和其他污染物，并防止在加热过程中焊料继续氧化。同时，它还具有增强焊料与金属表面的活性、增加浸润的作用。

（1）去除氧化膜。其实质是助焊剂中的氯化物、酸类同焊接面上的氧化物发生还原反应，从而除去氧化膜。反应后的生成物变成悬浮的渣，漂浮在焊料表面。

（2）防止氧化。液态的焊锡及加热的焊件金属都容易与空气中的氧接触而氧化。助焊剂融化以后，形成漂浮在焊料表面的隔离层，防止了焊接面的氧化。

（3）减小表面张力。增加熔融焊料的流动性，有助于焊锡润湿和扩散。

（4）使焊点美观。合适的助焊剂能够整理焊点形状，保持焊点表面的光泽。

2. 焊接工艺和焊接技术

1）五步操作法

（1）准备。首先把被焊件、焊锡丝和电烙铁准备好。

（2）加热被焊件。烙铁头同时加热两个被焊件。

（3）熔化焊锡丝。被焊件经过加热达到一定温度后，立即将焊锡加到与烙铁头对称的另一侧的被焊件上，而不是直接加到烙铁头上。

（4）移开焊锡丝。当焊锡丝熔化一定量（焊锡刚流满焊盘）之后，迅速移开焊锡丝。

（5）移开电烙铁。当焊料在焊点上流熔浸润良好后立即移开电烙铁。

2）焊接的操作要领

（1）焊前应准备好所需工具、图纸，清洁被焊件表面并镀上锡。

（2）电烙铁的温度要适当，焊接时间要适当。

（3）焊料的施加量可根据焊点的大小而定。焊料的施加方法可根据具体情况而定。

（4）保持烙铁头的清洁。

（5）靠增加接触面积来加快传热，加热要靠焊锡桥。

（6）电烙铁撤离有讲究：电烙铁的撤离要及时，而且撤离时的角度和方向与焊点的形成有关。图 1-3-2 所示为电烙铁不同的撤离方向对焊点锡量的影响。

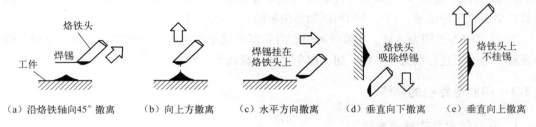

（a）沿烙铁轴向45°撤离　（b）向上方撤离　（c）水平方向撤离　（d）垂直向下撤离　（e）垂直向上撤离

图 1-3-2　电烙铁撤离方向和焊点锡量的关系

（7）在焊锡凝固之前切勿使被焊件移动或受到振动，特别是用镊子夹住焊件时，一定要等焊锡凝固后再移走镊子，否则极易造成焊点结构疏松或虚焊。

（8）助焊剂用量要适中。如松香酒精仅浸湿将要形成焊点的部位即可，使用有松香芯的管状焊锡丝的焊接基本上不需要再涂助焊剂。目前所用印制板在制板时已进行过松香酒精的喷涂处理，焊接时无须再加助焊剂。

（9）当焊点一次焊接不成功或上锡量不够时，要重新焊接。重新焊接时，必须待上次的焊锡一同完全熔化并融为一体时才能把电烙铁移开。

（10）焊接过程中注意不要烫伤周围的元器件及导线，必要时可以利用焊接点上的余热完成有关操作。

（11）焊后检查有无错焊、漏焊、虚焊和元件歪斜等弊病并及时处理，做好焊后清除残渣的工作。

3）合格焊点的鉴别标准

（1）元件引线、导线与印制板焊盘应全部被焊料覆盖。

（2）从焊点上看能辨别出元器件引线或导线的轮廓、尺寸。

（3）焊料应浸润到导线、元器件引线与焊盘、金属化孔之间。

（4）焊点表面应光洁、平滑，无虚焊、气泡、针孔、拉尖、桥接、挂锡、溅锡及夹杂物等缺陷。

4）拆焊

在装接过程中，不可避免地要拆换装错、损坏的元器件，或因调试的需要拆换元器件，这就是拆焊。在实际操作中拆焊比焊接困难，如拆焊不得法，很容易损坏元器件、导线、印制板焊盘或焊接点，因此拆焊操作时，要十分注意。

（1）拆焊的原则和要求

拆焊的目的只是解除焊接，所以在拆焊时应注意如下几点：

① 拆焊前对所拆元器件位置、方向、引脚排列以及导线的连接点等记录清楚，以防更换重焊时装错。

② 拆焊时不损坏被拆除的元器件、导线。

③ 拆焊时不可损坏焊盘和印制导线。

④ 在拆焊过程中不要拆、移其他元件，如需要，要做好复原工作。

（2）拆焊的操作要求：

① 严格控制加热的温度和时间。因拆焊加热时间和温度较焊接时要长、要高，所以需严格控制温度和加热时间，以免将元器件烫坏或使焊盘脱胶。一般导线绝缘层耐热性较差，受热易损器件对温度十分敏感，均可采用间隔加热法拆除。

② 拆焊时不要用力过猛。元器件的引脚封装都不是非常坚固的，在拆焊时要注意用力的大小，操作时不可过分用力拉、摇、扭，以免损坏焊盘或元器件。

1.3.3　印制电路板的制作

1. 自制印制电路板的步骤

（1）用 Protel 软件设计印制图；

（2）打印印制电路图；

（3）热转印印制电路图；

（4）腐蚀印制电路板并清洗；

（5）钻元器件插孔；

（6）涂助焊剂、阻焊剂，干燥。

2. 印制电路的设计方法

用 Protel 软件绘制出印制电路图。

Protel 软件为绘制电路原理图、印制电路板图提供了良好的操作环境，而设计的最终目的是印制电路板图。

印制电路板简称 PCB（Printed Circuit Board）。

PCB 图的设计流程就是指印制电路板图的设计步骤，一般分为图 1-3-3 所示 6 个步骤。

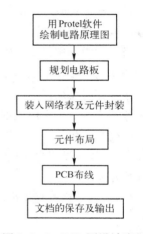

图 1-3-3　PCB 图设计流程

1.4　电子电路调试技术

电子电路调试要求掌握常用仪器仪表的使用方法和一般的实验测试技能，调试中，要求理论和实际相结合，既要掌握书本知识，又要有科学的实验方法，才能顺利地进行调试工作。

1.4.1　电子电路一般调试方法

电子电路安装完毕后，一般按以下步骤进行调试。

1. 检查电路

通电前，对照电路图检查电路元器件是否连接正确，器件引脚、集成电路芯片插入方向、二极管方向、电容器极性、电源线、地线是否接对；连接或焊接是否牢固；电源电压的数值和方向是否符合设计要求等。

2.　按功能块分别调试

任何复杂的电子装置都是由简单的单元电路组成，把每一部分单元电路调试得能正常工作，才可能使它们连接成整机后有正常工作的基础，所以先分块调试电路，既容易排除故障，又可以逐步扩大调试范围，最终实现整机调试。分块调试既可以装好一部分就调试一部分，也可以整机装好后，再分块调试。

3.　先静态调试，后动态调试

调试电路不宜一次性既加电源又加信号进行电路实验。由于电路安装完毕之后，未知因素太多，如接线是否正确无误、元器件是否完好无损、参数是否合适、分布参数影响如何等，都需从最简单的工作状态开始观察、测试。所以，一般是先加电源不加信号进行调试即静态调试，工作状态正确后再加信号进行动态调试。

4.　整机联调

每一部分单元电路或功能块工作正常后，再联机进行整机调试。调试重点应放在关键单元电路或采用新电路、新技术的部位。调试顺序可以按信息传递的方向或路径一级一级地测试，逐步完成全电路的调试工作。

5.　指标测试

电路正常工作后，立即进行技术指标的测试工作，根据设计要求，逐个检测指标完成情况。未能达到指标要求，需分析原因找出改进电路的措施，有时需要用实验凑试的办法来达到指标要求。

1.4.2　数字电路调试中的特殊问题

1.　数字电路调试步骤和方法的特殊规律

数字电路中的信号多数是逻辑关系，集成电路的功能一般比较定型，通常在调试步骤和方法上有其特殊规律：

1）首先需调整好振荡电路，以便为其他电路提供标准的时钟信号。

2）然后注意调整控制电路部分，以便为各部分电路提供控制信号，使电路能正常、有序地工作。

3）调整信号处理电路，如寄存器、计数器、选择电路、编码和译码电路等。这些部分都能正常工作之后，再相互连接检查电路的逻辑功能。

4）注意调整好接口电路、驱动电路、输出电路以及各种执行元件或机构，保证实现正常的功能。

2.　数字电路调试注意事项

数字电路集成器件引脚密集，连线较多，各单元之间时序关系严格，出现故障后不易查找。因此，调试中应注意以下问题：

1）注意元件类型，如果既有 TTL 电路，又有 CMOS 电路，还有分立元件，注意检查电源电压是否合适，电平转换及带负载能力是否符合要求。

2）注意时序电路的初始状态，检查能否自启动。检查、分析各集成电路多余引脚是否处理得当等。

3）注意检查容易出现故障的环节，掌握排除故障的方法。出现故障时，可从简单部分逐级查找，逐步缩小故障点的范围；也可以从某些预知点的特性进行静态或动态测试，判断故障部位。

4）注意各部分的时序关系。对各单元电路的输入和输出波形的时间关系要十分熟悉。应对照时序图，检查各点波形，弄清哪些是上升沿触发，哪些是下降沿触发，以及它和时钟信号的关系。

1.4.3　模拟电路调试需注意的问题

1. 静态调试

模拟电路加上电源电压后，器件的工作状态是电路能否正常工作的基础。所以调试时一般不接输入信号，首先进行静态调试。有振荡电路时，也暂不要接通。测试电路中各主要部位的静态电压，检查器件是否完好、是否处于正常的工作状态；若不符合要求，一定要找出原因并排除故障。

2. 动态调试

静态调试完成后，再接上输入信号或让振荡电路工作，各级电路的输出端应有相应的信号输出。线性放大电路不应有波形失真；波形产生和变换电路的输出波形应符合设计要求。调试时，一般是由前级开始逐级向后检测，这样比较容易找出故障点，并及时调整改进。如果有很强的寄生振荡，应及时关闭电源采取消振措施。

1.4.4　故障检测方法

1. 观察法

1）静态观察法

又称不通电观察法。在电子电路通电前主要通过目视检查找出某些故障。实践证明，占电子电路故障相当比例的焊点失效、导线接头断开、元件烧坏、电容器漏液或炸裂、接插件松脱、接点生锈等，完全可以通过观察发现，没有必要对整个电路大动干戈，导致故障升级。

2）动态观察法

又称通电观察法，即给电路通电后，运用人体视、嗅、听、触觉检查电路故障。通电观察，特别是较大设备通电时应尽可能采用隔离变压器和调压器逐渐加电，防止故障扩大。一般情况下还应使用仪表，如电流表、电压表等监视电路状态。

通电后，眼要看电路内有无打火、冒烟等现象；耳要听电路内有无异常声音；鼻要闻电器内有无烧焦、烧糊的异味，发现异常立即断电查找原因；通电一段时间后断开电源，手要触摸一些元件、集成电路等是否发烫（注意：高压、大电流电路须防触电、防烫伤），发现异常及时查找原因。

2. 测量法

1）电阻法

电阻是各种电子元器件和电路的基本特征，在不通电的情况下，利用万用表测量电子元器件或电路各点之间电阻值来判断故障的方法称为电阻法。

测量电阻值，有"在线"和"离线"两种基本方式。"在线"测量，需要考虑被测元器件受其他并联支路的影响，测量结果应对照原理图分析判断。"离线"测量需要将被测元器件或电路从整个电路或印制板上脱焊下来，操作较麻烦但结果准确可靠。

用电阻法测量集成电路，通常先将一个表笔接地，用另一个表笔测各引脚对地电阻值，然后交换表笔再测一次，将测量值与正常值（有些维修资料给出，或自己积累）进行比较，相差较大者往往是故障所在（不一定是集成电路坏）。

电阻法对确定开关、接插件、导线、印制板印制导线的通断及电阻器的变质、电容器短路、电感线圈断路等故障非常有效而且快捷，但对晶体管、集成电路以及电路单元来说，一般不能直接判定故障，需要对比分析或兼用其他方法，但由于电阻法不用给电路通电，因此可将检测风险降到最小，故一般检测时首先采用。

采用电阻法测量时要注意：

（1）使用电阻法时应在电路断电、大电容放电完毕后的情况下进行，否则结果不准确，还可能损坏万用表。

（2）在检测低电压供电的集成电路（≤5 V）时避免用指针式万用表的×10 k 挡。

（3）在线测量时应将万用表表笔交替测试，对比分析。

2）电压法

（1）交流电压测量

一般电子电路中交流回路较为简单，对 50 Hz 市电升压或降压后的电压只须使用普通万用表选择合适 AC 量程即可，测高压时要注意安全并养成用单手操作的习惯。

（2）直流电压测量

检测直流电压一般分为三步：

① 测量稳压电路输出端的直流电压值是否正常。

② 各单元电路及电路的关键"点"如放大电路输出点、外接部件电源端等处电压是否正常。

③ 电路主要元器件如晶体管、集成电路各引脚电压是否正常，对集成电路首先要测电源端。较完善的产品说明书中会给出电路各点正常工作电压，有些维修资料中还提供集成电路各引脚的工作电压，另外也可对比正常工作时同种电路测得的各点电压。偏离正常电压较大的部位或元器件，往往就是故障所在部位。这种检测方法，要求工作者具有电路分析能力并尽可能收集相关电路的资料数据，才能达到事半功倍的效果。

3）电流法

电子电路正常工作时，各部分工作电流是稳定的，偏离正常值较大的部位往往是故障所在。这就是用电流法检测电路故障的原理。

电流法有直接测量和间接测量两种方法。直接测量是将电流表直接串接在欲检测的回路中测得电流值的方法。这种方法直观、准确，但往往需要对电路作"手术"，例如断开导线、脱焊元器件引脚等，因而不大方便。对于整机总电流的测量，一般可通过将电流表的两个表笔接到开关上的方式测得，对使用 220 V 交流电的线路必须注意测量安全。

间接测量法实际上是用测电压的方法换算成电流值。这种方法快捷方便，但如果所选测量点的元器件有故障则不容易准确判断。

采用电流法检测故障，应对被测电路正常工作电流值事先心中有数。一方面大部分电路说明书或元器件样本中都给出正常工作电流值或功耗值，另一方面通过实践积累可大致判断各种电路和常用元器件工作电流范围，例如一般运算放大器、TTL 电路静态工作电流不超过几毫安，CMOS 电路则在毫安级以下，等等。

4）波形法

（1）波形的有无和形状

在电子电路中一般电路各点的波形有无和形状是确定的，如果测得某点波形没有或形状相差较大，则故障发生于该电路的可能性较大。当观察到不应出现的自激振荡或调制波形时，虽不能确定故障部位，但可从频率、幅值大小分析故障原因。

（2）波形失真

在放大或缓冲等电路中，若电路参数失配、元器件选择不当或损坏等都会引起波形失真，通过观测波形和分析电路可以找出故障原因。

（3）波形参数

利用示波器测量波形的各种参数，如幅值、周期、前后沿、相位等，与正常工作时的波形参数对照，可找出故障原因。

（4）应用波形法要注意

① 对电路高电压和大幅度脉冲部位一定要注意不能超过示波器的允许电压范围。必要时采用高压探头或对电路观测点采取分压取样等措施。

② 示波器接入电路时本身输入阻抗对电路也有一定影响，特别在测量脉冲电路时，要采用有补偿作用的 10∶1 探头，否则观测的波形与实际不符。

5）逻辑状态法

对数字电路而言，只需判断电路各部位的逻辑状态即可确定电路工作是否正常。数字逻辑主要有高低两种电平状态，另外还有脉冲串及高阻状态。因而可使用逻辑笔进行电路检测。

逻辑笔具有体积小、携带使用方便的优点。功能简单的逻辑笔可测单种电路（TTL 或 CMOS）的逻辑状态，功能较全的逻辑笔除可测多种电路的逻辑状态外，还可定量测量脉冲个数，有些还具有脉冲信号发生器的作用，可发出单个脉冲或连续脉冲以供检测电路用。

3．跟踪法

1）信号寻迹法

信号寻迹法是针对信号产生和处理电路的信号流向寻找信号踪迹的检测方法，具体检测时又可分为正向寻迹（由输入到输出的顺序查找）、反向寻迹（由输出到输入的顺序查找）和等分寻迹三种。

正向寻迹是常用的检测方法，可以借助测试仪器（示波器、万用表等）逐级定性、定量检测信号，从而确定故障部位。显然，反向寻迹检测仅仅是检测的顺序不同。

2）信号注入法

对于本身不带信号产生电路或信号产生电路有故障的信号处理电路采用信号注入法是有效的检测方法。所谓信号注入，就是在信号处理电路的各级输入端输入已知的外加测试信号，通过终端指示器（例如指示仪表、扬声器、显示器等）或检测仪器来判断电路工作状态，从而找出电路故障。

4. 替换法

1）元器件替换

元器件替换除某些电路结构较为方便外（例如带插接件的 IC、开关、继电器等），一般都需拆焊，操作比较麻烦且容易损坏周边电路或印制板，因此元器件替换一般只作为其他检测方法均难判别时才采用的方法，并且应尽量避免对电路板做"大手术"。例如，怀疑某只电阻内部开路，可直接焊上一只新电阻器试之；怀疑某只电容器容量减小可再并上一只电容试之。

2）单元电路替换

当怀疑某一单元电路有故障时，另用相同型号或类型的正常电路替换待查设备的相应单元电路，可判定此单元电路是否正常。有些电子设备有若干相同的电路，例如立体声电路左右声道完全相同，可用于交叉替换试验。

当电子设备采用单元电路多板结构时替换试验是比较方便的。因此对现场维修要求较高的设备，应尽可能采用替换的方式。

3）部件替换

随着集成电路和安装技术的发展，电子产品迅速向集成度更高、功能更多、体积更小的方向发展，不仅元器件的替换试验困难，单元电路替换也越来越不方便，过去十几块甚至几十块电路的功能，现在用一块集成电路即可完成，在单位面积的印制板上可以容纳更多的电路单元。电路的检测、维修逐渐向板卡级甚至整体方向发展。特别是较为复杂的由若干独立功能件组成的系统，检测时主要采用部件替换方法。

部件替换试验要遵循以下三点：

（1）用于替换的部件与原部件必须型号、规格一致，或者是主要功能兼容并能正常工作的部件。

（2）要替换的部件接口工作正常，至少电源及输入、输出口正常，不会使替换部件损坏。这一点要求在替换前分析故障现象并对接口电源做必要检测。

（3）替换要单独试验，不要一次换多个部件。

5. 比较法

1）整机比较法

整机比较法是将故障设备与同一类型正常工作的设备进行比较，进而查找出故障的方法。这种方法对缺乏资料而本身较复杂的设备尤为适用。

整机比较法是以测量法为基础的。对可能存在故障的电路部分进行工作点测定和波形观察或信号监测，比较好坏设备的差别，往往会发现问题。由于每台设备不可能完全一致，对检测结果还要分析判断，因此这些常识性问题需要基本理论基础和日常工作的积累。

2）调整比较法

调整比较法是通过调整设备的可调元件或改变某些现状，比较调整前后电路的变化来确定故障的一种检测方法。这种方法特别适用于放置时间较长，或经过搬运、跌落等外部条件变化引起故障的设备。

3）旁路比较法

旁路比较法是用适当容量和耐压的电容对被检测设备电路的某些部位进行旁路的比较检查

方法，适用于电源干扰、寄生振荡等故障。因为旁路比较实际上是一种交流短路试验，所以一般情况下先选用一只容量较小的电容，临时跨接在有疑问的电路部位和"地"之间，观察比较故障现象的变化。如果电路向好的方向变化，可适当加大电容容量再试，直到消除故障，根据旁路的部位可以判定故障的部位。

4）排除比较法

有些组合整机或组合系统中往往有若干相同功能和结构的组件，调试中发现系统功能不正常时，不能确定引起故障的组件，在这种情况下采用排除比较法容易确认故障所在。方法是逐一插入组件，同时监视整机或系统，如果系统正常工作，就可排除该组件的嫌疑，再插入另一块组件试验，直到找出故障。

例如，某控制系统用 8 个插卡分别控制 8 个对象，调试中发现系统存在干扰，采用比较排除法，当插入第五块卡时干扰现象出现，确认问题出在第五块卡上，用相同型号的优质卡代之，干扰排除。

注意：

（1）上述方法是递加排除，显然也可逆向进行，即递减排除。

（2）这种多单元系统故障有时不是一个单元组件引起的，这种情况下应多次比较才可排除。

（3）采用排除比较法时注意每次插入或拔出单元组件前都要关断电源，防止带电插拔造成系统损坏。

1.5　设计论文写作

1.5.1　设计论文的结构

1. 标题

标题应简明扼要，概括论文内容。一般不超过 20 个汉字，必要时可以另加副标题。

2. 摘要与关键词

摘要应说明研究目的、方法，重点是结果和结论。摘要应包含与论文同等量的主要信息，具有独立性和自含性。中文摘要一般 200 ～ 300 字。

关键词是表示全文主题信息的单词或术语，一般 3 ～ 5 个。

3. 正文

正文是设计论文的核心部分，占主要篇幅，可以包括：调查对象、实验和观测方法、仪器设备、材料元件、实验和观测结果、计算方法和编程原理、数据资料、经过加工整理的图表、形成的论点和导出的结论等。

由于学科、选题、研究方法、工作进程、表达方式等差异，对正文内容不作统一的规定。但正文必须实事求是、客观真切、准确完备、合乎逻辑、层次分明、简练可读。

以课程设计论文为例，正文可以包括：

（1）选题背景：说明本设计课题的来源、目的、意义，应解决的主要问题及应达到的技术要求；简述本课题在国内外发展概况及存在问题，本设计的指导思想。

（2）方案论证：说明设计原理并进行方案选择，阐明为什么要选择这个设计方案（包括各种方案的分析、比较）以及所采用方案的特点。

（3）过程（设计或实验）论述：指作者对自己的研究工作的详细表述。要求论理正确、论据确凿、逻辑性强、层次分明、表达确切。

（4）结果分析：对研究过程中所获得的主要的数据、现象进行定性或定量分析，得出结论和推论。

（5）结论或总结：对整个研究工作进行归纳和综合，阐述本课题研究中尚存在的问题及进一步开展研究的见解和建议。结论要写得概括、简短。

4. 致谢

致谢是作者对该论文的形成作过贡献的组织或个人的书面感谢。致谢语言要诚恳、恰当，致谢内容要实在、简短。

5. 附录

设计论文中不可缺少或对设计论文有重要参考价值且不宜放入正文的内容可编入附录。附录包括元器件清单、设计程序清单、使用设备清单、使用说明等。

6. 参考文献

参考文献反映设计论文的科学依据和所依据材料的广博程度、可靠程度，反映作者尊重他人研究成果的严肃态度，并向读者提供有关信息的出处，是设计论文不可缺少的组成部分。

参考文献列出的一般应限于作者直接阅读过的、设计论文利用的、发表在正式出版物上的文献。未公开发表的资料应采用注释的方式。

1.5.2 设计论文的书写要求

1. 设计论文的封面

封面自行设计样式。

2. 论文页面设置

页面上方、下方和左侧、右侧均留边 2.0 cm。正文采用 1.5 倍行距，标准字符间距。页码从正文开始编写，用 Times New Roman 五号页脚居中标明。也可自行设计页面，但要求统一美观。

设计论文统一采用 A4 纸双面打印。

3. 标题

论文标题用黑体小二号居中书写。

4. 作者姓名

作者姓名、专业班级，在论文标题下方用五号宋体书写。

5. 摘要与关键词

摘要与关键词置于标题名和作者之后、正文之前。

"摘要"用加粗宋体小三号书写,后空二格书写摘要正文,摘要正文用宋体小四号书写。

"关键词"用加粗宋体小三号书写,后空二格用加粗宋体小四号书写。关键词排在摘要的下方,各关键词之间用分号隔开,末尾不用标点符号。

6. 目　录

"目录"用黑体小二号居中书写,内容用宋体小四号书写。

目录按三级标题编写,要求标题层次清晰,各级标题各占一行并在右边行末标明起始页码。目录中的标题应与正文中的标题一致。

7. 论文正文

正文按三级标题编写,第一级为"1""2""3",题序和标题用小三号加粗宋体;第二级为"1.1""1.2""1.3",题序和标题用四号加粗宋体;第三级为"1.1.1""1.1.2""1.1.3",题序和标题用小四号加粗宋体。

各级标题单独占行,序数顶格书写,后空一格接写标题,末尾不加标点。

正文用宋体小四号书写,文中表格的表题、插图的图题用五号黑体字,表格、插图内容用五号宋体字。

8. 注　释

"注释"用黑体五号,注释内容用宋体五号。

9. 参考文献

"参考文献"用黑体四号,参考文献内容用宋体五号。

1.5.3　设计论文的装订要求

1. 设计论文统一左侧装订

2. 装订顺序

顺序为封面、目录、标题、摘要与关键词、正文、致谢、附录、参考文献。

1.5.4　设计论文的写作细则

1. 书写

汉字必须使用国家公布的规范字。

2. 标点符号

标点符号应符合新闻出版署"标点符号用法"的规定。

3. 名词、名称

科学技术名词术语尽量采用全国自然科学名词审定委员会公布的规范词,或国家标准、部颁标准中规定的名称,尚未统一规定或有争议的名词术语,采用惯用的名称。使用外文缩写代替某一名词术语,首次出现时应在括号内注明其含义。外国人名一般采用英文原名,按名前姓后的原则书写。

4. 量和单位

量和单位应符合国家标准 GB 3100 ～ GB 3102—1993 的规定,采用国际单位制。非物理量的单位，可采用汉字与符号构成组合形式，例如：件/台、元/km。

5. 数字

测量统计数据一律用阿拉伯数字，但在叙述十以内的数目时，可以不用阿拉伯数字。大约的数字可以用中文数字，也可以用阿拉伯数字。

6. 注释

个别名词或情况需要解释时，一般采用页末标注的方式加以说明。同一页中有两个以上的注释时，按出现的顺序编列注号。注释用直线与正文隔开，与被注释的正文安排在同一页。

7. 公式、算式或方程式

正文中的公式、算式或方程式应编排序号，序号用圆括号括起标注于该式所在行（当有续行时，应标注于最后一行）的右边行末，公式和编号之间不加虚线。较长的式子，必须转行时，只能在 = 、 + 、 − 、 × 、 ÷ 、 < 、 > 处转行。

8. 表格

表格位于正文中引用该表格字段的后面。每个表格应有自己的表序和表题，表序和表题应写在表格上方正中，表序后空一格书写表题。表格转页接写时，表题可省略，表头应重复写出，并在右上方写"续表"。

9. 插图

插图必须精心制作，线条匀称，图面整洁。插图位于正文中引用该插图字段的后面。每幅插图应有图序和图题，图序和图题应放在插图下方居中处。一般用计算机绘图，每幅图纸必须符合出版要求。

10. 参考文献

参考文献在文末标注时，按在文中出现的先后顺序，统一用阿拉伯数字进行自然编号。

图书类参考文献的格式为：［序号］著者．书名．出版社，出版时间。

期刊类参考文献的格式为：［序号］作者．篇名．期刊名称，期号，页次。

1.6 Proteus 电子电路仿真软件应用

1.6.1 Proteus 软件及安装

1. Proteus 软件

Proteus 软件是英国 Labcenter 公司开发的电路分析、实物仿真、PCB 制版软件，主要包括 I-SIS 仿真软件和 ARES 制板软件两大板块。

其中 Proteus ISIS 仿真软件上有国际通用的虚拟仪器及电子元器件库，可以仿真模拟电路、数字电路、数字模拟混合电路以及单片机电子电路等；Proteus ISIS 仿真软件提供了各种丰富的调试测量工具，如电压表、电流表、示波器、指示器、分析仪等，是一个全开放性的仿真实验和电子制作平台，相当于一个实验设备、元器件完备的综合性电子技术实验室。

2. Proteus 软件的安装

安装 Proteus 软件前先关闭计算机中的杀毒软件。

以安装 Proteus 7.5 软件为例，具体的安装步骤为：

（1）将安装文件包"Proteus 7.5"压缩文件解压到自己新建的一个文件夹（命名为"Proteus 安装"）中。

（2）安装 Proteus 7.5 SP3 Setup. exe，若提示 No LICENCE，选择刚建的"Proteus 安装"文件夹中"Crack"文件夹中的 Grassington North Yorkshire. lxk→Install→Close→继续安装至完成。

（3）打开刚建的"Proteus 安装"文件夹中的"crack"文件夹→运行其中的 LXK Proteus 7.5 SP3 v2.1.3. exe，单击"Browse"按钮选择安装路径（通常 C:\Program Files\Labcenter Electronics\Proteus 7 Professional），然后单击"Update"即可。

至此，Proteus 软件已能正常使用了。

（4）如需汉化，将刚建的"Proteus 安装"文件夹中"汉化"文件夹中的文件全部复制，粘贴到安装路径下的"BIN"文件夹中（通常 C:\Program Files\Labcenter Electronics\Proteus 7 Professional\BIN）。

（5）如需 Proteus 与 Keil 联调，还要进行如下安装：

① 安装 Keil。

② 打开刚建的"Proteus 安装"文件夹中的"Keil 驱动"文件夹→运行其中的"vdmagdi. exe"→继续安装至完成。

③ Proteus 与 Keil 联调，具体方法详见本书"6.1 步进电机控制驱动电路"中相关内容。

1.6.2 Proteus ISIS 软件的工作环境和基本操作

1. 进入 Proteus ISIS

双击桌面上的 ISIS 7 Professional 图标或者单击屏幕左下方的"开始"→"程序"→"Proteus 7 Professional"→"ISIS 7 Professional"，进入 Proteus ISIS 环境。

2. 工作界面

Proteus ISIS 工作界面是一种标准的 Windows 界面，如图 1-6-1 所示，包括标题栏、主菜单、各类工具栏（包括文件工具栏、视图工具栏、编辑工具栏、设计工具栏、绘制电路图工具栏、仪器工具栏、2D 图形工具栏、预览对象方位控制工具栏、仿真进程控制工具栏）、状态栏、预览窗口、对象选择器窗口、原理图编辑窗口。工具栏和状态栏可隐藏。

1）原理图编辑窗口

在原理图编辑窗口内完成电路原理图的编辑和绘制。为了方便作图，ISIS 中坐标系统的基本单位是 10 nm，主要是为了和 Proteus ARES 保持一致。但坐标系统的识别单位被限制在 1 th。坐标原点默认在原理图编辑区的正中间，图形的坐标值能够显示在屏幕的右下角的状态栏中。

2）预览窗口

该窗口通常显示整张电路图纸的缩略图。在预览窗口上单击，将会有一个矩形绿框标示出在编辑窗口中显示的区域。其他情况下预览窗口显示要放置的对象的预览。

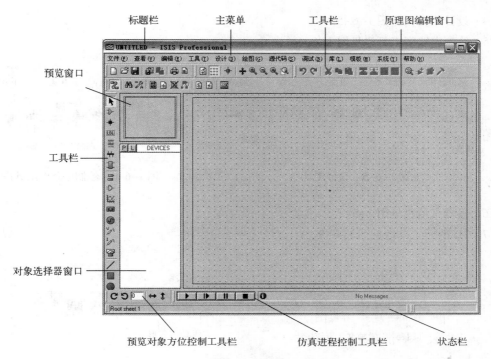

图 1-6-1 Proteus ISIS 的工作界面

3）对象选择器窗口

通过对象选择按钮，从元件库中选择对象，并置入对象选择器窗口，供今后绘图时使用。显示对象的类型包括：元件、仪器设备、终端、引脚、符号、标注和图形。

3. 工具栏

（1）文件工具栏见图 1-6-2。

（2）视图工具栏见图 1-6-3。

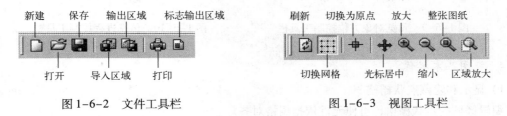

图 1-6-2 文件工具栏　　　　　图 1-6-3 视图工具栏

（3）编辑工具栏见图 1-6-4。

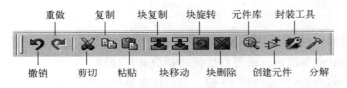

图 1-6-4 编辑工具栏

（4）设计工具栏见图 1-6-5。

（5）绘制电路图工具栏见图 1-6-6。

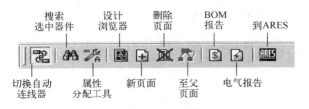

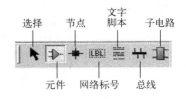

图 1-6-5　设计工具栏　　　　　　　　　图 1-6-6　绘制电路图工具栏

（6）仪器工具栏见图 1-6-7。

（7）2D 图形工具栏见图 1-6-8。

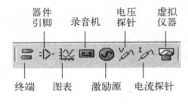

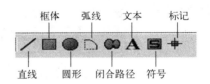

图 1-6-7　仪器工具栏　　　　　　　　　图 1-6-8　2D 图形工具栏

（8）预览对象方位控制工具栏见图 1-6-9。

（9）仿真进程控制工具栏见图 1-6-10。

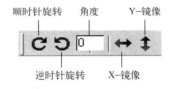

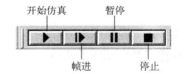

图 1-6-9　预览对象方位控制工具栏　　　图 1-6-10　仿真进程控制工具栏

4. 视图基本操作

1）显示和隐藏点状栅格

编辑区域的点状栅格，可使元件依据栅格对齐。

点状栅格的显示和隐藏可以通过图 1-6-3 视图工具栏"切换网格"按钮或者按快捷键"G"来实现。

2）捕捉

鼠标指针在编辑区域移动时，移动的步长就是栅格的尺度，称为"Snap（捕捉）"，可由"查看"菜单的 Snap 命令设置，或者直接使用相应的快捷键，如图 1-6-11 所示。若通过"查看"菜单选中"Snap 0.1in"或者按 F3 键，则鼠标在原理图编辑窗口内移动时，坐标值以固定的步长 0.1in 变化，称为捕捉。

如要确切地看到捕捉位置，可使用"查看"菜单的"光标"命令，选中后会在捕捉点显示一个小叉或大十字。

3）实时捕捉

当鼠标指针指向引脚末端或者导线时，鼠标指针将会捕捉到这些物体，这种功能被称为实时捕捉，该功能可以方便地实现导线和引脚的连接。

4）刷新

编辑窗口显示正在编辑的电路原理图，可以通过执行"查看"菜单下的"重画"命令来刷新显示内容，也可以单击图 1-6-3 视图工具栏的"刷新"图标或者快捷键"R"，与此同时预览窗口中的内容也将被刷新。它的用途是当执行一些命令导致显示错乱时，可以使用该命令恢复正常显示。

5）视图的缩放

Proteus 的缩放操作多种多样，如图 1-6-11 和图 1-6-3 所示，有整张图纸显示（或按 F8 键）、区域放大显示、放大（或按 F6 键）和缩小（或按 F7 键）、光标居中（或按 F5 键）等。

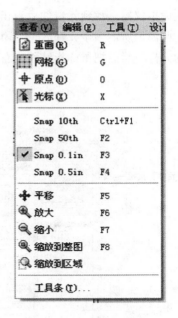

图 1-6-11 "查看"菜单

单击预览窗口中想要显示的位置，使编辑窗口显示以鼠标单击处为中心的内容。

在编辑窗口内移动鼠标，按住 Shift 键不放，用鼠标"撞击"边框，会使显示平移，称为 Shift-Pan。

用鼠标指向编辑窗口滚动鼠标的滚动键，向前滚动时以鼠标指针位置为中心重新放大显示，向后滚动时以鼠标指针位置为中心重新缩小显示。

6）定位新的坐标原点

鼠标移动的过程中，在状态栏的最右边将出现栅格的坐标值，即坐标指示器，它显示横向的坐标值。因为坐标的原点在编辑区的正中间，有的地方的坐标值比较大，不利于进行比较。此时可通过单击"查看"菜单下的"原点"命令，也可以按下图 1-6-3 视图工具栏的"切换伪原点"按钮或者按快捷键"O"（字母）来自己定位新的坐标原点。

5. 对象放置

放置对象的步骤：

（1）根据对象的类别在工具栏选择相应模式的图标。

（2）根据对象的具体类型选择子模式图标。

（3）如果对象类型是元件、终端、仪器仪表等，从选择器里选择需要放置对象的名称。对于元件，首先需要从库中调出。

（4）单击选中的对象将会在预览窗口中显示出来，可以通过预览对象方位图标对对象进行方位调整。

（5）最后，指向编辑窗口并单击鼠标左键放置对象。

例 1：元件的添加和放置

按下绘制电路图工具栏的"元件"按钮，使其选中，再单击 ISIS 对象选择器顶部左边的"P"按钮，出现图 1-6-12 所示"Pick Devices"对话框。在这个对话框里可以选择元器件和一些虚拟仪器。找到元器件后双击该元件，这样在左边的对象选择器窗口就添加了相应的元件。如此添加所需多个元件后，关闭对话框回到原理图编辑窗口，单击对象选择器中需要绘制图形的元件，然后把鼠标指针移到右边的原理图编辑区的适当位置，单击把元件放到了原理图编辑区中。

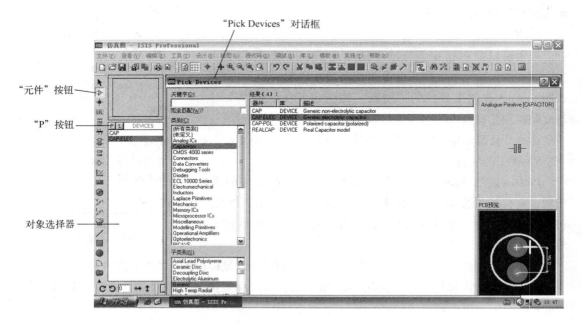

图 1-6-12　添加元件

例2：放置电源及接地符号

我们发现许多器件没有 V_{CC} 和 GND 引脚，其实它们隐藏了，在使用的时候可以不用绘制。如果绘制电路的过程中需要绘制电源、地时，可以按下仪器工具栏（图 1-6-7）的"终端"按钮，这时对象选择器将出现一些终端对象。此时，在对象选择器里单击 GROUND，鼠标移到原理图编辑区单击左键即可放置接地符号；同理也可将电源符号 POWER 放到原理图编辑区中。

例3：放置虚拟仪器

按下仪器工具栏（图 1-6-7）的"虚拟仪器"按钮，这时对象选择器出现表 1-6-1 所示虚拟仪器，选择所要虚拟仪器，鼠标移到原理图编辑区，左键单击放置即可。

表 1-6-1　虚 拟 仪 器

虚拟仪器名称	含　义	虚拟仪器名称	含　义
OSCILLOSCOPE	四踪示波器	SIGNAL GENERATOR	信号发生器
LOGIC ANALYSER	逻辑分析器	PATTERN GENERATOR	波形发生器
COUNTER TIMER	计时器	DC VOLTMETER	直流电压表
VIRTUAL TERMINAL	虚拟终端	DC AMMETER	直流电流表
SPI DEBUGGER	SPI 调试器	AC VOLTMETER	交流电压表
I2C DEBUGGER	I2C 调试器	AC AMMETER	交流电流表

6. 图形编辑的基本操作

1）选中对象

用鼠标指向对象并单击可以选中该对象。该操作选中对象并使其高亮（红色）显示，然后可以进行编辑。选中对象时该对象上的所有连线同时被选中。

要选中一组对象，可以通过用鼠标左键拖出一个选择框的方式，但只有完全位于选择框内的对象才可以被选中。

在选择框外空白处单击鼠标左键可以取消所有对象的选择。

2）删除对象

用鼠标指向对象并双击右键可以删除该对象，同时删除该对象的所有连线。

3）拖动对象

用鼠标指向选中的对象并用左键拖曳可以拖动该对象。该方式不仅对整个对象有效，而且对对象中单独的标签（labels）也有效。

如果误拖动一个对象使所有的连线都变成了一团糟，可以使用"撤销"命令撤销操作，恢复原来的状态。

4）拖动对象标签

许多类型的对象都有一个或多个属性标签。例如，每个元件有一个元件序号标签和一个元件值或元件型号标签。可以很容易地移动这些标签使电路图看起来更美观。

移动标签的步骤：

（1）选中对象。

（2）用鼠标指向标签，按下鼠标左键不放。

（3）拖动标签到需要的位置。如果要使定位更精确，可以在拖动前改变捕捉的精度［使用 F4、F3、F2、Ctrl + F1 键（组合键），如图 1-6-11 所示］。

（4）释放鼠标。

5）调整对象大小

线、框和圆等对象可以调整大小。当选中这些对象时，对象上会出现黑色小方块叫做"手柄"，可以通过拖动这些"手柄"来调整对象的大小。

调整对象大小的步骤：

（1）选中对象。

（2）如果对象可以调整大小，对象上会出现黑色小方块，叫做"手柄"。

（3）用鼠标左键拖动这些"手柄"到新的位置，可以改变对象的大小。在拖动的过程中手柄会消失，以便不和对象的显示混叠。

6）调整对象的朝向

许多类型的对象在未放置前可以通过图 1-6-9 预览对象方位控制工具栏调整朝向为 0°、90°、180°、270°，或调整为顺时针旋转、逆时针旋转、X - 镜像、Y - 镜像。

调整放置后对象朝向的步骤：

用鼠标右键单击要调整朝向的对象，出现图 1-6-13 所示右键菜单，选中相应的朝向即可。

7. 编辑对象

对象一般都具有文本属性，这些属性可以通过一个对话框进行编辑，这是一种很常见的操

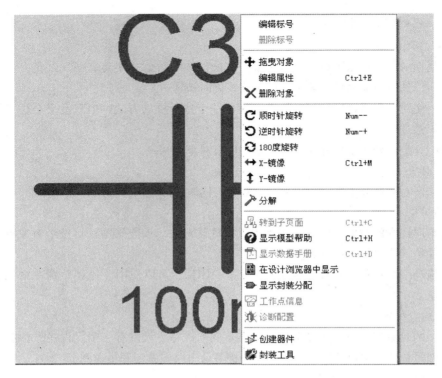

图 1-6-13　指向元件的右键菜单

作，有多种实现方式。

1）编辑单个对象

（1）选中对象。

（2）单击对象，此时出现属性编辑对话框，进行修改。

例如图 1-6-14 所示是电阻元件属性编辑对话框，这里可以改变电阻器的标号、电阻值、PCB 封装以及是否隐藏等，修改完毕，单击"确定"即可。

注意：元件标号、参数值不能用中文，参数值单位字母的大小写必须规范，其中如果参数值的数量级是"μ"只能写成"u"，否则可能无法仿真。

2）以特定的编辑模式编辑对象

（1）指向对象。

（2）使用【Ctrl + E】组合键，在弹出的属性对话框中编辑。

3）通过元件的名称编辑元件

（1）键入"E"。

（2）在弹出的对话框中输入元件的名称。

确定后将会弹出该项目中任何元件的编辑对话框，并非只限于当前 Sheet 的元件。编辑完后，画面将会以该元件为中心重新显示。可以通过该方式来定位一个元件，即便并不想对其进行编辑。

4）编辑单个对象标签

双击对象标签，进入对话框中进行编辑。

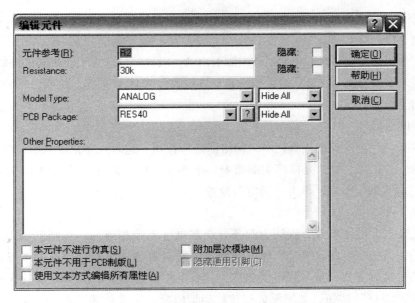

图 1-6-14　电阻元件的"编辑元件"对话框

1.6.3　原理图绘制及仿真调试

1. 原理图的绘制

1）基本操作

（1）绘制导线

在两个对象连接点间连导线：

① 单击第一个对象连接点。

② 如果想让 ISIS 自动定出走线路径，只需先后单击两个连接点；如果想自己决定走线路径，只需在想要拐点处单击。

一个连接点可以精确地连到一根导线。在元件和终端的引脚末端都有连接点。

一个节点从圆中心出发有四个连接点，可以连四根线。

在绘制导线的过程中，可随时按键盘上的 Esc 键来放弃导线的绘制。

（2）自动连线器

自动连线器省去了必须标明每根线具体路径的麻烦，该功能默认是启用的，如果先后单击两个连接点，WAR 将选择一个合适的线径。但如果点了一个连接点，然后点一个或几个非连接点的位置，ISIS 将认为是在手工布置线的路径，则所单击的非连接点即为路径的每个拐点，路径最终是通过左击另一个连接点来完成的。

自动连线器可通过使用"工具"菜单里的"自动连线"命令或单击图 1-6-5 设计工具栏中的"切换自动连线器"按钮来关闭。要在两个连接点间直接画出斜线连接线时，需关闭自动连线功能。

（3）绘制总线

为了简化原理图，可以用一条粗导线代表数条并行的导线，这就是所谓的总线。单击

图1-6-6绘制电路图工具栏的"总线"按钮，即可在编辑窗口绘制总线。

（4）绘制总线分支

总线分支是用来连接总线和由元器件引脚引出的一段导线的。为了和一般的导线区分开来，通常用短斜线来表示总线分支，这时需要把自动连线器（WAR）关闭。绘制总线分支的方法与绘制导线相同。

（5）放置网络标号

单击图1-6-6绘制电路图工具栏中"网络标号"按钮，这时光标变成笔形，将光标移动到欲放置网络标号的导线上时，光标笔尖部带着一个小×，单击鼠标，系统弹出"Edit Wire Label"对话框，输入网络标号，单击"确定"放置。

（6）放置节点

如果在交叉点有电路节点，则认为两条导线在电气上是相连的，否则就认为它们在电气上是不相连的。ISIS在绘制导线时能够智能地判断是否要放置节点。但在两条导线交叉时是不放置节点的，这时要使两条导线电气相连，只有手工放置节点了。单击图1-6-6绘制电路图工具栏中的"节点"按钮，当把鼠标指针移到编辑窗口中欲放置节点的地方，单击就放置了一个节点。

2）块操作

Proteus ISIS可以同时编辑多个对象，即块操作。常见的有块复制、块删除、块移动、块旋转几种操作方式。

（1）块复制

复制一整块电路的方式：

① 选中需要复制的对象。

② 单击图1-6-4编辑工具栏中"块复制"图标。

③ 把复制的轮廓拖到需要放置的位置，单击放置副本。

④ 重复步骤③放置可多个副本。

⑤ 右击鼠标结束。

当一组元件被复制后，拷贝的标注被自动更新，防止在同一图中出现重复的元件标注。

（2）块移动

移动一组对象的步骤：

① 选中需要移动的对象。

② 单击图1-6-4编辑工具栏中"块移动"图标，把轮廓拖到需要放置的位置，单击放置。

可以使用块移动的方式来移动一组导线，而不移动任何对象。

（3）块删除

删除一组对象的步骤：

① 选中需要删除的对象。

② 单击图1-6-4编辑工具栏中"块删除"图标（或按键盘上"Delete"键）。如果错误删除了对象，可以使用"撤销"命令来恢复原状。

3）常用操作

（1）重复布线

例：如图1-6-15所示，要将U1：A的输出Q0、Q1、Q2、Q3分别连接至U2的输入A、B、C、D，即要求4518的3、4、5、6端连接至4511的7、1、2、6端。首先左击4518的3端；然后左击4511的7端，在3、7端间画一根水平线；然后双击图1-6-15所示4518的4端端头小方框处，重复布线功能会被激活，自动在4、1间布线；同理双击4518的5端，自动在5、2间布线，双击4518的6端，自动在6、6间布线。

重复布线完全复制了上一根线的路径。如果上一根线已经是自动重复布线将仍旧自动复制该路径；如果上一根线为手工布线，那么将精确复制用于新的线。

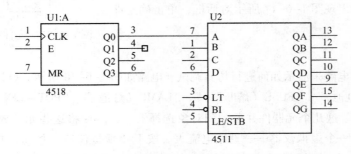

图1-6-15 重复布线

（2）拖线

如果鼠标指向一个选中线段的端或角，出现一个⬦形时，按住鼠标拖动该⬦形即可拖动该线段的端或角。

如果鼠标指向一个线段的中间，出现一个↕形或↔形时，按住鼠标拖动即该↕形或↔形即可按符号所示方向拖动该线段平移。

（3）移动线段或线段组

① 将要移动的线段或线段组周围拖一个选择框，若该"框"为一个线段也可以。

② 单击图1-6-4编辑工具栏中"块移动"图标。

③ 如图1-6-16所示垂直方向移动"选择框"至相应位置。

④ 单击鼠标结束。

移动线段或线段组也可以在选择要移动的线段或线段组后直接拖动。

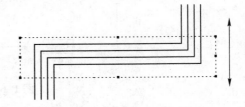

图1-6-16 移动线段或线段组

如果操作使图形或线段组变乱，可使用"撤销"命令返回。

（4）从线中移走节点

由于对象被移动后节点可能仍留在对象原来位置周围，ISIS提供一项技术来快速删除线中不需要的节点。

① 选中要处理的线。

② 用鼠标指向节点一角，按住左键。

③ 拖动该角和自身重合。

④ 松开鼠标左键，ISIS 将从线中移走该节点。

（5）元件替换

在仿真调试的过程中有时发现元件失效，这时需要重新放置相同的元件；或在仿真调试的过程中想试试其他同类元件能否在同一电路中使用，这时也需要放置同类元件。只需在元件对象选择器里选择欲放置的元件，用图 1-6-9 所示预览对象方位控制工具栏将其方位调到和原理图中待替换元件完全一致后，将鼠标移到原理图编辑区单击一下，这时鼠标上即粘着一个欲放置的虚浮元件，将该虚浮元件移到原理图待替换元件处并与之完全重合时，单击放置元件，这时出现图 1-6-17 所示对话框，单击确定即完成元件替换。

图 1-6-17　元件替换确认对话框

2. 仿真调试

用一个简单的电路来演示如何进行仿真调试。电路如图 1-6-18 所示。设计这个电路时先找到 "BATTERY（电池）"、"FUSE（熔断器）"、"LAMP（灯泡）"、"POT - LIN（滑动变阻器）"、"SWITCH（开关）" 这几个元器件并添加到对象选择器里，然后将这些元件放置到原理图编辑区中。另外还需要一个虚拟仪器——直流电流表。按下 "虚拟仪器" 按钮，找到 "DC AMME-TER（直流电流表）"，添加到原理图编辑区，按照图 1-6-18 布置元器件、仪表，并连接好。在进行仿真之前还需要设置各个对象的属性。选中电源 B1，再单击左键，出现了属性对话框。在 "元件参考" 后面填上电源的名称；在 "Voltage" 后面填上电源的电动势的值，这里设置为 12 V。

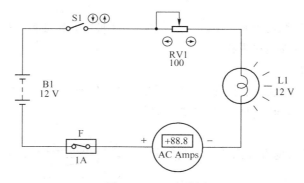

图 1-6-18　电路图

其他元器件的属性设置如下：滑动变阻器的阻值为 100 Ω；灯泡的电阻是 240 Ω，额定电压是 12 V；熔断器的额定电流是 1A，内电阻是 0.1 Ω。单击 "调试" 菜单下的 "开始/重新启动调试" 命令或者单击图 1-6-10 仿真进程控制工具栏中 "开始仿真" 按钮，也可以单击快捷键 Ctrl + F12 进入仿真调试状态。把鼠标指针移到开关的⊕处，这时出现了一个 "＋" 号，单击一下就合上了开关，如果想打开开关，把鼠标指针移到开关的⊕处，这时将出现一个 "－" 号，单击一下就会打开开关。开关合上后发现灯泡已经点亮了，电流表也有了示数。把鼠标指针移到滑动变阻器的⊖或⊖处分别单击，使电阻变大或者变小，会发现灯泡的亮暗程度发生了变化，电流表的示数也发生了变化。如果电流超过了熔断器的额定电流，熔断器就会熔断。在调试状态下没有修复的命令。可以这样修复：单击"停止"按钮停止调试，修改参数后再进入调试状态，熔断器就修复好了。

1.6.4 原理图常用设置

1. 系统设置

"系统"菜单如图1-6-19所示。

环境设置方法：系统→设置环境…，如图1-6-20所示。

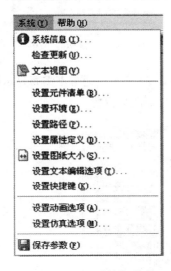

图1-6-19 "系统"菜单

图1-6-20 "环境设置"对话框

设置动画方式：系统→设置动画选项…，如图1-6-21所示。

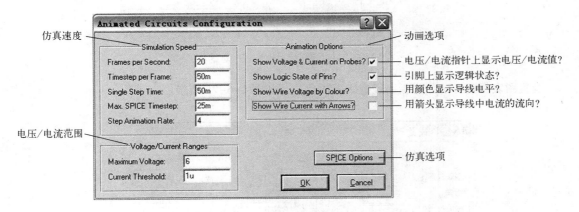

图1-6-21 "动画设置"对话框

图纸设置方法：系统→设置图纸大小…，如图1-6-22所示。

2. 模板设置

"模板"菜单如图1-6-23所示。

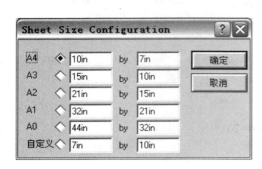

图 1-6-22 "图纸大小"对话框

图 1-6-23 "模板"菜单

设置设计默认值方法：模板→设置设计默认值…，如图 1-6-24 所示。通常不需要显示隐藏文本，可使所绘图形更简捷。也可以根据需要更改图纸的颜色（如改为白色）。

图 1-6-24 "设置默认规则"对话框

设置图表颜色方法：模板→设置图形颜色…，如图 1-6-25 所示。

图 1-6-25 "图表颜色设置"对话框

设置图形风格方法：模板→设置图形风格…，如图 1-6-26 所示。系统默认的填充类型为 Solid（实心），有时根据需要可更改为 None（空心），选择方法如图 1-6-26（b）所示。

（a）图形风格 　　　　　　　　　　　　　　　　（b）填充类型

图 1-6-26 "编辑全局图形风格"对话框

设置 2D 图形文本方法：模板→设置图形文本…，如图 1-6-27 所示。

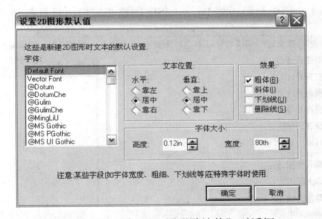

图 1-6-27 "设置 2D 图形默认值"对话框

设置全局文本风格方法：模板→设置文本风格……，如图 1-6-28 所示。

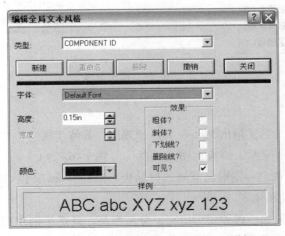

图 1-6-28 "编辑全局文本风格"对话框

1.6.5　Proteus ISIS 原理图的复制

下面介绍将 Proteus ISIS 原理图复制到 Word 文档中的方法。

1. 复制选中的图形区域

在 Proteus ISIS 中选中需要复制的图形区域，用鼠标左键单击"复制"图标；在 Word 文档中用鼠标左键单击"粘贴"图标，即将所需图形复制到 Word 文档中了。

2. 复制整张彩色图纸

在 Proteus ISIS 中用鼠标左键单击"复制"图标；在 Word 文档中用鼠标左键单击"粘贴"图标，即将 Proteus 的整张彩色图纸复制到 Word 文档中了。

3. 复制位图

常用输出位图的形式输出 Proteus ISIS 原理图，具体步骤：

"文件"菜单→输出图形 ▶→输出位图…（图 1-6-29）→"输出位图文件"对话框（图 1-6-30）→选分辨率（100DPI 最低，600DPI 最高）→"输出文件"→确定→位图已复制到剪贴板→回到 Word 文档中粘贴→将 Proteus ISIS 的整张黑白图纸复制到 Word 文档中了。

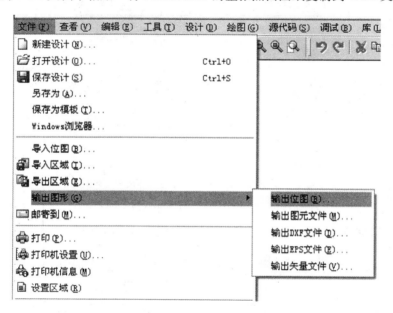

图 1-6-29　输出图形

4. 复制图元文件

常用输出图元文件的形式输出 Proteus ISIS 原理图，具体步骤：

"文件"菜单→输出图形 ▶→输出图元文件…（图 1-6-29）→"输出图元文件"对话框（图 1-6-31）→选择→确定→图形已复制到剪贴板→回到 Word 文档中粘贴→将 Proteus ISIS 的整张图纸复制到 Word 文档中了。

以上四种方式中，第二、四种图形清晰，分辨率高，既适于制作原理图，又适于制作彩色仿真图，根据具体情况选择合适的方式，但都需事先处理图纸颜色、图形风格后再复制；第三

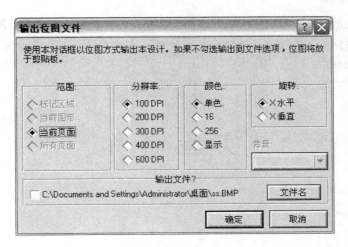

图 1-6-30　"输出位图文件"对话框

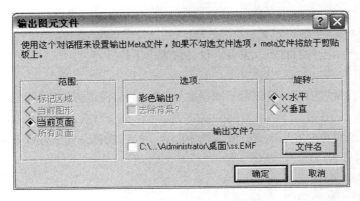

图 1-6-31　"输出图元文件"对话框

种多采用黑白打印，最适于制作原理图，如图 1-6-18 所示。不论采用哪种方式，粘到 Word 文档中后，需对图片进行剪切、缩放、压缩等处理，直至达到最佳效果。

1.7　实验报告撰写

实验报告的撰写非常重要。学生以理论知识为基础，先对实验课题进行深入的研究与准备，再通过实践完成设计与制作，在实践的过程中每一位学生无一例外地反复进行了理论知识指导实践、实践巩固加深理论知识的探究，实验的成功使他们收获很多，这时通过实验报告的撰写及时记录从预习到完成实验的整个过程中的分析与思考很有必要，通过实验报告的撰写将学生所学理论与实践相结合的专业知识与技能升华内化，不易遗忘。特别是一份高质量的电子版实验报告的成功撰写给学生带来的成就感远远胜过实验本身，这样的实验报告既能作为学生毕业后的求职资料，还能作为学生大学生涯的纪念。

1.7.1　手工实验报告撰写格式

实际操作的电子电路实验的实验报告通常采用手工撰写，不要求千篇一律，但应主要包含实验名称、实验目的、实验器材、实验原理图、实验内容（包括实验步骤及调试方案）、实验记录与分析、实验电路的工作原理、故障分析与处理、实验总结、下一步改进等内容。手工实验报告撰写格式示例如下。

实 验 名 称

一、实验目的
    1. 了解……
    2. 掌握……
    3. ……

二、实验器材
    （列出实验所用元件、材料、设备、仪器仪表、工具等。）

三、实验原理图
    （手工绘制，要求用尺、笔规范制图，按规范标明元件标号及参数等。）

四、实验内容
    （写出具体的实验内容与步骤，要求顺序合理，操作规范，安全可行。）

五、实验记录与分析
    1. 列表记录实验数据。
    2. 画出所测相关波形图。
    3. 进行相关计算及数据分析。

六、总结与思考
    1. 分析实验电路的工作原理。
    2. 分析实验电路的调整范围或趋势。
    3. 故障分析与处理。
    4. 实验总结。（收获与提高）
    5. 如何进一步改进设计电路。

1.7.2　电子版仿真实验报告撰写格式

由于实际操作的电子电路实验受时间、地点及实验条件等多种限制，开设数量及内容均十分有限，而仿真实验除了可在学校的计算机实验室进行以外，还可在学生自己的电脑上完成，即将仿真实验延伸到了课后，有利于学生的自主学习。电子电路设计的仿真实验报告通常采用电子文档的形式撰写，不要求千篇一律，但应主要包含封面、实验目的、实验要求、实验设备、实验项目、实验内容（分析仿真电路的工作原理、故障分析与处理、下一步改进）、实验总结等内容。电子版仿真实验报告撰写格式如下。

××××职业技术学院

电子电路设计 Proteus 仿真
实　验　报　告

学　　　号＿＿＿＿＿＿＿＿＿＿＿＿＿＿＿＿

姓　　　名＿＿＿＿＿＿＿＿＿＿＿＿＿＿＿＿

专业班级＿＿＿＿＿＿＿＿＿＿＿＿＿＿＿＿

指导教师＿＿＿＿＿＿＿＿＿＿＿＿＿＿＿＿

年　　　月

××××系

一、实验目的

1. 掌握 Proteus ISIS 文件的管理方法。

2. 掌握 Proteus ISIS 基本操作方法。

3. 掌握 Proteus ISIS 仿真控制器件和虚拟仪器的使用方法。

4. 掌握电子电路的设计与仿真调试的方法。

二、实验要求

1. 绘图必须规范、严谨，所选项目可以不拘一格，但要求仿真成功。

2. 不得相互拷贝和抄袭，这样才能不虚度年华，真正学到知识。

3. 打印实验报告上交，同时所有 Proteus、Word 文件打包（以中文姓名和班级命名），发至教师邮箱。

三、实验设备

计算机、Proteus 软件、Word 软件。

四、实验项目

1. 闪烁信号发生器设计与仿真。

2. 报警器的设计与仿真。

3. 可调直流电动机驱动电路的设计与仿真。

五、实验内容

用 Proteus 软件仿真以上各个实验项目，简要分析电路工作原理，记录实验过程中所遇到的问题，并寻求解决方案，然后总结仿真实验心得。

报警器的设计与仿真如图1-7-1所示。

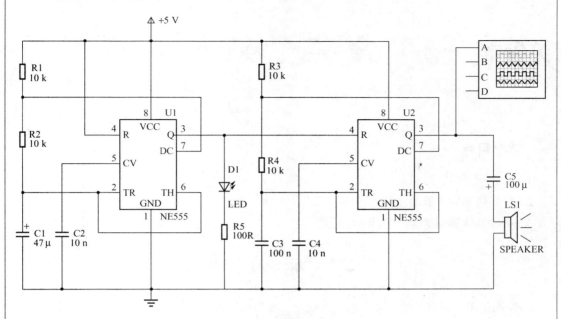

图 1-7-1　报警器

原理简析：

闪烁信号　$T_1 = 0.693(R_1 + 2R_2)C_1$

$$f_1 = \frac{1}{T_1} = \frac{1}{0.693(R_1 + 2R_2)C_1}$$

音频信号　$T_2 = 0.693(R_3 + 2R_4)C_3$

$$f_2 = \frac{1}{T_2} = \frac{1}{0.693(R_3 + 2R_4)C_3}$$

出现的问题及解决的方法：

电路中的 R5 省掉了，导致 U2 的发声电路不能发声，接上限流电阻 R5，该电路正常发声。

实验小结：

要用 NE555 得到闪烁信号，电容 C1 不应太小，可选 1 μF 以上的；

要用 NE555 得到音频信号，电容 C3 不应太大，可选 1 μF 以下的。

实验思考：如果要得到更大的音频输出功率，可在本实验电路末端接上一个由 LM386 音频功放芯片构成的音频功率放大电路。

……

六、实验总结

写出通过仿真实验的收获与提高、感想与体会等。

第❷章　常用电子仪器仪表

教学目标

1. 掌握示波器、万用表的使用。
2. 掌握信号发生器的使用。
3. 了解晶体管毫伏表、兆欧表的使用。

2.1　示　波　器

示波器是用于观察电信号波形的电子仪器，可测量周期性信号波形的周期（或频率）、脉冲波形的脉冲宽度和前后沿时间、同一信号任意两点间的时间间隔、同频率两正弦信号间的相位差、调幅波的调幅系数等各种电参量，若借助传感器还可以测量非电量。

2.1.1　SR－8 型双踪示波器

1. SR－8 型双踪示波器面板

各种示波器的面板旋钮和开关的功能大同小异，高档示波器由于功能较多，相应的旋钮和开关也会多一些，而低档示波器的旋钮则相应少一些。

SR－8 型双踪示波器面板如图 2-1-1 所示。面板上各旋钮和开关功能如下：

1）基本旋钮和开关

（1）亮度——调整显示波形的亮度。

（2）聚焦和辅助聚集——调整波形的清晰度。

（3）照明——屏幕背景照明，主要用于看清屏幕上的标尺刻度线。

（4）寻迹——当显示波形偏移出屏幕时，按下此扳键可以看到显示波形。

（5）校准信号输出插座——采用 BNC 型。校准信号由此插座输出。

2）X 轴旋钮和开关

（1）"微调 t/div"——扫速开关是套轴装置，用来调节 X 轴扫描信号的周期，它的黑色波段旋钮的刻度为 s/div、ms/div、μs/div（时间/格），表示示波器屏幕上 X 轴方向每一格代表的时间。当红色"微调"电位器按顺时针方向转至满度，即为"校准"位置，此时黑色波段旋钮所指示的面板上标称值可被直读为扫描速度值。

（2）X 轴位移——用来调节显示信号在 X 轴方向的位置。

（3）"扩展拉×10"——在按入的位置上仪器正常使用，当在拉出的位置时，X 轴扩大 10

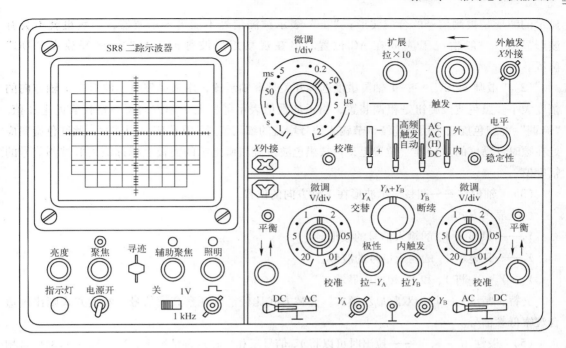

图 2-1-1　SR-8 型双踪示波器面板图

倍显示，此时面板上的扫速标称值应以加快为 10 倍计算。放大后的允许误差也相应增加。

（4）触发方式选择——有"触发"、"自动"和"高频"三个位置。一般情况下可使其在"自动"或"触发"位置，"高频"更适合用于观察高频信号。

（5）触发源选择——有"内"、"外"两个位置，一般情况下放在"内"。在"内"的位置上，扫描触发信号取自 Y 轴通道的被测信号。在"外"的位置上，触发信号取自外来信号源，也就是取自"外触发 X 外接"输入端的外触发信号。

（6）触发耦合方式选择——有"AC"、"AC（H）"、"DC"三个位置，一般情况下放在"AC"、"DC"均可。"AC"触发形式属交流耦合状态，其触发性能不受直流分量的影响。"AC（H）"触发形式属低频抑制状态，"DC"触发形式属于直流耦合状态，可用于变化缓慢的信号进行触发扫描。

（7）" + - "——触发极性开关，用以选择触发信号的上升沿或下降沿，对扫描进行触发的控制。" + "扫描是以触发输入信号波形的上升沿进行触发使扫描启动，" - "扫描是以触发输入信号波形的下降沿进行触发使扫描启动。

（8）"电平"——用于选择输入信号波形的触发点，使在某一所需的电平上启动扫描。当触发电平的位置越过触发区域时，扫描将不启动，屏幕上无被测波形显示。

（9）"稳定性"——用以调节扫描电路的工作状态，使达到稳定的触发扫描。调准后无须经常调节。

3）Y 轴旋钮和开关

（1）Y 轴输入耦合方式——有三个位置。"AC"允许被测信号交流成分进入，此时示波器显示的波形为被测信号的交流成分的波形；"DC"允许交流和直流合成信号进入，示波器显示的波形是被测信号的合成波形；"⊥"表示被测信号不能进入示波器，当然也就不会有波形显示。一般情况下应放在 AC 位置。但在观察矩形波脉冲信号时，最好放在"DC"位置。

（2）"微调 V/div"——Y 轴灵敏度选择开关是套轴装置，用来调整显示波形在 Y 轴方向的幅度大小。黑色波段旋钮是粗调装置，指示的数值表示屏幕上 Y 轴方向每一格代表的电压值。"微调"的红色旋钮是用以连续调节输入信号增益的细调装置。在作定量测试时，此红色旋钮应处在顺时针满度的"校准"位置上，再按黑色波段旋钮所指示的面板上标称值读取被测信号的幅度值。

（3）Y 轴位移——调整显示波形在 Y 轴方向的位置。

（4）显示方式。

Y_A——只显示 Y_A 的输入信号的波形。

Y_B——只显示 Y_B 的输入信号的波形。

$Y_A + Y_B$——将 Y_A 和 Y_B 相加后显示。

交替、断续——均为双踪显示模式。交替方式比较适合观察高频信号，断续方式则比较适合观察低频信号。

（5）"极性 拉 - Y_A"——拉出时可以将 Y_A 信号反相。在这种情况下，$Y_A + Y_B$ 显示两信号相减的波形，即 $Y_B - Y_A$ 的波形。

（6）"内触发拉 Y_B"——用来选择内触发源。在按的位置上（常态），扫描的触发信号取自经电子开关后 Y_A 及 Y_B 通道的输入信号；在拉的位置上，扫描的触发信号只取自于 Y_B 通道的输入信号，通常适用于有时间关系的二踪信号的显示。

（7）Y 轴输入插座——采用 BNC 型。被测信号由此经探头输入。

2. SR - 8 型示波器主要技术指标

Y 轴：

频带宽度：0 ～ 15 MHz（DC 耦合）。

　　　　　　10 Hz ～ 15 MHz（AC 耦合）。

灵敏度：10 mV/div ～ 20 V/div。

输入阻抗：输入电阻 1 MΩ。

输入电容：50 pF。

最大允许输入电压：400 V。

X 轴：

扫描范围：0.2 μs/div ～ 1 s/div。

频带宽度：100 Hz ～ 250 kHz。

标准信号：1 kHz，幅度 1 V（方波）。

3. 使用方法

将被测信号输入到 Y_A 或 Y_B 端，此时示波器的屏幕上可能有三种情况。一种是显示出相应的波形，另一种情况是显示一条垂直亮线，第三种情况则是什么都不显示或只有一个小亮点。对于第一种情况，只需适当调节 Y 轴灵敏度、Y 轴位移，使波形易于观察即可。第二种情况说明信号已输入到示波器，但扫描电路没有工作，此时可以调节电平旋钮使波形出现。第三种情况，原因较复杂。可能是被测信号没有进入示波器的输入端；也可能是被测信号幅度太小，此时可调节 Y 轴灵敏度旋钮；还有一种可能是 X 轴和 Y 轴位移旋钮位置不合适，此时可适当调节 X 轴和 Y 轴位移旋钮。

在用示波器进行测量时，应将 X 轴扫描速度的红色微调旋钮置于"校准"位置（在测量频率、周期和时间时），Y 轴灵敏度的微调旋钮也要置于"校准"位置（在测量信号的幅度时）。

图 2-1-2 为示波器显示的两个同频不同相的信号波形。设此时 Y_A 和 Y_B 的灵敏度均为 2 V/div，扫描速度为 10 μs/div，从图 2-1-2 中可以看出，信号的周期为 80 μs，两信号的相位差为 90°，信号的信号峰–峰电压 V_{P-P} 为 12 V。

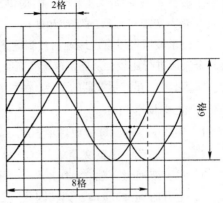

图 2-1-2 两个同频不同相波形的显示

4. SR-8 型示波器的读数

1）扫速开关上"微调"电位器顺时针方向转至满度即为"校准"位置，此时可读数。

$$周期（T）= \frac{一个周期的水平距离（格）×扫描时间因素（时间/格）}{水平扩展倍数}$$

注：若示波器"拉×10"按钮置拉出位时，则水平扩展倍数为 10。

若示波器"拉×10"按钮置非拉出位时，则水平扩展倍数为 1。

2）灵敏度选择开关上"微调"电位器按顺时针方向转至满度即为"校准"位置，此时可读数。

被测信号峰–峰电压 V_{P-P} = 垂直方向的格数 × 垂直因素（电压/格）× 探头衰减倍数

注：若示波器的测量探头置"×10"位时，则探头衰减倍数为 10。

若示波器的测量探头置"×1"位时，则探头衰减倍数为 1。

3）应用举例

例：用示波器观察实验台上低压交流电源～6 V 挡输出的正弦波。

选择低压交流电源置～6 V 交流电压挡，先用万用表测量此时的交流电压值，所测值为交流电压的有效值，记录所测值；再用示波器观测该低压交流电源输出的正弦波，正确读数，读出峰–峰值、周期，进而计算出有效值、频率，比较用万用表测量的交流电压值与示波器测量的交流电压值是否很接近，看看示波器测量的交流电的频率是否为 50 Hz，如果相差很大，分析原因。如果相差很大，可能有以下原因：

（1）用示波器读数时，"V/div"微调的红色旋钮、"t/div"微调的红色旋钮没有置于"校准"的挡位，从而造成读数错误。

（2）示波器的测量探头置"×10"位时，使得测量结果衰减 10 倍，而读数时却没注意这个因素。通常示波器的测量探头置"×1"位时，方可不用换算直接读数。

（3）用示波器读数时，因"V/div"波段开关或"t/div"波段开关的挡位已经错位，从而造成读数错误。

（4）仪器本身误差较大（探头或示波器质量较差）。

2.1.2　数字示波器

数字示波器是由数据采集、A/D 转换、软件编程等一系列技术制造出来的高性能示波器。数字示波器一般支持多级菜单，能提供给用户多种选择、多种分析功能。还有一些示波器可以提供存储，实现对波形的保存和处理。

通过示波器可以直观地观察被测电路的波形，包括形状、幅度、频率（周期）、相位，还可以对两个波形进行比较，从而迅速、准确地找到故障原因。正确、熟练地使用示波器，是初学维修人员的一项基本功。虽然示波器的型号、品种繁多，但其基本组成和功能却大同小异。

1. 主要技术指标

1）采样 1 Gs/s，等效取样率 50 Gs/s，存储深度 5 k，带宽 60 MHz；

2）显示彩色，中英文菜单，LCD 显示；

3）垂直双通道，独立 ADC；

4）上升时间≤3.5 ns，偏转因数（2 mV/div ～ 5 V/div）±3%，垂直分辨率 8 bit，扫描时间 10 ns/div ～ 50 s/div，时基准确度 ±0.01%。

2. 通用示波器的使用方法

1）操作面板

数字示波器提供了简单、功能明晰的前面板，以方便用户进行基本的操作。面板上包括旋钮和功能按键。显示屏右侧的一列 5 个灰色按键为菜单操作键，通过这些按键可以设置当前菜单的不同选项。其他按键为功能键，通过这些按键，可以进入不同的功能菜单或直接获得特定的功能应用，示波器操作面板如图 2-1-3 所示。

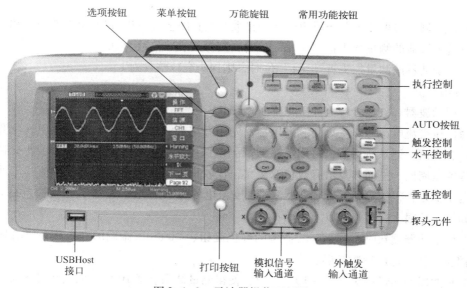

图 2-1-3　示波器操作面板图

示波器面板按键说明：

● CH1、CH2：显示通道 1、通道 2 设置菜单。

● MATH：显示"数学计算"功能菜单。

- REF：显示"参考波形"菜单。
- HORI MENU：显示"水平"菜单。
- TRIG MENU：显示"触发"控制菜单。
- SET TO 50%：设置触发电平为信号幅度的中点。
- FORCE：无论示波器是否检测到触发，都可以使用"FORCE"按钮完成当前波形采集。主要应用于触发方式中的"正常"和"单次"。
- SAVE/RECALL：显示设置和波形的"储存/调出"菜单。
- ACQUIRE：显示"采集"菜单。
- MEASURE：显示"自动测量"菜单。
- CURSORS：显示"光标"菜单。当显示"光标"菜单并且光标被激活时，"万能"旋钮可以调整光标的位置。离开"光标"菜单后，光标保持显示（除非"类型"选项设置为"关闭"，但不可调整）。
- DISPLAY：显示"显示"菜单。
- UTILITY：显示"辅助功能"菜单。
- DEFAULT SETUP：调出厂家设置。
- HELP：进入在线帮助系统。
- AUTO：自动设置示波器控制状态，以产生适用于输出信号的显示图形。
- RUN/STOP：连续采集波形或停止采集。注意：在停止状态下，对于波形垂直挡位和水平时基可以在一定的范围内调整，即可对信号进行水平或垂直方向上的扩展。
- SINGLE：采集单个波形，然后停止。

2）显示介绍

数字示波器在测量时显示图像如图 2-1-4 所示。

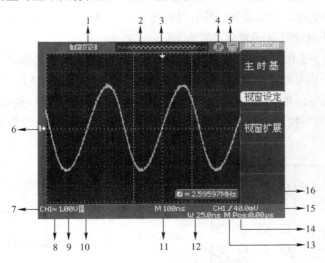

图 2-1-4 示波器界面显示区

（1）触发状态。

Armed：已配备。示波器正在采集预触发数据。在此状态下忽略所有触发。

Ready：准备就绪。示波器已采集所有预触发数据并准备接受触发。

Trig'd：已触发。示波器已发现一个触发并正在采集触发后的数据。

Stop：停止。示波器已停止采集波形数据，已完成一个"单次序列"采集。

Auto：自动。示波器处于自动模式并在无触发状态下采集波形。

Scan：扫描。在扫描模式下示波器连续采集并显示波形。

（2）显示当前波形窗口在内存中的位置。

（3）使用标记显示水平触发位置。旋转水平"POSITION"旋钮调整标记位置。

（4） ⚡ "打印钮"选项选择"打印图像"，❋ "打印钮"选项选择"储存图像"。

（5） ⌨ "后 USB 口"设置为"计算机"，❋ "后 USB 口"设置为"打印机"。

（6）显示波形的通道标志。

（7）使用屏幕标记表明显示波形的接地参考点。若没有标记，不会显示通道，显示信号源。

（8）信号耦合标志。

（9）以读数显示通道的垂直刻度系数。

（10）B 图标表示通道是带宽限制的。

（11）以读数显示主时基设置。

（12）若使用窗口时基，以读数显示窗口时基设置。

（13）采用图标显示选定的触发类型。

（14）以读数显示水平位置。

（15）用读数表示"边沿"脉冲宽度触发电平。

（16）以读数显示当前信号频率。

3）操作前功能检查

在使用数字示波器之前应进行一次快速功能检查，验证示波器是否正常工作。

（1）打开示波器电源，示波器执行所有自检项目，并确认通过自检，按下"DEFAULT SET-UP"按钮，并将探头选项默认的衰减设置为1X。

（2）将示波器探头上的开关设定到"×1"挡并将探头与示波器的通道1连接。将探头连接器上的插槽对准 CH1 同轴电缆插接件（BNC）上的凸键（见图2-1-5），按下去即可连接，然后向右旋转以拧紧探头，并将探头端部和基准导线连接到"探头元件"连接器上。

（3）按下"AUTO"按钮几秒钟内，应当看到频率为 1 kHz、电压约为 3 V 峰–峰值的方波（见图2-1-6）。

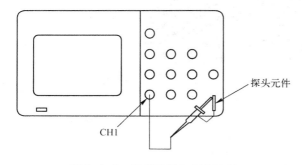

图 2-1-5　通道选择与探头连接

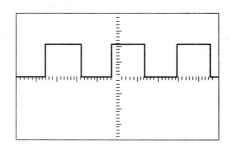

图 2-1-6　方波

（4）按两次"CH1 菜单"按钮删除通道 1，按下"CH2 菜单"按钮显示通道 2，重复步骤 2 和步骤 3。

4）测量方法

幅度和频率的测量方法以测试信号发生器的正弦波信号为例。

（1）将示波器探头插入通道 1 插孔，并将探头上的衰减置于"×1"挡；

（2）将通道选择置于 CH1，耦合方式置于 DC 挡；

（3）将信号发生器调整为 1 kHz 的正弦波信号，将示波器的探头与信号发生器的输出端相连，按"AUTO"键，此时示波器屏幕出现正弦波光迹；

（4）调节垂直旋钮和水平旋钮，使屏幕显示的波形图稳定，按"STOP"键，保存所测波形；

（5）读出波形图在垂直方向所占格数，乘以垂直衰减旋钮的指示数值，得到正弦波信号的幅度；

（6）读出波形每个周期在水平方向所占格数，乘以水平扫描旋钮的指示数值，得到正弦波信号的周期（周期的倒数为频率）；

5）注意事项

（1）在首次将探头与任一通道连接时，应调节探头与通道进行匹配。未经补偿或补偿偏差的探头会导致测量误差或错误。若调整探头补偿，可以手动执行此调整来匹配探头和输入通道，如图 2-1-7 所示。

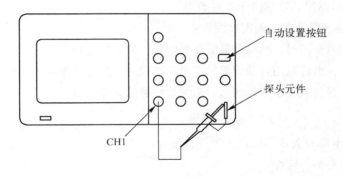

图 2-1-7　探头补偿

① 在通道菜单中将探头选项衰减设置为 1X 或 10X，如将探头上的开关设定为"×10"挡，并将示波器探头与通道 1 连接，如图 2-1-8 所示。如使用探头钩形头，应确保钩式端部牢固地插在探头上。此时通道 1 的探头选项为 10X，则测量的幅值衰减 10 倍。

② 将探头端部连接到"探头元件～3 V"连接器上，基准导线连接到"探头元件接地"连接器上。显示通道，然后按下"AUTO"按钮。

③ 检查所显示波形的形状，如出现图 2-1-9（a）所示的"欠补偿"和图 2-1-9（b）所示的"过补偿"的情况，用探头补偿调节棒或者非金属质地的无感起子调整探头上的可变电容，直到屏幕显示的波形如图 2-1-9（c）所示的"补偿正确"。

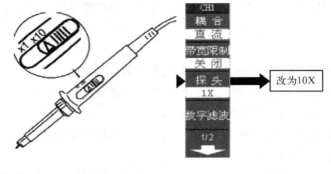

图 2-1-8　探头衰减

（a）欠补偿　　　　　　（b）过补偿　　　　　　（c）补偿正确

图 2-1-9　探头补偿状态

（2）数字存储示波器具有自动设置的功能。根据输入的信号，可自动调整电压挡位、时基以及触发方式至最好形态显示。"AUTO"按钮为自动设置的功能按钮。自动设置也可在刻度区域显示几个自动测量结果，这取决于信号类型。

"自动设置"基于以下条件确定触发源：

① 如果多个通道有信号，则具有最低频率信号的通道作为触发源。

② 未发现信号，则将调用自动设置时所显示编号最小的通道作为触发源。

③ 未发现信号并且未显示任何通道，示波器将显示并使用通道 1。

3. 故障处理

（1）如果按下电源开关示波器仍然黑屏，没有任何显示，可按下列步骤处理：

① 检查电源接头是否接好。

② 检查电源开关是否按实。

③ 做完上述检查后，重新启动仪器。

④ 如果仍然无法正常使用，可与产品公司联系。

（2）采集信号后，画面中并未出现信号的波形，可按下列步骤处理：

① 检查探头是否正常接在信号连接线上。

② 检查信号连接线是否正常接在 BNC 上。

③ 检查探头是否与待测物正常连接。

④ 检查待测物是否有信号产生。

⑤ 再重新采集信号一次。

（3）测量的电压幅度值比实际值大 10 倍或为 1/10。

检查通道衰减系数是否与实际使用的探头衰减比例相符。

（4）有波形显示，但不能稳定下来。

① 检查触发面板的信源选择项是否与实际使用的信号通道相符。

② 检查触发类型：一般的信号应使用"边沿触发"方式，视频信号应使用"视频触发"方式。只有应用适合的触发方式，波形才能稳定显示。

③ 尝试改变"耦合"为"高频抑制"和"低频抑制"显示，以滤除干扰触发的高频或低频噪声。

（5）按下"RUN/STOP"钮无任何显示。

检查触发面板的触发方式是否在"正常"或"单次"挡，且触发电平是否超出波形范围。如果是，将触发电平居中，或者设置触发方式为"自动"挡。另外，按"AUTO"按钮可自动完成以上设置。

（6）选择打开平均采样方式或设置较长余辉时间后，显示速度变慢。

正常情况。

（7）波形显示呈阶梯状。

① 此现象正常。可能水平时基挡位过低，增大水平时基以提高水平分辨率，可以改善显示。

② 可能显示类型为"矢量"，采样间的连线，可能造成波形阶梯状显示。将显示类型设置为"点"显示方式，即可解决。

4. 数字示波器使用中注意的问题

1）带宽和采样频率之间有什么固定关系？

采样频率也称为采样率，理论上需要满足香农采样定律，即被测信号的最高频率信号的每个周期理论上至少需要采 2 个点，否则会造成混叠。但是在实际应用中还取决于很多其他的因素，一般来说采样率是带宽的 4 ～ 5 倍就可以比较准确地再现波形。

2）示波器指标中的带宽如何理解？

带宽是示波器的基本指标，和放大器带宽的定义一样，是所谓的 −3 dB 点，即在示波器的输入加正弦波、幅度衰减为实际幅度的 70.7% 时的频率点称为带宽。也就是说，使用 100 MHz 带宽的示波器测量 1 V、100 MHz 的正弦波，得到的幅度只有 0.707 V。这还只是正弦波的情形。因此，我们在选择示波器时，为达到一定的测量精度，应该选择信号最高频率 5 倍的带宽。

3）在使用示波器时如何消除毛刺？

如果毛刺是信号本身固有的，而且想用边沿触发同步该信号（如正弦信号），可以用"高频抑制"触发方式，通常可同步该信号。如果信号本身有毛刺，但想让示波器滤除该毛刺，不显示毛刺，通常很难做到。可以试着使用限制带宽的方法，但不小心也可能会滤掉信号本身一部分信息。

4）在选择示波器时，一般大多考虑带宽。那么，在什么情况下需要考虑采样速率？

取决于被测对象。在带宽满足的前提下，希望最小采样间隔（采样率的倒数）能够捕捉到需要的信号细节。业界也有一些关于采样速率的经验公式，但基本上都是针对示波器带宽得出的，实际应用中，最好不用示波器测带宽频率的信号。若在选择示波器的型号时，对正弦波需选示波器带宽是被测正弦信号频率的 3 倍以上，采样率是带宽的 4 到 5 倍，实际上是信号的 12 到 15 倍，若是其他波形，要保证采样率足以捕获信号细节。若正在使用示波器，可透过以下方法验证采样率是否够用：将波形停下来，放大波形，若发现波形有变化（如某些幅值），则认为采样率不够，这种采样率是无法满足测量精度的，同时也可用点显示来分析采样率是否够用。

5）示波器使用中探头应该注意些什么？

示波器在使用中探头一般往往被忽略，无源探头由于测量范围宽，价格便宜，同时可以满足大多数测量要求，因而得到广泛的使用，无源探头的选择应该与所用示波器的带宽一致。更换探头或探头交换通道的时候，必须进行探头补偿调整，达到与输入通道的匹配。调校探头补偿最简单直观的方法是观察探头波形（如图 2-1-9 所示）来进行。

6）在示波器上看波形时，用外触发和自触发来看有何区别？

示波器通常采用边沿触发，其触发条件有 2 个：触发电平和触发边沿，即信号的上升沿（或者下降沿）达到某一特定电平（触发电平）时，示波器触发。示波器只有在信号自触发有问题的时候才会使用外触发。另外信号比较复杂，有很多满足触发条件的点，无法每次在同一位置触发得到稳定的显示，这时就需要使用外触发。

7）测量系统的总带宽如何获得？

数字信号测量时，信号的上升时间决定系统的总带宽。

测量系统的总带宽 = 0.35/上升时间

8）示波器正常，但是用示波器观察被测信号时，波形杂乱无章，该如果解决？

导致这样的原因是：被测信号的接地端与示波器地线没有共地。通常是利用示波器的自检信号来检查探头和示波器是否正常，若示波器和探头均正常，则是被测波形不正常。在测量幅度很小的信号时，可把探头的接地线拔掉（此时接地线相当于天线，对小信号产生干扰），采用示波器配备的地线连接地进行测试，同时为了很好消除噪声引起的误触发，"获取方式"可选择"平均"。

9）示波器正常，能看到到扫描线，但是观察被测信号却没有信号波形产生？

三个原因导致：

（1）从通道 1 输入信号，但是不小心打开的却是通道 2。

（2）信号耦合方式（AC - GND - DC）选择接地位置上。

（3）确认信号是否已经产生且正常输入示波器 BNC 接口。

10）如何测量直流电压？

首先需要设置耦合方式为直流，根据大概的范围调节垂直挡位到一个合适的值，然后比较偏移线跟通道标志的位移，自动识别并测试直流电压信号。使用中按"AUTO"自动测量即可完成测试结果。

11）为什么波形存储已经存储了设置，还要存储设置有什么用？

首先，两者最主要的区别是波形存储占据的存储空间要比设置存储空间要大的多，因此以存储器的空间和成本考虑，就需将两者分别保存。其次，两者的调出上也存在差别。波形调出示波器处于 STOP 状态，设置调出时不改变保存的运行状态，可方便直接观测波形。

2.2　万　用　表

万用表是电子电路安装与调试过程中使用最多的仪表。它一般以测量电阻、电压和电流为主要目的，又增加了测量电容、电感、晶体三极管直流电流放大系数等项目，由于它用途多而被称为万用表。

万用表按指示方式可分为模拟式和数字式两大类：模拟式万用表是以指针的形式指示测量结果，它由指示部分（电磁系表头）、测量电路和转换装置三部分组成；数字式万用表是以数字的方式显示测量结果，可以自动显示测量数值、正负极性，读数十分方便。

2.2.1　MF47 型万用表

1. MF47 型万用表的技术性能指标

电压灵敏度和欧姆表的中值电阻是万用表的两个重要指标。电压灵敏度以每伏的内阻表示，单位为 Ω/V 或 $k\Omega/V$。电压灵敏度越高，取自被测电路的电流愈小，对被测电路正常工作状态的影响就越小，测量电压越准确。中值电阻是当欧姆表的指针偏转至刻度的几何中心位置时，所指示的电阻值正好等于该量程欧姆表的总内阻值。由于欧姆表标度的不均匀性，使欧姆表有效测量范围仅局限于基本误差较小的刻度中央部分。它一般对应于（1/10 ～ 10）倍的中值电阻，因此测量电阻时应合理选择量程，使指针尽量靠近中心处（满刻度的 1/3 ～ 2/3），确保所测阻值准确。

2. 面板部件功能

MF47 型万用表面板如图 2-2-1 所示，面板上半部分是表头，表头中有红、绿、黑三种刻度线；表头下方是欧姆调零电位器旋钮和 h_{FE} 测量插孔；量程选择开关用于选择测量项目和测量范围；面板左下方有两个常用的表笔插孔，标有"＋"的插孔插红表笔，标有"－"及"COM"的公共插孔插黑表笔；面板右下方也有两个表笔插孔，其中标有"5 A"的插孔用于红表笔插在该插孔时测量 500 mA ～ 5 A 之间的直流电流，标有"2500 V"交直流电压插孔用于红表笔插在该插孔时在直流 1000 V 或交流 1000 V 挡测量交直流 1000 ～ 2500 V 高压；在 10 V 交流电压挡处有"C. L. dB"标识，用于外加 50 Hz、10 V 交流电压时测量电容和电感及电平值；面板下方正中是表头机械调零旋钮，用于机械调零。

3. 使用方法

（1）机械调零。使用万用表前，须先调节机械调零器，使指针指到零位。

（2）测量电压。量程选择开关转到合适的电压量程，如果不能估计被测电压的大约数值，应先转到最大量程"1000 V"，经试测后再确定适当量程。测量电压时，要分清交、直流电压量程。测量交直流 2500 V 时，量程选择开关应分别旋至交流 1000 V 或直流 1000 V 位置上，红表笔插头则插到对应的插孔中，而后将红黑表笔跨接于被测电路两端。注意：测量直流电压时，黑表笔应接低电位点，红表笔应接高电位点。测量电压时，应在指针偏转较大的位置进行读数，以减小测量误差。

（3）测量直流电流。量程选择开关转到合适的直流电流挡（mA），红表笔串入电路的高电

图 2-2-1　MF47 型万用表

位点，黑表笔串入电路的低电位点，切不可将电流表跨接于电路中，防止烧坏表头。当选用直流电流的 5 A 挡时，万用表红表笔应插在"5 A"插孔内，量程选择开关置于 500 mA 直流电流量程挡上。测量直流电流时，应在指针偏转较大的位置进行读数，以减小测量误差。

（4）测量电阻。量程选择开关转到适当的电阻挡，先将红黑表笔短接，调节欧姆调零电位器使欧姆表指针指向"0 Ω"（满偏），然后将表笔接至被测电阻两端，使表针指示在欧姆表刻度的中部进行读数。注意测小阻值电阻时，要使表笔与电阻接触良好，测大阻值电阻时，要防止两手或其他物体造成旁路，影响测量结果。每次转换量程都应重新进行欧姆调零后再测量。注意：测量电路中的电阻时，应先切断电源。如电路中有电容则应先行放电。严禁在带电线路上测量电阻，因为这样做实际上是把欧姆表当作电压表使用，极易使电表烧毁。当测量电解电容器的漏电电阻时，可转动量程选择开关至 R×1 k 挡，红表笔接电容器负极，黑表笔接电容器正极。

（5）测量音频电平。测量方法同测量交流电压一样，读数是表面最下边一条刻度线。表面刻度数值是指量程选择开关在交流"10 V"挡量程时，可以直接读数。当交流电压转到 50 V、250 V、500 V 时，测量结果应在表面读数值上分别加上 +14 dB、+28 dB 和 34 dB。如被测电路中带有直流电压成分，可以在红表笔中串接一个 0.1 μF 的隔直电容器。

（6）二极管极性判别。测试时选电阻挡 R×100 或 R×1 k，测得阻值小时黑表笔一端的一极为正极（MF47 型万用表的电阻挡中，红表笔为电池负极，黑表笔为电池正极）。

三极管直流电流放大系数 h_{FE} 值的测量。先转动量程选择开关至三极管调节 ADJ 挡位，将红黑表笔短接，调节欧姆调零电位器，使指针对准 $300 h_{FE}$ 刻度线，然后将量程选择开关转到 h_{FE} 挡位，将要测的三极管引脚分别插入相应的三极管测试座的 ebc 孔内，指针偏转所示数值约为三极管直流电流放大系数 h$_{FE}$ 值。N 型管孔插 NPN 型三极管，P 型管孔插 PNP 型三极管。

4. 使用注意事项

（1）在使用万用表之前，应先进行"机械调零"，即在没有被测电量时，使万用表指针指在零电压或零电流的位置上。

（2）遵循"临测检查"原则。要在每次临测前坚持检查是否"孔插对、挡拨对、笔接对"。其中"孔插对"有两个意思，一是两表笔插头是否插进该插的孔，二是笔与孔的正负不应颠倒。"挡拨对"是指测电路中的什么参数，就要对应相应挡位。"笔接对"指表笔的正负与被测电路的电位高低应相对应（红表笔接高电位，黑表笔按低电位）。有这"三对"后才能接入测量。严禁用电流挡、电阻挡去测量电压。

（3）遵守"单手操作"原则。如单手用握筷姿势握住两笔测量；测量间隔远的两个点时，可用鳄鱼夹固定一支表笔，单手持另一笔测量。测量高压时，应单手操作，注意安全。

（4）遵守"未知用大"的原则。测未知电压或电流时，应选择最高量程挡，待测出粗值后，方可变换量程以准确测量。测量各电量时，遵守"不超极限"的原则。

（5）遵守"测不换挡"原则。在测量某一电量时，不能在测量的同时换挡，尤其是在测量高电压或大电流时更应注意。否则，会使万用表毁坏。如需换挡，应先断开表笔，换挡后再去测量。

（6）选择合适的量程挡后，测量时应用表笔触碰被测试点，同时观看指针的偏转情况。如果指针急剧偏转并超过量程或反偏，应立即抽回表笔，查明原因，予以改正。

（7）所使用的挡位应尽量使指针指在刻度中部或中部偏右的区域，这时测量更准确些。有镜子的表，读数时应看到指针"物像重合"才读数；而无镜的表，则应让视线在指针所指刻度处垂直于表面读数。

（8）万用表使用完毕，应将量程选择开关置于交流电压的最大挡位。定期检查、更换电池，以保证测量精度。如果长期不使用，应取出电池，以免电池腐蚀表内其他器件。

（9）如发生因过载而烧断熔断器时，可打开表盒换上相同型号的熔断器（通常为 0.5 A）。

2.2.2　MY – 61 型数字万用表

MY – 61 型万用表是一种数字式仪表，与一般指针式万用表相比，该表具有测量精度高、显示直观、可靠性好、功能全等优点。另外，它还具有自动调零和显示极性、超量程显示、低压指示等功能，装有快速熔丝管过流保护电路和过压保护元件。

1. MY – 61 型数字万用表面板结构

MY – 61 型数字万用表面板结构如图 2-2-2 所示。

1）电源开关 AUTO POWER OFF。按钮按下时，电源接通；按钮按起时，电源断开。

2）功能量程选择开关为完成测量功能和量程的选择。

3）输入插孔。仪表共有四个输入插孔，分别标有"V·Ω"和"COM"，"mA"和"10 A"。其中，"V·Ω"和"COM"两插孔间标有"CAT Ⅲ 600 V　CAT Ⅱ 1000 V"的字样，表示从这两个插孔输入的交流电压不能超过 600 V（有效值），直流电压不能超过 1000 V。此外

图 2-2-2 MY-61 型数字万用表

"mA" 和 "COM" 两插孔之间标有 "200 mA MAX"，"10 A" 和 "COM" 两插孔之间标有 "20 A 15SEC MAX" 它们分别表示由插孔输入的交、直流电流的最大允许值。测试过程中，黑表笔固定于 "COM" 不变，测电压或电阻时，红表笔置于 "V·Ω"，测电流时置于 "mA" 或 "10 A" 中。

4）h_{FE} 插座为 8 芯插座，标有 B、C、E 字样，其中 E 孔有两个，它们在内部是连通的，该插座用于测量晶体三极管的 h_{FE} 参数。

5）液晶显示器用于显示测量的数值和极性。该仪表可自动调零和自动显示极性。当仪表所用的 9 V 层叠电池的电压低于 7 V 时，低压指示符号被点亮，提醒更换电池以保证测量精度；极性指示是被测电压或电流为负时，符号 "−" 点亮，为正时，极性符号不显示。最高位数字兼作超量程指示 "1"。

2. MY-61 万用表的使用

1）测量电压。红表笔插入 "V·Ω" 插孔，黑表笔插入 "COM" 插孔，将功能量程选择开关拨到 "DCV" 或 "ACV" 区域内适当的量程挡位即可进行直流或交流电压的测量。使用时将表与被测电路并联。注意由 "V·Ω" 和 "COM" 两插孔输入的直流电压最大值不得超过对应量程的允许值。另外应注意所测交流电压的频率在 40 Hz ～ 400 Hz。

2）测量电流。红表笔插入 "mA" 插孔（小于 200 mA）或插入 "10 A" 插孔（被测电流大于 200 mA），黑表笔插入 "COM" 插孔，将功能量程选择开关拨到 "DCA" 区域内适当的量程挡位，即可进行直流电流的测量。使用时应注意由 "mA"、"COM" 两插孔输入的直流电流不得超过 200 mA。将功能量程选择开关拨到 "ACA" 区域内适当的量程挡位，即可进行交流电流的测量，其余操作与测直流电流时相同。

3）测量电阻。红表笔插入"V·Ω"插孔，黑表笔插入"COM"插孔，将功能量程选择开关拨到"Ω"区域内适当的量程挡位，即可进行电阻阻值的测量。精确测量电阻时应使用低阻挡（如 20 Ω），将两表笔短接测出两表笔引线电阻，并据此值修正测量结果。为避免仪表或被测设备的损坏，测量电阻前，应切断被测电路的所有电源并将所有高压电容器放电。

4）测量二极管。红表笔插入"V·Ω"插孔，黑表笔插入"COM"插孔，将功能量程选择开关拨到二极管挡，即可进行测量。测量时，红表笔接二极管正极，黑表笔接二极管负极为正偏，两表笔的开路电压为 2.8 V（典型值），测试电流为（1 ± 0.5）mA。当二极管正向接入时，锗管应显示 0.15 ～ 0.3 V，硅管应显示 0.55 ～ 0.7 V；当二极管反向接入时，显示超量程符号（红表笔接内部电源的正极、黑表笔接内部电源的负极，与指针式表相反）。

5）测量三极管。将功能量程选择开关拨到"h_{FE}"挡，将三极管的三个管脚分别插入"h_{FE}"插座"NPN"或"PNP"位置对应的孔内，将电源开关打开即可进行测量。由于被测管工作于低电压、小电流状态（未达额定值），因而测出的 h_{FE} 参数仅供参考。

6）测量电容。将功能量程选择开关拨到"F"区域内适当的量程挡位，即可进行电容容量的测量。测量时，将电容的两个引脚分别插入"Cx"插座的插孔内进行测量。注意 MY – 61 型数字万用表所能测量的最大电容量为 20 μF，超过量程时显示超量程指示"1"。

7）检查线路通断。红表笔插入"V·Ω"插孔，黑表笔插入"COM"插孔，将功能量程选择开关拨到蜂鸣器挡（与二极管挡为同一挡位），测量线路时，若被测线路电阻低于规定值（（20 ± 10）Ω）时，蜂鸣器发出声音，表示线路是通的。

3. MY – 61 型数字万用表使用注意事项

（1）后盖没有盖好前严禁使用，否则有电击危险。

（2）使用前应检查表笔绝缘层完好、无破损及断线。

（3）使用前注意测试表笔插孔旁的符号"⚠"，这是提醒要留意测试电压和电流不要超出指示数字。测量前，量程开关应置于对应量程。

（4）严禁量程开关在测量时任意改变挡位。

（5）被测电压高于 DC60V 和 AC36V 的场合，均应小心谨慎，防止触电。

（6）为延长电池的使用寿命，在每次测量结束后，应立即关闭电源。若欠压符号点亮应及时更换电池。

2.3　信号发生器

信号发生器能产生一定频率范围的信号，信号发生器类型很多，按频率和波段可分为低频、高频、脉冲信号发生器等。下面简单介绍 SG1641B 型函数信号发生器。

1. 输出端

通常信号（矩形波、三角波、正弦波）输出选用 50 Ω 输出端。

TTL 输出端输出的是时钟脉冲（方波），幅度 3 V，频率可调。

2. 输出波形及频率选择

用相应的旋钮及按键选择。

3. 输出幅度选择

用衰减 20 dB 和衰减 40 dB 两个按键来选择，见表 2-3-1。

表 2-3-1　输出幅度选择

衰减 20 dB	衰减 40 dB	输出幅度（峰－峰值）	总衰减量/dB	说　　明
不按	不按	0.5～22.7 V 可调	0	输出幅度不变
按下	不按	0.05～2.27 V 可调	20	输出幅度减小为原来的 1/10
不按	按下	5～227 mV 可调	40	输出幅度减小为原来的 1/100
按下	按下	0.5～22.7 mV 可调	60	输出幅度减小为原来的 1/1000

电压放大倍数值与增益分贝值的换算：G_u（dB）$= 20 \lg A_u$

例：若信号发生器不用衰减，用示波器测一输出为 150 Hz、峰－峰值为 4 V 的正弦波，示波器选 1 V/div 挡，输出幅度（峰－峰值）为 4 格，即输出幅度（峰－峰值）为 4 V。然后按下信号发生器上衰减 20 dB 按键，发现此时示波器选 0.1 V/div 挡时输出幅度（峰－峰值）为 4 格，即输出幅度（峰－峰值）为 0.4 V。说明按下衰减 20 dB 按键输出幅度减小为原来的 1/10。

天煌实验台上常用仪器仪表的使用

1. "电源总开关"置"开"，按下"启动"按钮，开"照明"开关。

2. 低压交流电压的输出

（1）"真有效值交流电压表"的开关置"开"，"电压指示切换"置"三相调压输出"。

（2）由"三相调压输出"的 W、N 分别引两线接至"真有效值交流电压表"的两插孔。

（3）观察真有效值交流电压表的数值，调整调压器使输出的交流电压至所需电压值。

3. 直流电压的输出

（1）"电压源"的开关置"开"。

（2）按下"指示切换"按钮时，UB 输出；否则 UA 输出。

（3）观察电压表的数值，调节"输出调节"旋钮使输出的直流电压至所需电压值。

4. 数控智能信号发生器的使用

A 口		
正弦波形	三角波形	锯齿波形

B 口		
矩形波形	四脉方列	八脉方列

（1）要选用 A 口波形时，按下"A 口"按钮，要选用 B 口波形时，按下"B 口/B↑"或"B 口/B↓"按钮。

（2）"波形"按钮用于切换要输出的波形。

（3）频率调节

粗↑	中↑	细↑
粗↓	中↓	细↓

用于精确调整输出波形的频率

（4）幅度调节

调节"细调"旋钮使输出波形的幅度至所需数值。

注意：

按下"20 dB"按钮时，幅度减小为原来的 1/10，就是衰减成原始状态的 1/10；

按下"40 dB"按钮时，幅度减小为原来的 1/100，就是衰减成原始状态的 1/100；

按下"20 dB" + "40 dB"按钮时，幅度减小为原来的 1/1000，就是衰减成原始状态的 1/1000。

（5）当选择矩形波形时，按动"脉宽"按钮可选择占空比（1∶1、1∶3、1∶5、1∶7）。

（6）四脉方列、八脉方列这两种波形固定，频率不可调。

2.4　晶体管毫伏表

晶体管毫伏表种类很多，根据测量信号频率的高低可分为低频、高频和超高频毫伏表。现以 DA－16 型低频晶体管毫伏表为例说明其使用方法。

DA－16 型晶体管毫伏表采用放大－检波的形式，具有较高的灵敏度和稳定度。检波置于最后，使信号检波时产生良好的指示线性。DA－16 型毫伏表频带宽，为 20 Hz ～ 1 MHz；采用二级分压，故测量电压范围宽，为 100 μV ～ 300 V，指示读数为正弦波电压的有效值。

1. DA－16 型晶体管毫伏表面板结构

DA－16 型晶体管毫伏表面板如图 2-4-1 所示，其各旋钮功能如下：

（1）量程选择开关。选择被测电压的量程，它共有 11 挡。量程括号中的分贝数供仪器作电平表时读分贝数用。

（2）输入端。采用一同轴电缆线作为被测电压的输入引线。在接入被测电压时，被测电路的公共地端应与毫伏表输入端同轴电缆的屏蔽线相连接。

（3）调零旋钮。当仪器输入端信号电压为零时（输入端短路），电表指示应为零，否则需调节该旋钮。

（4）表头刻度。表头上有三条刻度线，供测量时读数所用。第三条（－12 ～ +2 dB）刻度线，作为电平表使用时的分贝（dB）读数刻度，如图 2-4-2 所示。

（5）电源开关。

（6）指示灯。接通电源开关，指示灯亮，反之则灭。

2. 使用方法

（1）机械调零。仪表垂直放置，在未通电的情况下检查电表指针是否在零位，如不在零位应进行机械调零校正（机械零点不需经常调整）。

（2）电气调零。将表的两输入夹子短接，接通电源，待指针摆动数次至稳定后，校正调零旋钮，使指针指在零位，然后即可进行测量（有的毫伏表能自动调零，无须人工调节）。

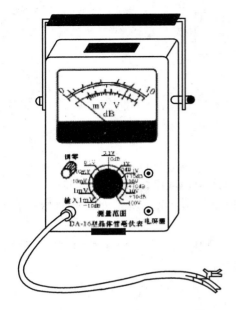

图 2-4-1 DA-16 型晶体管毫伏表

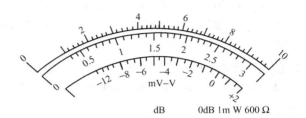

图 2-4-2 毫伏表的刻度面板

（3）测量。根据被测信号的大约数值，选择适当量程。在不知被测电压大约数值的情况下，可先用大量程进行试测，然后再选合适量程。选量程时一般应使电表指示有最大偏转角度为佳。被测电压为非正弦波或正弦波形有失真时，读数有误差。连接电路时，被测电路公共地端应与毫伏表接地线相连，注意应先接上地线，然后接另一端。测量完毕时，则应先断开不接地的一端，然后断开地线，以免在较高灵敏挡级（毫伏挡）时，因人手触及输入端而使表头指针打弯。测量完毕后应将"测量范围"开关置最大量程挡，然后关掉电源。测电平时，被测点的实际电平分贝数（dB）等于表头指示分贝数（dB）与量程选择开关所示的电平分贝数（dB）之和。

3. 使用注意事项

（1）接通电源后，需经 1～2 min 后再进行测量。测量前必须调零。

（2）所测交流电压的有效值不得大于 300 V。

（3）由于仪器灵敏度高，使用时必须正确选择接地点，以减小测量误差。

（4）用晶体管毫伏表测量市电时，相线接输入电缆的信号端，中线接信号电缆的屏蔽线，不能接反，否则会有安全隐患。

2.5 兆 欧 表

兆欧表又称绝缘电阻表、摇表，是用来测量被测设备的绝缘电阻和高值电阻的仪表，它由一个手摇发电机、表头和三个接线柱（即 L 线路端、E 接地端、G 屏蔽端）组成。

1. 兆欧表的选用原则

（1）额定电压等级的选择。一般情况下，额定电压在 500 V 以下的设备，应选用 500 V 或 1000 V 的兆欧表；额定电压在 500 V 以上的设备，选用 1000～2500 V 的兆欧表。

（2）电阻量程范围的选择。兆欧表的表盘刻度线上有两个小黑点，小黑点之间的区域为准确测量区域。所以在选表时应使被测设备的绝缘电阻值在准确测量区域内。

2．兆欧表的使用

（1）校表。测量前应将兆欧表进行一次开路和短路试验，检查兆欧表是否良好。将两连接线开路，摇动手柄，指针应指在"∞"处，再把两连接线短接一下，指针应指在"0"处，符合上述条件者即良好，否则不能使用。

（2）被测设备与线路、电源断开，对于大电容设备还要进行放电。

（3）选用电压等级符合需要的兆欧表。

（4）测量绝缘电阻时，一般只用"L"和"E"端，但在测量电缆对地的绝缘电阻或被测设备的漏电流较严重时，就要使用"G"端，并将"G"端接屏蔽层或外壳。线路接好后，可按顺时针方向转动摇把，摇动的速度应由慢而快，当转速达到 120 转/min 左右时（ZC－25 型），保持匀速转动，表头示值稳定时读数，并且要边摇边读数，不能停下来读数。

（5）拆线放电。读数完毕，一边慢摇，一边拆线，然后将被测设备放电。放电方法是将测量时使用的地线从兆欧表上取下来与被测设备短接一下即可（不是兆欧表放电）。

3．注意事项

（1）禁止在雷电时或高压设备附近测绝缘电阻，只能在设备不带电，也没有感应电的情况下测量。

（2）摇测过程中，被测设备上不能有人工作。

（3）兆欧表线不能绞在一起，要分开。

（4）兆欧表未停止转动之前或被测设备未放电之前，严禁用手触及。拆线时，也不要触及引线的金属部分。

（5）测量结束时，对大电容设备放电。

（6）定期校验其准确度。

思考与练习题

1. 简述指针式万用表的使用步骤和注意事项。
2. 简述数字式万用表的使用步骤和注意事项。
3. 示波器有何作用？使用探头应注意哪些问题？用示波器测量波形时，怎样正确读数？

中篇　电子电路设计实践

第3章 数字电子电路设计

教学目标

1. 掌握数字电子电路性能指标要求的总体方案的选择。
2. 掌握整机电路的设计方法。
3. 掌握数字电子电路各单元电路设计。
4. 掌握整机电路图形的绘制。

3.1 简易电容测试仪

设计任务书

1. 技术要求

（1）设计一台能测量 $1 \sim 999\mu F$ 电容的电容测试仪。

（2）直接用三位数码显示所测电容的电容值。

（3）测试时间不大于 2 s。

2. 给定条件

（1）要求电路主要采用中规模 CMOS 集成电路 CC4000 系列组成。

（2）电源电压为 +9 V。

电容是电子设备中最基础也是最重要的元件之一，基本上所有的电子设备都可以见到它的身影。作为一种最基本的电子元器件，在许多情况下需要对电容进行测量，然而目前常用的万用表存在下面几种情况：

有的数字万用表没有电容挡，无法测量电容值；有的数字万用表，设有电容测量功能，通常其电容挡的测量值最大为 $20\mu F$，测量范围较窄且测量的准确度较低；而用指针式万用表电阻挡，只能判断电容的好坏，不能测量电容的容量。

所以设计一台简易电容测试仪，在一个较大的范围内测量电容器的容量并显示其容量值很有必要。

3.1.1 简易电容测试仪的组成和基本工作原理

选定总体方案与框图。

电容测试仪主要功能是测试电容器的容量，所以首先要将容量值变换成与其成正比的脉冲宽度；再用该脉冲控制控制门电路，对标准的时钟脉冲进行计数，控制脉冲宽则记录的数值大，脉冲窄则记录的数值小，从而反映电容量的大小；然后通过译码显示电路显示出电容器的容量数值，照此思路，画出电容测试仪的框图如图 3-1-1 所示。

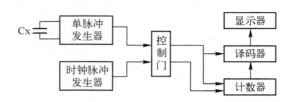

图 3-1-1　电容测试仪整机框图

3.1.2　单元电路的组成及工作原理

1. 555 定时器的应用

定时器是一种产生时间延迟和多种脉冲信号的控制电路，555 定时器是用途极广的精密定时电路。它的电源电压范围宽（5 ～ 18 V），输出电流最大值可达 200 mA，能直接驱动大电流负载，最高工作频率可达 300 kHz。

555 定时器产品有 TTL 型和 CMOS 型两类，TTL 型产品型号的最后三位数码都是 555，CMOS 型产品型号的最后四位数码都是 7555，它们的引脚排列和逻辑功能完全相同。

555 定时器有两个输入端，分别称作高电平触发端 TH（6 端）和低电平触发端 $\overline{\text{TR}}$（2 端），有一个输出端 OUT（3 端）。555 定时器的功能如表 3-1-1 所示。此外，还有一个放电管引出端 D（7 端），当在两个输入端（TH 和 $\overline{\text{TR}}$）分别加入输入电压时，根据二输入电压值的不同情况，就可以控制输出端 OUT 的状态（为低电平或高电平）以及放电管的状态（是导通还是截止）。555 定时器的所有应用都是基于这一特性。

表 3-1-1　555 定时器功能表

输　　　入			输　　　出	
$\overline{R}$（4）	TH（6）	$\overline{\text{TR}}$（2）	OUT（3）	D（7）
0	×	×	低电平	导通
1	$> \frac{2}{3} V_{CC}$	$> \frac{1}{3} V_{CC}$	低电平	导通
1	$< \frac{2}{3} V_{CC}$	$> \frac{1}{3} V_{CC}$	保持原态	保持原态
1	$< \frac{2}{3} V_{CC}$	$< \frac{1}{3} V_{CC}$	高电平	截止

555 定时器的 $\overline{R}$（4 端）是置 0（复位）端，该端为低电平时，定时器输出端 OUT（3 端）为低电平，应用时该端应接到 + V_{CC}。CO（5 端）为控制电压端，外接控制电压，改变 555 内部

比较器的基准电压，不用时通常与地之间接一只 $0.01\,\mu\text{F}$ 的滤波电容，旁路掉来自电源的纹波电压或噪声。图 3-1-2 为 555 定时器。

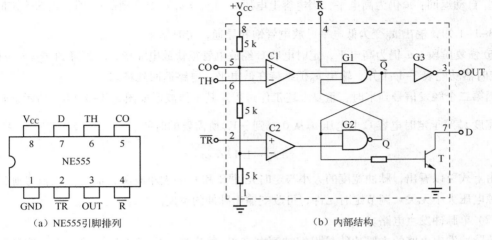

（a）NE555引脚排列　　　　　　（b）内部结构

图 3-1-2　555 定时器

555 定时器的应用电路可归纳为三个基本模式：单稳态触发器、双稳态触发器（施密特触发器）和多谐振荡器。

1）单稳态触发器及应用

（1）由 555 定时器构成的单稳态触发器。

用 555 定时器构成单稳态触发器电路如图 3-1-3（a）所示，R 和 C 为定时元件。

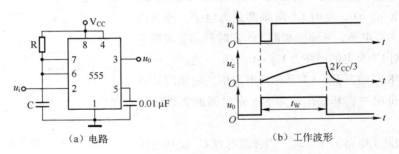

（a）电路　　　　　　　　　　（b）工作波形

图 3-1-3　555 定时器构成的单稳态触发器

电路原理分析如下：

① 稳态：稳态时 u_0 为低电平。此时，u_2 为高电平，定时电容 C 已放电完毕，$u_c = u_6 = 0$，由 555 定时器功能表 3-1-1 知，555 定时器处于保持状态。

② 触发翻转：u_i 触发脉冲为窄负脉冲，送到 555 定时器 2 端，即 $u_2 < \dfrac{1}{3} V_{cc}$，而换路瞬间电容 C 两端的电压不能突变，仍有 $u_c = u_6 = 0$，由 555 定时器功能表 3-1-1 知，输出电压 u_0 为高电平，放电管截止，电路进入暂稳态，定时开始。

③ 暂稳态阶段：因放电管截止，定时电容 C 开始充电，充电回路为 $V_{cc} \rightarrow R \rightarrow C \rightarrow$ 地，充电时间常数 $\tau = RC$，u_c 按指数规律上升，趋向 V_{cc}。555 定时器 2 端的窄负脉冲很快过去，u_2 恢复

到高电平，只要 $u_C = u_6 < \dfrac{2}{3}V_{CC}$，$u_O$ 始终为 1。

④ 自动返回：u_2 仍为高电平，当电容上电压 u_C（$u_C = u_6$）上升到 $\dfrac{2}{3}V_{CC}$ 时，由 555 定时器功能表 3-1-1 知，输出 u_O 变为低电平，放电管饱和导通，定时结束。

⑤ 恢复阶段：u_2 仍为高电平，定时电容 C 经放电管很快放电完毕，u_C 下降到 $u_C = u_6 = 0$，由 555 定时器功能表 3-1-1 知，输出 u_O 仍维持在低电平，电路返回到稳态。

当第二个触发信号到来时，重复上述工作过程。其工作波形如图 3-1-3（b）所示。输出的脉冲宽度 t_W 等于定时电容 C 上电压 u_C 从 0 充到 $\dfrac{2}{3}V_{CC}$ 所需要的时间。

$$t_W \approx 1.1RC$$

由上式可以看出，脉冲宽度的大小与定时元件 R 和 C 的大小有关，而与输入信号脉冲宽度及电源电压大小无关。调节定时元件，可改变输出脉冲的宽度。

（2）单脉冲发生电路。

单脉冲发生电路的主要功能是根据被测电容 C_x 的容量大小形成与其成正比的控制脉冲宽度。由于 C_x 影响暂态的时间，从而形成对应宽度的控制脉冲，电路如图 3-1-4 所示。

① 555 定时器 2 端窄负脉冲的输入

常态时按钮 K 断开，C1 两端电压 $u_{C1} = 0$，非门 U3A 的输入端为低电平，其输出端即 555 定时器的 2 端输入 u_2 为高电平。

按钮 K 合上，换路瞬间，电容器两端的电压不能突变，故 C1 两端电压 $u_{C1} = 0$，此时 C1 两端都是高电平，即非门 U3A 的输入端为高电平，其输出端即 555 定时器的 2 端输入 u_2 为低电平。对 C1 充电的回路为 $V_{CC} \rightarrow C_1 \rightarrow R_3 \rightarrow$ 地。

松开按钮 K 复位断开，C1 迅速放电完毕，使非门 U3A 的输入端变为低电平，其输出端即 555 定时器的 2 端输入 u_2 为高电平。

② 单脉冲发生电路工作原理。当被测电容 C_x 接到电路

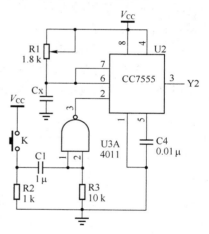

图 3-1-4　单脉冲发生电路

中之后，只要按一下按钮 K，送给 555 定时器 U2 的触发端 2 端一个负脉冲信号，使单稳态电路由稳态变为暂态，U2 输出端 3 端由低电平变为高电平。该高电平控制控制门电路使时钟脉冲信号通过，送入计数器计数。暂态的时间为 $t_W = 1.1 R_1 C_x$，然后单稳态电路又回到稳态，U2 输出端 3 端变为低电平，从而封锁控制门电路，停止计数。可见，控制脉冲宽度 t_W 与 $R_1 C_x$ 成正比，如果 R_1 固定不变，则计数时钟脉冲的个数将与 C_x 的容量值成正比。因此，可以达到测量电容量的要求。

2）多谐振荡器及应用

（1）多谐振荡器。

多谐振荡器是一种自激振荡电路，不需要外加输入信号，就可以自动地产生出矩形脉冲。多谐振荡器可以由门电路构成，也可以由 555 定时器构成。多谐振荡器没有稳态，所以又称为无稳态电路。

在多谐振荡器中，由一个暂稳态过渡到另一个暂稳态，其"触发"信号是由电路内部电容充（放）电提供的，因此无须外加触发脉冲。多谐振荡器的振荡周期与电路的阻容元件有关，由 555 定时器构成的多谐振荡器电路原理图如图 3-1-5（a）所示。

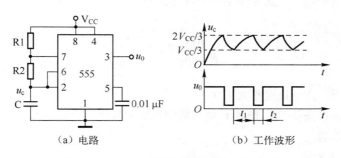

图 3-1-5　555 定时器构成的多谐振荡器

电路原理分析如下：

① 起振：电路还没通电时，电容 C 中没有电荷，$u_c = 0$。电路通电的一瞬间，电容 C 两端的电压不能突变，即此时仍有 $u_c = 0$，则有 $u_c = u_2 = u_6 = 0$，由 555 定时器功能表 3-1-1 知，输出电压 u_0 为高电平，放电管截止。电容 C 通过充电回路 $V_{CC} \rightarrow R_1 \rightarrow R_2 \rightarrow C \rightarrow$ 地进行充电，充电时间常数等于 $(R_1 + R_2) C$，电容 C 上电压 u_c 按指数规律上升，当 $u_c < \frac{1}{3} V_{CC}$ 时，$u_c = u_2 = u_6$，由 555 定时器功能表 3-1-1 知，输出电压 u_0 为高电平，放电管截止。

② 第一暂稳态：当电压 u_c 继续上升至 $\frac{1}{3} V_{CC} < u_c < \frac{2}{3} V_{CC}$ 时，$u_c = u_2 = u_6$，由 555 定时器功能表 3-1-1 知，输出电压 u_0 保持高电平，放电管保持截止。

③ 第一次自动翻转：当电容电压 u_c 上升到 $\frac{2}{3} V_{CC}$ 时，$u_c = u_2 = u_6$，由 555 定时器功能表 3-1-1 知，输出电压 u_0 为低电平，放电管导通，充电结束。

④ 第二暂稳态：因放电管饱和导通，电容通过放电回路 $C \rightarrow R_2 \rightarrow D（7）\rightarrow$ 地放电，放电时间常数是 $R_2 C$，u_c 按指数规律下降至 $\frac{1}{3} V_{CC} < u_c < \frac{2}{3} V_{CC}$，而 $u_c = u_2 = u_6$，由 555 定时器功能表 3-1-1 知，输出保持暂稳在低电平。

⑤ 第二次自动翻转：当 u_c 下降到 $\frac{1}{3} V_{CC}$ 时，$u_c = u_2 = u_6$，由 555 定时器功能表 3-1-1 知，输出 u_0 变为高电平，放电管截止，放电结束。

⑥ 形成振荡：

因放电管截止，电容又开始充电，进入第一暂稳态，以后电路重复上述②～⑤的过程形成振荡。工作波形如图 3-1-5（b）所示。

第一暂稳态"1"的宽度 t_1，即 u_c 从 $V_{CC}/3$ 充电上升到 $\frac{2}{3} V_{CC}$ 所需的时间：$t_1 \approx 0.693 (R_1 + R_2) C$。

第二暂稳态"0"的宽度 t_2，即 u_c 从 $\frac{2}{3} V_{CC}$ 放电下降到 $V_{CC}/3$ 所需的时间：$t_2 \approx 0.693 R_2 C$。

振荡周期：$T = t_1 + t_2 \approx 0.693(R_1 + 2R_2)C$；

振荡频率：$f = \dfrac{1}{T} = \dfrac{1}{0.693(R_1 + 2R_2)C}$；

占空比是指高电平在一个脉冲周期中所占的比例。

占空比 $= \dfrac{t_1}{T} = \dfrac{t_1}{t_1 + t_2} = \dfrac{R_1 + R_2}{R_1 + 2R_2} = \dfrac{1}{1 + \dfrac{R_2}{R_1 + R_2}} = \dfrac{1}{1 + \dfrac{1}{1 + \dfrac{R_1}{R_2}}}$。

可见这种情况下，占空比通常大于0.5。

根据上式可以通过选择 R_1、R_2 和 C 的参数调整时钟脉冲的周期和占空比。

（2）多谐振荡器的应用。

① 时钟脉冲发生电路。

产生时钟脉冲的方法也很多。这里选用555定时器组成多谐振荡器来产生时钟脉冲。

由555定时器构成的多谐振荡器产生时钟脉冲，电路如图3-1-6（a）所示。

② 占空比可调的PWM信号发生电路。

PWM信号可用于控制直流电机的转速。PWM信号发生电路如图3-1-6（b）所示。

充电时间：$t_1 \approx 0.693(R_1 + R_{P1})C$；

放电时间：$t_2 \approx 0.693(R_2 + R_{P2})C$；

振荡周期：$T = t_1 + t_2 \approx 0.693(R_1 + R_2 + R_P)C$；

振荡频率：$f = \dfrac{1}{T} = \dfrac{1}{0.693(R_1 + R_2 + R_P)C}$；

占空比 $= \dfrac{t_1}{T} = \dfrac{R_1 + R_{P1}}{R_1 + R_2 + R_P}$。

由此可见，R_{P1} 变化时（即调节电位器 R_P），占空比可调。

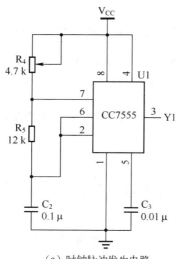

（a）时钟脉冲发生电路

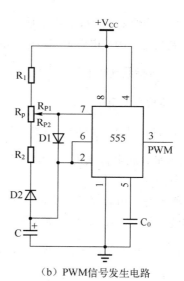

（b）PWM信号发生电路

图3-1-6　多谐振荡器的应用

3）施密特触发器

把 555 定时器的两个输入端（TH 和 $\overline{\text{TR}}$）连在一起作为信号输入端，就构成了施密特触发器，如图 3-1-7 所示。

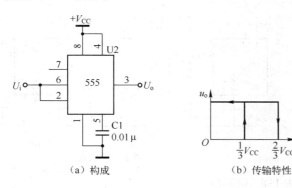

（a）构成　　　　　（b）传输特性　　　　　（c）工作波形

图 3-1-7　施密特触发器

555 定时器构成的施密特触发器属于反相输出型，它的上限和下限触发电平分别为 $\frac{2}{3}V_{\text{CC}}$、$\frac{1}{3}V_{\text{CC}}$，即回差电压 $\Delta U_{\text{T}} = \frac{1}{3}V_{\text{CC}}$。当控制端 CO（5 端）外接固定电压 U_{CO} 时，上限和下限触发电平分别变成 $U_{\text{T}+} = U_{\text{CO}}$ 和 $U_{\text{T}-} = \frac{1}{2}U_{\text{CO}}$。

2. 计数器

计数器 CC4518 是最基本的同步计数器，仅具有"加法计数"和清零功能。CC4518 是 8421BCD 码计数器，它内部含有功能相同的两只计数器。8421BCD 码见表 3-1-2。

CC4518 功能见表 3-1-3。由表 3-1-3 可知，CC4518 计数器可以在时钟脉冲上升沿或下降沿时触发，如采用时钟上升沿触发，则信号从时钟 CK 端输入，这时时钟 EN 端必须接高电平，若用时钟下降沿触发，则信号从 EN 端输入，但这时 CK 端必须接低电平。R 为异步置 0 端，高电平有效。

表 3-1-2　8421BCD 码

十进制数	8421BCD 码
0	0 0 0 0
1	0 0 0 1
2	0 0 1 0
3	0 0 1 1
4	0 1 0 0
5	0 1 0 1
6	0 1 1 0
7	0 1 1 1
8	1 0 0 0
9	1 0 0 1

表 3-1-3　CC4518 功能表

CK	EN	R	功能
↑	1	0	加法计数
0	↓	0	加法计数
↓	×	0	保持
×	↑	0	保持
↑	0	0	保持
1	↓	0	保持
×	×	1	置 0

图 3-1-8（a）为 CC4518 的引脚图。CC4518 内部的两个计数器可单独使用，也可级联起来扩大计数范围。级联使用时可把计数器的 Q3 端联接到高一级 EN 端，并同时使高一级的 CK 端接低电平。

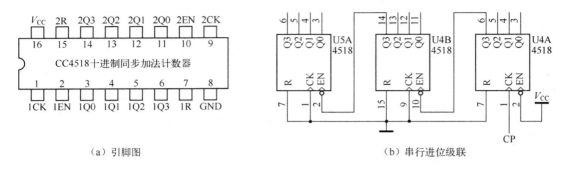

（a）引脚图　　　　　　　　　　　　　　　　（b）串行进位级联

图 3-1-8　CC4518

三个 CC4518 计数器串行进位级联如图 3-1-8（b）所示，其工作原理为：

三个 CC4518 计数器 U5A、U4B、U4A 组成三位计数器，从左至右分别是百位、十位、个位，计数范围为 0～999。

U4A 的 EN 端接 V_{CC} 即 EN＝1，R 接低电平即 R＝0 时，其 CK 端输入时钟脉冲信号，在时钟脉冲信号的上升沿计数器 U4A 进行加法计数。当 U4A 计数至 9（1001），若其 CK 端再来一个计数脉冲，U4A 将回到 0（0000），即其 6 端（Q3）产生了一个负脉冲的进位信号送至 U4B 的 EN（10 端），而 U4B 的 R＝CK＝0，此时 U4B 加法计数一次。当 U4B、U4A 计数至 99，若 U4A 的 CK 端再来一个计数脉冲，使 U4A 由 9→0，同时 U4A 的 6 端产生进位信号送至 U4B 的 EN 端，使得 U4B 也实现由 9→0 的变化，U4B 的 14 端也送给 U5A 的 2 端（EN 端）一个负脉冲的进位信号，而 U5A 的 R＝CK＝0，此时 U5A 加法计数一次。当 U5A、U4B、U4A 计数至 999 时，若 U4A 的 CK 端再来一个计数脉冲，则 U4A 将回到 0，并且 U4A 送出负脉冲的进位信号，使 U4B 回到 0，并且 U4B 送出负脉冲的进位信号，使 U5A 回到 0，进行下一轮 0～999 的计数。

3. 译码显示电路

1）LED 数码管

（1）LED 数码管

发光二极管（LED）是能将电信号转换成光信号的发光器件。如果发光二极管制成条状，再按照一定方式连接，组成数字"8"，就构成 LED 数码管。使用时按照规定使某些笔段上的发光二极管发光，即可组成 0～9 的一系列数字。

LED 数码管分共阴极和共阳极两种，外形如图 3-1-9（a）所示，内部结构如图 3-1-9（b）、（c）所示。a～g 代表 7 个笔段的驱动端，亦称笔段电极，dp 是小数点笔段。3 端与 8 端内部连通为公共极，图 3-1-9 中（＋）表示公共阳极，（－）表示公共阴极。

对于共阳极 LED 数码管，将 8 只发光二极管（包括小数点笔段）的阳极（正极）短接后作为公共阳极。当笔段电极接低电平，公共阳极接高电平时，相应笔段发光。

共阴极 LED 数码管则与之相反，它是将 8 只发光二极管（包括小数点笔段）的阴极（负极）短接后作为公共阴极。当笔段电极接高电平、公共阴极接低电平时，相应笔段发光。

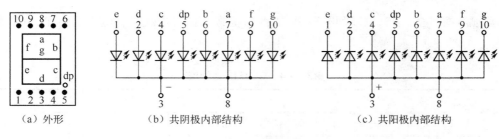

（a）外形　　　　（b）共阴极内部结构　　　　（c）共阳极内部结构

图 3-1-9　LED 数码管的结构

　　LED 数码管的产品中，以发红光、绿光、黄光的居多。LED 数码管等效于多只具有发光性能的 PN 结，当 PN 结导通时，依靠少数载流子的注入及随后的复合辐射发光，其伏安特性与普通二极管相似。

　　在正向导通之前，正向电流近似于零，笔段不发光。当电压超过开启电压时，电流就急剧上升，笔段发光。因此，LED 数码管属于电流控制型器件，其发光亮度与正向电流成正比，LED 的正向电压 U_F 则与正向电流以及管芯材料有关。使用 LED 数码管时，每段工作电流一般选 10 mA 左右，既保证亮度适中，又不会损坏器件。

　　（2）LED 数码管的性能特点

　　① 能在低电压、小电流条件下驱动发光，能与 CMOS、TTL 电路兼容。

　　② 发光响应时间极短、特性好、单色性好、亮度高。

　　③ 体积小重量轻，抗冲击性能好。

　　④ 寿命长，成本低。

　　2）BCD - 锁存/7 段译码/驱动 CC4511

　　数字电路和计算机电路中对数据的处理都采用二进制数，即使是十进制数也都采用 BCD 码，但是要将数据显示出来使用 BCD 码是非常不直观的。字符译码器可以将 BCD 码表示的数值以人们习惯的字符形式显示出来。CC4511 就是一种常用的字符译码显示驱动器，其引脚排列如图 3-1-10 所示。

　　CC4511 是常用的七段显示译码器。它的内部除了七段译码电路外，还设有锁存电路和输出驱动器部分，具有输出大驱动电流的能力，最大可达 25 mA，可直接驱动 LED 数码管或荧光数码管。

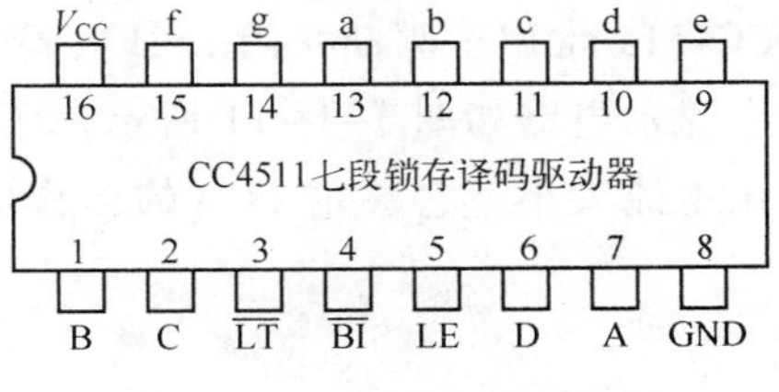

图 3-1-10　CC4511 引脚图

　　CC4511 有四个输入端 A、B、C、D 和七个输出端 a ～ g，它还具有输入 BCD 码锁存、灯测试和熄灭显示控制功能，分别由锁存端 LE、灯测试端$\overline{LT}$、熄灭控制端$\overline{BI}$控制。

　　CC4511 的功能表如表 3-1-4 所示。当 LE = "0" 时，锁存器直通，译码器输出端 a ～ g 随输入 A ～ D 端而变化，当 LE = "1" 时，锁存器锁定，输出端保持不变。熄灭控制端$\overline{BI} = 0$ 时，译码器输出全 "0"，即数码管无显示。另外灯测试端$\overline{LT}$ = "0" 时，译码器输出全 "1"，数码管各段均亮，即显示8，用来检测数码管是否正常。当输入 BCD 伪码（正常工作时不会出现）

时，七段显示输出全"0"，各段均不亮。因此，正常工作时应使$\overline{BI}$、$\overline{LT}$为高电平，LE为低电平。

表 3-1-4　CC4511 功能表

输　　入							输　　出							
LE	$\overline{BI}$	$\overline{LT}$	D	C	B	A	a	b	c	d	e	f	g	显示
×	×	0	×	×	×	×	1	1	1	1	1	1	1	8
×	0	1	×	×	×	×	0	0	0	0	0	0	0	熄灭
0	1	1	0	0	0	0	1	1	1	1	1	1	0	0
0	1	1	0	0	0	1	0	1	1	0	0	0	0	1
0	1	1	0	0	1	0	1	1	0	1	1	0	1	2
0	1	1	0	0	1	1	1	1	1	1	0	0	1	3
0	1	1	0	1	0	0	0	1	1	0	0	1	1	4
0	1	1	0	1	0	1	1	0	1	1	0	1	1	5
0	1	1	0	1	1	0	0	0	1	1	1	1	1	6
0	1	1	0	1	1	1	1	1	1	0	0	0	0	7
0	1	1	1	0	0	0	1	1	1	1	1	1	1	8
0	1	1	1	0	0	1	1	1	1	0	0	1	1	9
0	1	1	1010～1111（BCD伪码）				0	0	0	0	0	0	0	熄灭
1	1	1	×	×	×	×	为 LE 上跳前的 BCD 码决定							锁存

3）CC4511 的基本应用

（1）由 CC4511 组成基本数字显示电路

CC4511 常用于驱动共阴 LED 数码管，工作时一定要加限流电阻。由 CC4511 组成的基本数字显示电路如图 3-1-11 所示，图中数码管为 LED 数码管，电阻 R 用于限制 CC4511 的输出电流大小，它决定 LED 的工作电流大小，从而调节 LED 的发光亮度，R 值由下式决定：

$$R = \frac{U_{OH} - U_F}{I_F}$$

式中 U_{OH} 为 CC4511 输出高电平（$\approx V_{CC}$），U_F 为 LED 的正向工作电压（$1.5 \sim 2.5V$），I_F 为 LED 的笔段电流（约 $5 \sim 10\ mA$）。

综合计算选 $R = 200\ \Omega$。调试电路时，可根据数码管的发光程度适当调整限流电阻的大小。

（2）一位数字计数译码显示电路

由 CC4511 组成的一位数字显示电路如图 3-1-12 所示。

（3）三位数字计数译码显示电路

由 CC4511 组成的三位数字显示电路如图 3-1-13 所示。

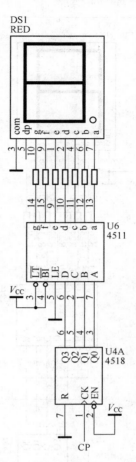

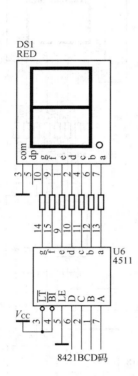

图 3-1-11　CC4511 组成的基本数字显示电路　　图 3-1-12　一位数字计数译码显示电路

　　该单元电路由计数器 CC4518、译码器 CC4511 和 LED 数码管组成。三片译码器 CC4511 的功能端 $\overline{\text{LT}}$、$\overline{\text{BI}}$接电源，LE 接地，由 CC4511 功能表 3-1-4 可知三片译码器处于正常译码状态，驱动数码管正常显示 0 ～ 9，这样译码器就可以将计数器输出的 BCD 代码变成能驱动七段数码管工作的信号，再经过限流电阻，由 LED 数码管显示出来。

　　4. 控制门电路与波形

　　1）与非门

　　与非门的逻辑符号如图 3-1-14（a）所示。

　　功能：输入有低，输出为高；输入全高，输出为低。

　　与非门的表达式：$F = \overline{A \cdot B}$

　　集成与非门 CC4011 内含 4 个 2 输入与非门，$V_{CC} = 3 \sim 18V$，其引脚排列如图 3-1-14（b）所示。

　　2）控制门电路

　　控制门电路如图 3-1-15（a）所示，输出为：

$$Y3 = \overline{Y2}$$

$$Y4 = \overline{\overline{Y1} \cdot Y2} = Y1 \cdot Y2$$

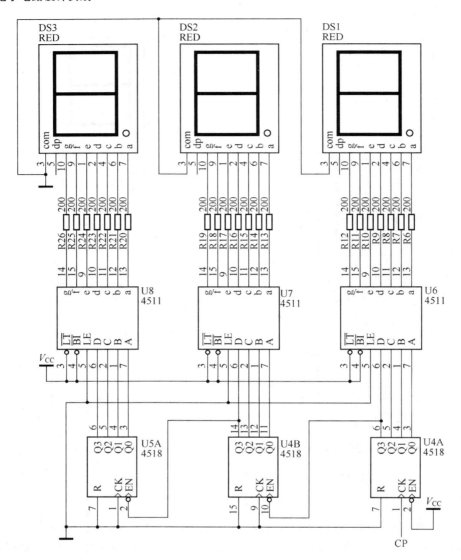

图 3-1-13　0～999 计数译码显示电路

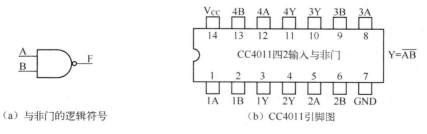

（a）与非门的逻辑符号　　　　（b）CC4011引脚图

图 3-1-14　集成与非门 CC4011

工作原理：

（1）由 U2 的 3 端 Y2 输出的是一个单脉冲，经 U3D 反相后由 U3 的 11 端 Y3 输出，波形如图 3-1-15（b）所示，送至 CC4511 的 LE 端和 CC4518 的 R 端，则在此脉冲 Y3 = 0 时，使

CC4518 正常计数，使 CC4511 正常译码计数器送来的信号；而在 Y3 = 1 时，使 CC4518 清 0，使 CC4511 锁存，使数码管保持 LE 上跳前的显示不变。

（2）由 U1 的 3 端 Y1 输出一个频率为 500Hz 的时钟脉冲，由 U2 的 3 端 Y2 输出一个单脉冲，此 Y1、Y2 信号经 U3B、U3C 由 U3 的 10 端 Y4 输出，波形如图 3-1-15（b）所示，给计数器提供计数脉冲。

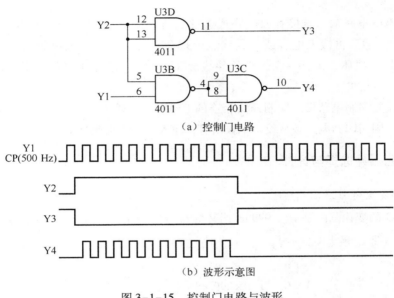

（a）控制门电路

（b）波形示意图

图 3-1-15　控制门电路与波形

5. CMOS 数字电路的特点及使用注意事项

CMOS 集成电路具有电路简单、功耗极低、扇出系数大、抗干扰能力强、易于大规模集成等许多独特的优点，使其发展十分迅速，已越来越广泛地得到应用。但是，由于其输入阻抗高，栅极极易接受静电感应，造成静电击穿而毁坏。为此，在使用 CMOS 集成电路时，必须注意下述几点：

（1）存放 CMOS 集成电路时要注意静电屏蔽。一般将其放在金属容器中，或用金属箔将集成电路芯片包起来，并利用金属箔把各引脚短接起来。

（2）焊接 CMOS 电路时，一般用 20W 内热式电烙铁，且电烙铁要有良好的接地。也可以利用电烙铁断电后的余热快速焊接，禁止在电路通电的情况下焊接。

（3）CMOS 电路的电源电压的极性不可接反，否则将造成保护电路损坏。

（4）输入电压须在 V_{CC} 和 GND 之间，即 GND ≤ U_i ≤ V_{CC}，否则易造成输入保护二极管损坏。

（5）若 CMOS 电路与输入信号源采用两组电源供电时，应注意两组电源开启与关断的顺序。开启时，应先接通 CMOS 电路电源，后接通信号源电源。关断时则反之。不允许在 CMOS 电路还没接通电源的情况下有输入信号输入，否则亦会导致输入信号串至 V_{CC}，造成 CMOS 电路的误动作。

（6）CMOS 电路的多余输入端不允许悬空，否则不但容易接受外界干扰，而且由于输入电位不定，破坏正常的逻辑关系。多余输入端的处理方法有两种：一是按逻辑功能要求，把多余端

接 V_{CC} 或 GND（如对与逻辑，接 V_{CC}；对或逻辑，接 GND）。另一种是将多余输入端与使用端并联使用，但会影响电路的开关速度，且使电路功耗增加，所以，此种方法只适用于对速度和效率要求不高的场合。

值得指出的是，一个芯片中可能有几个相同功能的 CMOS 电路，可能只有某些被使用，而另一些未被使用。对于这些未被使用的电路，若已接通电源，则其输入端也应作为多余输入端来处理。

（7）当 CMOS 电路输入端接有大电容或连接长导线时，必须在输入端串接一个（10～20 kΩ）的电阻，然后再接大电容或长导线。否则会在切断电源时大电容通过保护二极管放电，放电电流较大损坏二极管，或由于长导线分布电感与电容构成 LC 寄生振荡而损坏保护二极管。

（8）凡直接与印制电路板的印制插头相连的 CMOS 电路输入端，都必须加接限流电阻和保护电阻接地，否则当印制电路板从设备中拔出时，输入端必然出现悬空。

3.1.3　电路元器件选择与计算

1. 单脉冲发生电路参数

由于要求 C_x 的变化范围是 1～999 μF，又由 $t_w = 1.1 R_1 C_x$，而且要求测量的时间不大于 2 s 即 $t_w \leqslant 2$ s，也就是 C_x 最大时（999 μF），t_w 不超过 2 s，可求得

$$R_1 = \frac{t_w}{1.1 C_x} \leqslant \frac{2}{1.1 \times 999 \times 10^{-6}} \ （\Omega） \ = 1820 \ （\Omega）$$

取 $R_1 = 1.8$ kΩ 的电位器，微分电路取经验参数，取 $R_2 = 1$ kΩ，$R_3 = 10$ kΩ，$C_1 = 1$ μF。555 定时器第 5 端外接电容一般取 $C_0 = 0.01$ μF。

2. 时钟脉冲发生电路参数

因为时钟脉冲周期 $T = 0.693 （R_4 + 2R_5） C_2$，是在忽略了 555 定时器 6 端的输入电流条件下得到的，而实际上 6 端约有 10 μA 的电流流入。因此，为了减小该电流的影响，应使流过 R_4、R_5 的电流最小值大于 10 μA。

又因要求 $C_x = 999$ μF 时，$t_w = 2$ s，所以需时钟脉冲在 2 s 内产生 999 个脉冲，即：

$$2s \rightarrow 999 \text{ 个脉冲}$$

$$\text{一个时钟脉冲周期 } T \rightarrow 1 \text{ 个脉冲}$$

则

$$T = 2/999 \approx 2 \text{ ms}$$

即时钟脉冲周期为 $T = 2$ ms。而

$$T = t_1 + t_2 = 2 \text{ ms}$$

如果选定脉冲占空比为 0.6，可得

$$\text{占空比} = \frac{t_1}{T} = \frac{t_1}{t_1 + t_2} = 0.6$$

$$t_1 = 0.6 \times 2 \text{ ms} = 1.2 \text{ ms}$$

$$t_2 = T - t_1 = 2 - 1.2 = 0.8 \text{ ms}$$

从图 3-1-5 可以看出，当 C_2 上电压达到 $\frac{2}{3}V_{CC}$ 时，流过 R_4、R_5 的电流最小，所以

$$I_{R\min} = \frac{V_{CC} - \frac{2}{3}V_{CC}}{R_4 + R_5} = \frac{V_{CC}}{3\left(R_4 + R_5\right)}$$

取 $I_{R\min} = 0.2\,\mathrm{mA}$，选 9 V 的电池即 $V_{CC} = 9\,\mathrm{V}$，则有

$$R_4 + R_5 = \frac{9}{3 \times 0.2} = 15\,\mathrm{k}\Omega$$

$$C_2 = \frac{t_1}{0.693\left(R_4 + R_5\right)} \approx 0.12\,\mu\mathrm{F}$$

选　　　　　　　　　　　　　　$C_2 = 0.1\,\mu\mathrm{F}$

又因为　　　　　　　　　　　　$t_2 = 0.693 R_5 C_2$

$$R_5 = \frac{t_2}{0.693 \times C_2} = \frac{0.8 \times 10^{-3}}{0.693 \times 0.1 \times 10^{-6}} \approx 11.54\,\mathrm{k}\Omega$$

故　　　　　　　　　　　　$R_4 = 15 - 11.54 = 3.46\,\mathrm{k}\Omega$

取标称值　　　　　　　　　　$R_5 = 12\,\mathrm{k}\Omega$

为了调整电路方便，R4 可选用 $4.7\,\mathrm{k}\Omega$ 的电位器，即 $R_4 = 4.7\,\mathrm{k}\Omega$。

3.1.4　整机电路图及整机工作原理

三位电容测试仪整机电路如图 3-1-16 所示。

电路的工作原理如下：

1. 时钟脉冲的产生。由 555 定时器 U1、电容 C2、C3、电位器 R4、电阻 R5 组成多谐振荡器，当电路接通电源后，在 U1 的 3 端产生了连续的矩形脉冲，频率为 500 Hz。

2. 控制脉冲的产生。由 555 定时器 U2 和电位器 R1、电阻 R2、R3、电容 C_X、C1、C4、非门 U3A 组成单稳态控制脉冲产生电路，当被测电容 C_X 接到电路之中，按一下按钮 K 后，给 U2 的 2 端一个负脉冲，U2 的 3 端输出一个脉宽为 $t_w = 1.1 R_1 C_X$ 的控制单脉冲。

3. 三位计数器。三个 CC4518 计数器 U5A、U4B、U4A 分别是百位、十位、个位计数器，计数范围为 0 ～ 999。经过与非门 U3B、U3C 的计数脉冲送到个位 U4A 的 CK 端（1 端），U2 的 3 端输出的控制单脉冲经非门 U3D 分别接入三个计数器的 R 端，当 U2 的 3 端为高电平"1"，则 CC4518 的 R 为低电平"0"，此时三位计数器对计数脉冲进行计数，当 U2 的 3 端为低电平 "0"，则 R 为高电平"1"，此时三位计数器清零。

4. 译码显示。每一个 CC4518 计数器的四个输出端 Q_3、Q_2、Q_1、Q_0 分别与相应的 CC4511 七段显示译码器的四个输入端 D、C、B、A 相连，三个 CC4511 七段显示译码器的灯测试端 $\overline{\mathrm{LT}}$ 和熄灭控制端 $\overline{\mathrm{BI}}$ 接高电平（V_{CC}）；U2 的 3 端输出的控制单脉冲经非门 U3D 分别接到三个 CC4511 的锁存端 LE，当 U2 的 3 端为高电平"1"，则 CC4511 的 LE 为低电平"0"，此时译码器正常译码输出，驱动数码管显示相应的计数数码，当 U2 的 3 端为低电平"0"，则 LE 为高电平"1"，此时锁存器锁定，译码器的输出使数码管保持 LE 上跳前最后的数码显示。

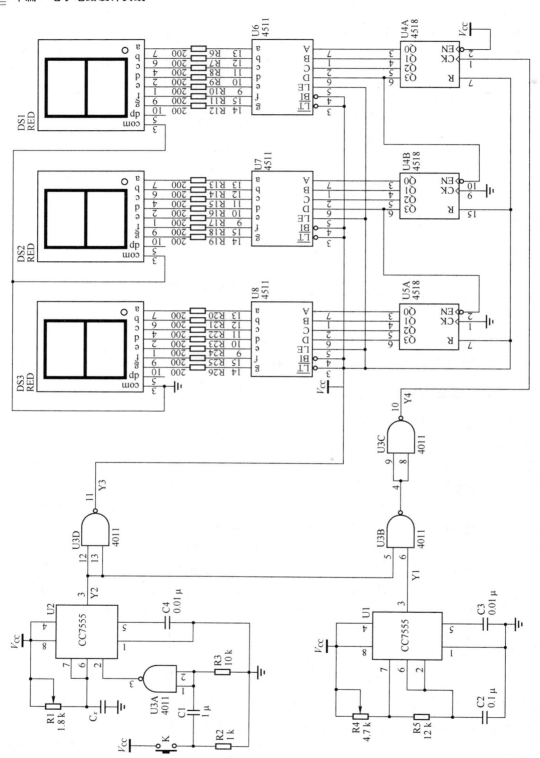

图3-1-16 三位电容测试仪整机电路图

5. 限流电阻。每一个 CC4511 的输出端 a ～ g 加限流电阻分别与相应的 LED 数码管的七个输入 a ～ g 相连，电阻是用于限制 CC4511 的输出电流的大小，它决定数码管的工作电流的大小，从而调节数码管的亮度，使得三位数码管显示出稳定的数据。

3.1.5　仿真调试与制作

1. 仿真调试

为了与实际应用相对应，采用 +9 V 电池，用 Proteus 软件绘制仿真电路图如图 3-1-17 所示，选被测电容 C_x 为 100 μF，反复调整 R1、R3 值，使输出显示为 100 左右，调试成功。

2. 制作与调试

1）材料采购

根据图 3-1-16 总体电路，调试制作一个该电容测试仪所需元件的清单，如表 3-1-5 所示。

表 3-1-5　三位电容测试仪元件清单

序　号	元件名称	参　数	数　量	说　明
1	电阻	200 Ω	21	
2	电阻	1 kΩ	1	
3	电阻	12 kΩ	1	
4	电阻	10 kΩ	1	
5	电容	1 μF	1	
6	电容	0.1 μF	1	
7	电容	0.01 μF	2	
8	电位器	2 kΩ	1	调试使用
9	电阻	1.8 kΩ	1	调试使用
10	电位器	4.7 kΩ	1	调试使用
11	电阻	4.7 kΩ	1	调试使用
12	集成定时器	CC7555	2	
13	集成与非门	CD4011	1	
14	集成译码显示器	CD4511	3	
15	集成计数器	CD4518	2	
16	数码管	红色共阴	3	
17	按钮	自复位按钮	1	
18	电容	47 μF	1	调试使用
19	电池	+9 V	1	

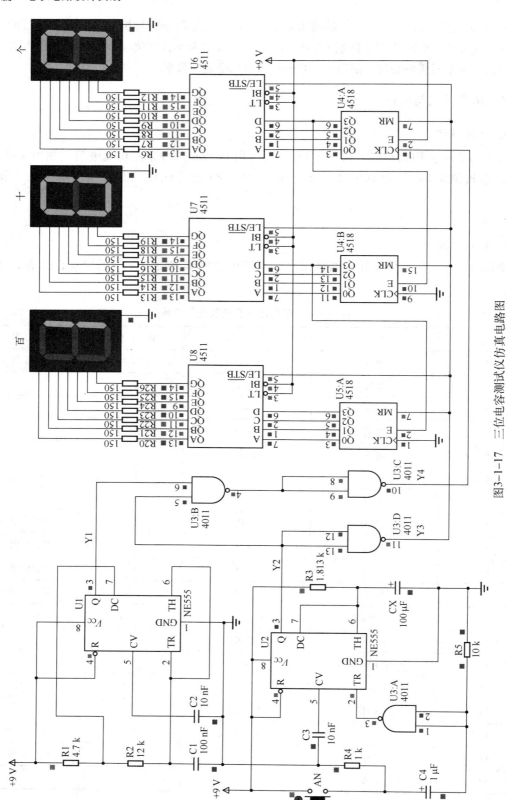

图3-1-17　三位电容测试仪仿真电路图

购置元件之前，一定要考虑到制作时可能出现元件损坏、丢失等多种意外的发生，在原有元件清单的基础上，元件的数量根据需要适当增加。如果实际的总体电路尚未确定，除元件清单外，还要根据总体电路图中需调整参数的元件在其设计参数值的附近大小各买几种，以方便调试，同时还需要考虑到制作时所用到的所有其他的材料。综合以上多种因素，编制一个材料采购清单（用电子表格制作），必须包含表 3-1-6 所示内容，并经市场调查一一写出单价，算出预算总价。

表 3-1-6　材料采购表

序号	名称	参数	规格	数量	单价（元）	小计（元）	备注
总计（元）							

2）电路调试

按图 3-1-16 电路图在面包板上连接电路，分级调试。

（1）调试计数、译码、显示电路

首先调试好一个 1 Hz 左右的时钟脉冲发生电路（振荡电容选 47 μF），将其作为计数、译码、显示电路的计数脉冲，将计数、译码、显示电路连接正确，使它正常工作，调试完成后 1 Hz 左右的时钟脉冲发生电路就不再需要了。

（2）调试 500 Hz 时钟脉冲发生电路

为了方便实际电路的调试，根据图 3-1-16 采用一个 4.7 kΩ 的电阻作为 R4，调试好一个 500 Hz 左右的时钟脉冲发生电路，用示波器观测波形频率。

（3）调试控制脉冲发生电路及整机联调

调试控制脉冲发生电路，为了方便实际电路的调试，根据图 3-1-16 采用一个 2 kΩ 的电位器作为 R1，接入电路前先将其值调到 1.8 kΩ。完成全部电路各部分的连接后，将一只标称为 100 μF 的电容先用 VC890D 型数字万用表（最高测量电容容量值的挡位为 200 μF）测得其实际容量值为 102.6 μF，接入电路后反复微调电位器 R3 直至使数码管锁存显示 103。然后用该电容测试仪测量实验室常用电解电容的容量，观察所测数值是与标称值相同或相近。电容测试仪制作完成。

3. 电容测试仪使用注意事项

1）测量之前应把电容器两引脚短路，进行放电，否则可能观察不到读数变化过程。

2）在测量过程中两手不得碰触电容电极，以免仪表跳数。

3.1.6　总结与延伸

1. 结论

所设计的电容测试仪能达到如下技术要求：

1）能测量 1 ~ 999 μF 的电容。

2）可直接用数码显示所测电容的电容值。

3）测试时间不大于 2 s。

2．改进

译码器 CC4511 所显示的数码 6 的 a 段不亮（即字形为 b）、数码 9 的 d 段不亮（即字形为 q），与常规数码 6 的 a 段亮、数码 9 的 d 段亮不同，故选用译码器 CC4543 更好。

译码器 CC4543 的引脚排列如图 3-1-18 所示。它有四个 BCD 码输入端 A、B、C、D，与计数器的对应输出端相连；有七个数码笔段输出驱动端 a ～ g。$\overline{\text{LE}}$ 是锁存端，当 $\overline{\text{LE}}$ = 0 时，译码器锁存。BI 是熄灭控制端，当 BI = 1 时，数码管熄灭。Ph 是驱动数码管类型选择端。

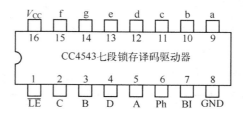

图 3-1-18　CC4543 引脚图

CC4543 可以驱动共阴、共阳两种数码管。CC4543 的功能如表 3-1-7 所示。使用时，$\overline{\text{LE}}$ = 1，BI = 0，只要将 Ph 端接高电平，即可驱动共阳极的 LED 数码管，如图 3-1-19 所示；将 Ph 端接低电平，即可驱动共阴极的 LED 数码管，如图 3-1-20 所示。（仿真图中 6 端 CLK 即 Ph 端）

表 3-1-7　CC4543 功能表

输　入			输入	输　出	输入	输　出	显示
锁存	熄灭	BCD 码	选共阳	共阳字段	选共阴	共阴字段	
$\overline{\text{LE}}$	BI	D C B A	Ph	a b c d e f g	Ph	a b c d e f g	
×	1	× × × ×	1	1 1 1 1 1 1 1	0	0 0 0 0 0 0 0	黑屏
1	0	0 0 0 0	1	0 0 0 0 0 0 1	0	1 1 1 1 1 1 0	0
1	0	0 0 0 1	1	1 0 0 1 1 1 1	0	0 1 1 0 0 0 0	1
1	0	0 0 1 0	1	0 0 1 0 0 1 0	0	1 1 0 1 1 0 1	2
1	0	0 0 1 1	1	0 0 0 0 1 1 0	0	1 1 1 1 0 0 1	3
1	0	0 1 0 0	1	1 0 0 1 1 0 0	0	0 1 1 0 0 1 1	4
1	0	0 1 0 1	1	0 1 0 0 1 0 0	0	1 0 1 1 0 1 1	5
1	0	0 1 1 0	1	0 1 0 0 0 0 0	0	1 0 1 1 1 1 1	6
1	0	0 1 1 1	1	0 0 0 1 1 1 1	0	1 1 1 0 0 0 0	7
1	0	1 0 0 0	1	0 0 0 0 0 0 0	0	1 1 1 1 1 1 1	8
1	0	1 0 0 1	1	0 0 0 0 1 0 0	0	1 1 1 1 0 1 1	9
1	0	1010～1111 （BCD 伪码）	1	1 1 1 1 1 1 1	0	0 0 0 0 0 0 0	黑屏
0	()	× × × ×	1	为 $\overline{\text{LD}}$ 下跳前 BCD 码决定	0	为 $\overline{\text{LD}}$ 下跳前 BCD 码决定	锁存

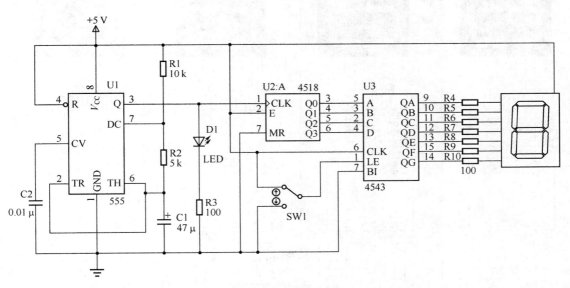

图 3-1-19　驱动一位共阳数码管的计数译码显示仿真电路

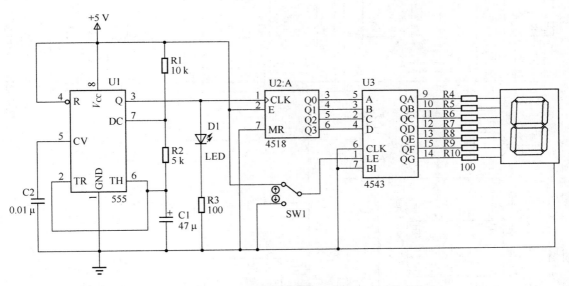

图 3-1-20　驱动一位共阴数码管的计数译码显示仿真电路

3. 拓展

三位电容测试仪只能测 $0 \sim 999\ \mu F$ 的电容,可在此基础之上,将其三位计数译码显示电路扩展成四位,即设计了一个四位电容测试仪,如图 3-1-21 所示。

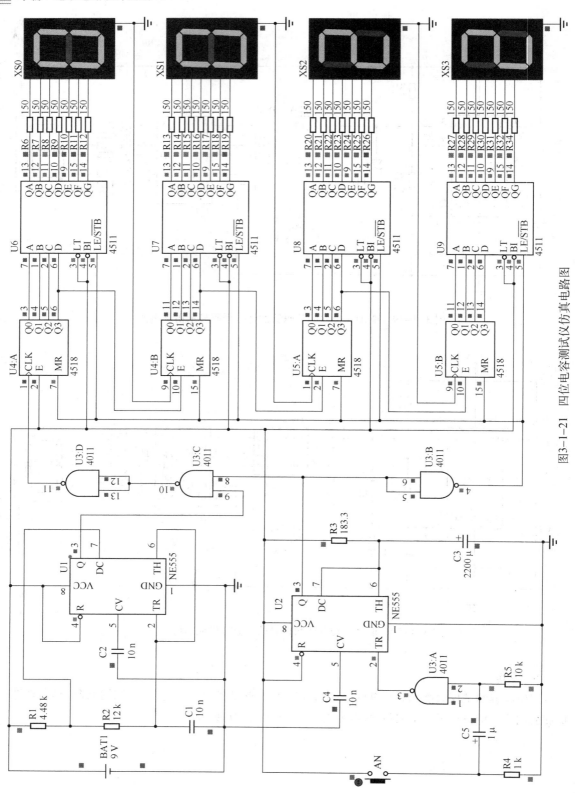

图3-1-21　四位电容测试仪仿真电路图

思考与练习题

1. 图 3-1-16 中的 U3A、U3D、U3C 均为由与非门连接成的非门，可直接改用集成非门芯片来做吗？说明理由。

2. 撰写"三位电容测试仪的设计"设计报告，手工绘制整机电路图；绘制图 3-1-17 仿真电路图，仿真成功后，估算电路制作成本，制作并调试成功。

3. 绘制图 3-1-19、图 3-1-20 所示仿真电路图，并仿真成功，分析图中 SW1 开关置上和置下时所起的作用。

4. 绘制三位电容测试仪仿真电路图（采用 CC4543 绘制），并仿真成功。

5. 根据图 3-1-21 修改四位电容测试仪仿真电路图，要求 4 个数码管从左到右按千、百、十、个位的顺序横着排列，并仿真成功，撰写设计说明书。

3.2　数　字　钟

设计任务书

1. 技术要求

（1）设计一台能直接显示时、分、秒的数字钟，要求 24 小时为一计时周期。

（2）当电路发生走时误差时，要求电路具有校时功能。

（3）要求电路具有整点报时功能，报时声响为四低一高，最后一响正好为整点。

2. 给定条件

（1）要求电路主要采用中规模 CMOS 集成电路 CC4000 系列组成。

（2）电源电压为 +9 V。

数字钟已成为人们日常生活中不可缺少的必需品，广泛用于个人家庭以及车站、码头、剧场、办公室等公共场所，给人们的生活、学习、工作、娱乐带来极大的方便。由于数字集成电路技术的发展和采用了先进的石英技术，使数字钟具有走时准确、性能稳定、携带方便等优点，它还用于计时、自动报时及自动控制等各个领域。

3.2.1　数字钟的组成和基本工作原理

数字钟是一个将"时"、"分"、"秒"显示于人的视觉器官的计时装置。它的计时周期为 24 小时，最大时间显示为 23 时 59 分 59 秒，另外应有校时功能和报时功能。一个基本的数字钟电路的主要组成部分如图 3-2-1 所示。

1. 时间信号发生器

时间信号发生器的作用是产生时间标准信号。数字钟的精度主要取决于时间标准信号的频率及其稳定度，因此，一般采用石英晶体振荡器经过分频得到这一信号。也可采用 555 定时器构成的多谐振荡器作为时钟标准信号源。

2．计数器

有了时间标准"秒"信号后，就可以根据 60 秒为 1 分、60 分为 1 小时、24 小时为 1 天的计数周期，分别组成两个六十进制（秒、分）、一个二十四进制（时）的计数器。将这些计数器适当连接，就可以构成秒、分、时的计数，实现计时功能。

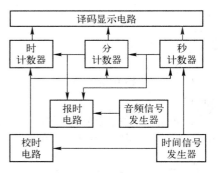

图 3-2-1　数字钟组成框图

3．译码和数码显示电路

译码和数码显示电路是将数字钟的计时状态直观清晰地反映出来，被人们的视觉器官所接受。显示器件选用 LED 七段数码管。在译码显示电路输出信号的驱动下，显示出清晰、直观的数字符号。

4．校时电路

实际的数字钟电路由于秒信号的精确性和稳定性不可能做到绝对准确无误，加之其他原因，数字钟总会产生走时误差的现象。因此，电路中就应该有校准时间功能的电路。

5．音频信号发生器和报时电路

当数字钟显示整点时应能报时。要求当数字钟的"分"和"秒"计数器计到 59 分 50 秒时，驱动音响电路，每隔一秒音响电路鸣叫一次，每次叫声的时间持续 1 秒，10 秒钟内自动发出五声鸣叫，且前四声低音，最后一声高音，正好报整点。其中高音音频信号由 555 多谐振荡器产生，频率约 1 kHz，低音音频信号由高音音频信号通过二分频得到。

3.2.2　单元电路的组成及工作原理

1．时间信号发生器

由 555 定时器构成的时钟信号产生电路如图 3-2-2 所示，时钟信号的频率为：

$$f = \frac{1}{0.693(R_9 + R_p + 2R_{10})C_3}$$

要产生 $f = 2$ Hz 的时钟脉冲，若选 C3 为 22 μF，R10 为 12 kΩ，经计算需：$R_9 + R_p = 8.8$ kΩ，取标称值 $R_9 = 8.2$ kΩ；C_4 取经验参数，$C_4 = 0.01$ μF。选电位器 $R_p = 1$ kΩ，在调试电路时，适当调整 R_p，使 U10 的 3 端输出 2 Hz 的时钟脉冲。

图 3-2-2 中，U8B 是 CC4013 D 触发器，其 D 端与 $\overline{Q}$ 端相连，构成二分频电路。由 U10 的 3 号端输出的 2 Hz 信号，通过 CC4013 二分频后得到 1 Hz 信号。

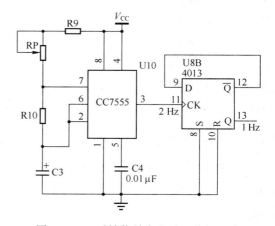

图 3-2-2　时钟信号产生及二分频电路

中规模集成电路 CC4013 是双上升沿 D 触发器，由两个相同的、相互独立的 D 触发器构成。

每个触发器有独立的数据 D、置 1 端 S、置 0 端 R、时钟输入 CP 和输出 Q 及 $\overline{Q}$。在时钟上升沿触发时，加在 D 输入端的逻辑电平传送到 Q 输出端。其功能表和外部引线图分别见表 3-2-1 和图 3-2-3。

表 3-2-1　中规模集成 D 触发器 CC4013 功能表

输　入				输　出	
CK	D	R	S	Q^{n+1}	$\overline{Q^{n+1}}$
↑	0	0	0	0	1
↑	1	0	0	1	0
↓	×	0	0	Q^n	$\overline{Q^n}$
×	×	1	0	0	1
×	×	0	1	1	0
×	×	1	1	×	×

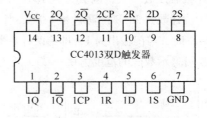

图 3-2-3　CC4013 引脚排列

图 3-2-2 中的 D 触发器的状态方程为：$Q^{n+1} = D = \overline{Q^n}$。

即在 D 触发器的每个 CP 时钟脉冲的上升沿，D 触发器的输出 Q 的状态翻转一次。如图 3-2-4 所示，D 触发器的输出 Q 的频率是其输入 CP 时钟脉冲的频率的一半，故称为二分频。

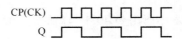

图 3-2-4　二分频电路输入输出波形

2. 计数器

采用计数器 CC4518。

数字钟的"秒"、"分"信号产生电路都是由六十进制计数器构成，"时"信号产生电路为二十四进制计数器。选取两个 CC4518 计数器和一个 CC4081 与门采用反馈置 0 法构成六十进制和二十四进制计数器。

1）六十进制计数器

六十进制计数器如图 3-2-5 所示，其工作原理如下：

JS1B 为十位计数器，JS1A 为个位计数器，个位计数器 JS1A 的 CK 为计数脉冲输入端，其 EN 接高电平、R 接低电平，十位计数器的计数脉冲即个位计数器的进位信号由 EN 输入，因此其 CK 接低电平，如图 3-2-5 所示，将 2Q2 和 2Q1 输入与门后输出至十位计数器 JS1B 的 R（置 0）端。个位计数器在 CK 端每来一个 CP 脉冲时计数器计数一次，当其计到 1001 并向 0000 转换时，1Q3（JS1B 的 EN）正好是一个下降沿，此时十位计数器 JS1B 加法计数一次，当十位计数器 JS1B 计到 0110、个位计数器 JS1A 计到 0000（即 60）时，与门输出为 1，即给十位计数器一置 0 信号，十位计数器显示为 0，开始了下一轮循环。计数器可显示数码的范围为 0～59，故为六十进制。

2）二十四进制计数器

二十四进制计数器如图 3-2-6 所示，其工作原理如下：

JS3B 为十位计数器，JS3A 为个位计数器，个位计数器 JS3A 的 CK 为计数脉冲输入端，其 EN 接高电平，十位计数器的计数脉冲即个位计数器的进位信号由 EN 输入，因此其 CK 接低电平，如图所示，将 5Q2 和 6Q1 输入与门后输出至两计数器的 R（置 0 端）。个位计数器 CK 端每来一个 CP 脉冲计数器计数一次，当其计到 1001 并向 0000 转换时，5Q3（JS3B 的 EN）正好是一个下降沿，此时十位计数器 JS3B 加法计数一次。当十位计数器 JS3B 计到 0010、个位计数器 JS3A 计到 0100（即 24）时，与门输出为 1，即给两计数器一置 0 信号，两计数器显示均为 0，开始了下一轮循环。计数器可显示数码的范围为 0 ～ 23，故为二十四进制。

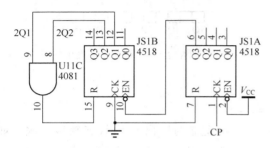

图 3-2-5　60 进制计数器

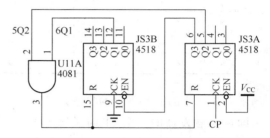

图 3-2-6　24 进制计数器

3）与门 CC4081

六十进制和二十四进制计数器中所用 CC4081 与门的引脚排列如图 3-2-7 所示。

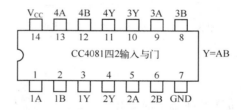

图 3-2-7　CC4081 引脚排列

3. 二十四进制和六十进制的计数译码显示电路

图 3-2-8 和图 3-2-9 是将计数器、译码器、数码管连在一起的二十四进制计时电路和六十进制的计分、计秒电路。

该单元电路由计数器 CC4518、七段显示译码器 CC4511 和共阴 LED 数码管组成。两片 CC4511 功能端 $\overline{LT}$、$\overline{BI}$ 接电源，LE 接地，由 CC4511 的逻辑功能表 3-1-4 可知两片译码器处于正常译码状态（译码 0 ～ 9），这样译码器就可以将计数器输出的 BCD 代码变成能驱动七段数码显示器工作的信号，再经过限流电阻，由 LED 数码管显示。

4. 校时电路

校时电路如图 3-2-10 所示。当时钟指示不准或停摆时，就需要校准时间（或对表），通常采用校时、校分。现在以"时计数器"的校时电路为例，简要说明它的校时原理。图中与非门 U1B、U1D 构成基本 RS 触发器。基本 RS 触发器功能见表 3-2-2。

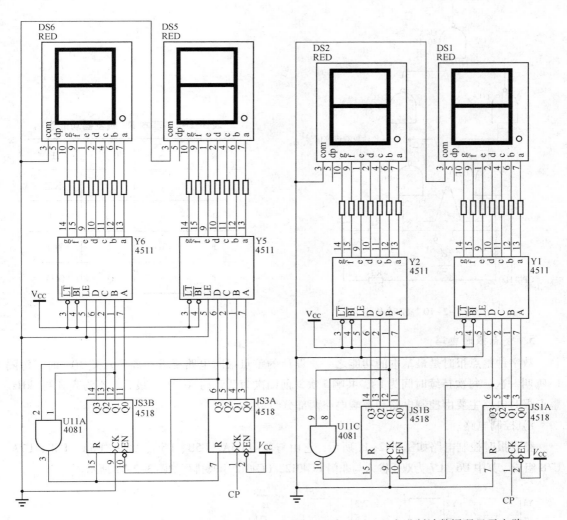

图 3-2-8　二十四进制计数译码显示电路　　　图 3-2-9　六十进制计数译码显示电路

正常计时：

当开关 S1 置右端时，$\bar{S}=0$，$\bar{R}=1$，则 Q = 1，即 U1D 输出高电平，$\bar{Q}=0$，即 U1B 输出低电平，此时 CP（2Hz）信号被封锁，"分计数器进位信号"通过门 U1C 和门 U4A 送至"时计数器个位的 CK 端"使"时计数器"正常进行计时工作。

校时原理：

当开关 S 置左端时，$\bar{S}=1$，$\bar{R}=0$，则 Q = 0，即 U1D 输出低电平，$\bar{Q}=1$，即 U1B 输出高电平，门 U1C 封锁"分计数器进位信号"，2Hz 的校时信号通过门 U1A 和门 U4A 送至"时计数器"个位的 CK 控制端，使"时计数器"在 2Hz 信号的控制下"快速"计数，直至正确的时间，再将开关置回右端，恢复正常计时。

校分、校秒电路的工作原理同上。

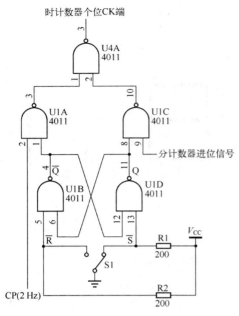

图 3-2-10　校时电路

表 3-2-2　基本 RS 触发器功能表

$\bar{R}$	$\bar{S}$	Q^{n+1}	注
0	0	×	不定
0	1	0	置 0
1	0	1	置 1
1	1	Q^n	保持

5. 整点报时电路

数字钟整点报时是最基本的功能之一。设计的整点报时电路要求在离整点差 10 s 时，每隔 1 s 鸣叫一次，每次持续时间为 1 s，共响 5 次，前四次为低音约 500 Hz，最后一声为高音约 1 kHz。整点报时电路主要由控制电路和音响电路两部分组成。

1）控制电路。

整点报时控制电路如图 3-2-11 所示，它由与非门 U5A、U5B、U5C、U5D、U6A、U6B、U7A、U7B 组成。其中 U6、U7 为双 4 输入与非门 CC4012，CC4012 引脚排列如图 3-2-12 所示。

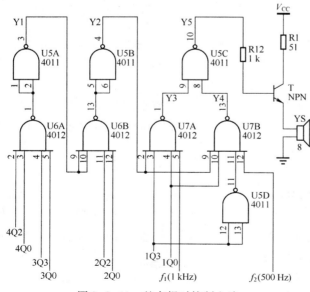

图 3-2-11　整点报时控制电路

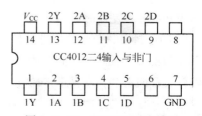

图 3-2-12　CC4012 引脚排列

图 3-2-11 中与非门 U6A 的输入信号 4Q2、4Q0、3Q3、3Q0 分别表示"分十位"、"分个位"的状态，与非门 U6B、U7A 的输入信号 2Q2、2Q0、1Q3、1Q0 分别表示"秒十位"、"秒个位"的状态。

$$Y1 = 4Q2 \cdot 4Q0 \cdot 3Q3 \cdot 3Q0 \qquad\qquad Y2 = Y1 \cdot 2Q2 \cdot 2Q0$$

$$Y3 = \overline{Y2 \cdot 1Q3 \cdot 1Q0 \cdot f_1}\ (1\,\text{kHz}) \qquad Y4 = \overline{Y2 \cdot \overline{1Q3} \cdot 1Q0 \cdot f_2}\ (500\,\text{Hz})$$

由图 3-2-11 可看出，据设计要求，数字钟电路要求在 59 min 51 s、53 s、55 s、57 s、59 s 时各鸣叫一次。当计数器计到 59 分 50 秒时，分、秒计数器的状态为：

4Q3　4Q2　4Q1　4Q0 = 0101（分十位）　　3Q3　3Q2　3Q1　3Q0 = 1001（分个位）

2Q3　2Q2　2Q1　2Q0 = 0101（秒十位）　　1Q3　1Q2　1Q1　1Q0 = 0000（秒个位）

要求音响电路工作，计数器状态的变化仅发生在 59 分 50 秒至 59 分 59 秒之间。因此，只有秒个位的状态发生变化，而其他计数器的状态无须变化，所以可保持 4Q2 = 4Q0 = 3Q3 = 3Q0 = 2Q2 = 2Q0 = 1 不变。将它们相与 Y2 = 4Q2 · 4Q0 · 3Q3 · 3Q0 · 2Q2 · 2Q0 = 1。将此信号作为与非门 U7A、U7B 的控制信号。由图 3-2-11 可以看出：

$$Y5 = \overline{\overline{Y3} \cdot \overline{Y4}} = Y3 + Y4 = Y2 \cdot 1Q3 \cdot 1Q0 \cdot f_1\ (1\,\text{kHz})\ + Y2 \cdot \overline{1Q3} \cdot 1Q0 \cdot f_2\ (500\,\text{Hz})$$

可见要使 Y5 = 1，在 Y2 = 1 时（即 59 min 50 s 不变的前提下）有以下两种情况：

当 1000 Hz 信号输入时，应使 1Q3 · 1Q0 状态为 1，即 1Q3 1Q2 1Q1 1Q0 = 1001，即 59 s。

当 500 Hz 信号输入时，应使 $\overline{1Q3}$ · 1Q0 的状态为 1，即 1Q3 = 0，1Q0 = 1，见表 3-2-3。

由表 3-2-3 可以看出 1Q3 = 0、1Q0 = 1 的所有状态组合只有四种，即 0001、0011、0101、0111，它们分别表示 51 s、53 s、55 s 和 57 s。

表 3-2-3　五次声响状态

频率	1Q3	1Q2	1Q1	1Q0	$\overline{1Q3} \cdot 1Q0$	备注
	0	0	0	0	0	50 s
	0	0	0	1	1	51 s/响
	0	0	1	0	0	52 s
	0	0	1	1	1	53 s/响
500 Hz	0	1	0	0	0	54 s
	0	1	0	1	1	55 s/响
	0	1	1	0	0	56 s
	0	1	1	1	1	57 s/响
	1	0	0	0	0	58 s
1000 Hz	1	0	0	1	1Q3 · 1Q0 = 1	59 s/响

2) 音响电路

（1）音频信号产生电路

音频信号产生电路如图 3-2-13 所示。高音音频信号是由 555 构成的多谐振荡器产生的频率为 f_1（约 1 kHz）的脉冲，低音音频信号则由高音频信号经过 CC4013 二分频得到频率为 f_2（约 500 Hz）的信号。

U9 的 3 号端输出的高音音频信号的频率为

$$f_1 = \frac{1}{0.693(R_7 + 2R_8)C_1}$$

选 $C_1 = 0.47\ \mu F$，$R_8 = 1.2\ k\Omega$，$R_7 = 680\ \Omega$，经计算得 $f_1 = 997\ Hz$。

高音音频信号经 CC4013 二分频后由 CC4013 的 12 端输出，该低音音频信号的频率为：$f_2 = 0.5f_1 = 498\ Hz$。其中 C_2 取经验参数，$C_2 = 0.01\ \mu F$。

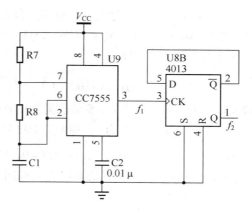

图 3-2-13 音频信号产生电路

（2）音响电路

音响电路声音的输出采用射极输出器推动 8 Ω 的扬声器，三极管基极串接 1k Ω 电阻，是为了防止电流过大损坏扬声器，集电极串接 51 kΩ 电阻，三极管选用高频小功率管。如图 3-2-11 所示。当 Y5 端为高电平时，三极管 T 导通，音频电流流经扬声器，使之发出鸣叫声。通过以上分析可知，当计时至 59 min 51 s、53 s、55 s、57 s 时，频率约为 500 Hz 的信号通过扬声器。当计时至 59 min 59 s 时，频率约为 1000 Hz 的信号通过扬声器，因而发出四低一高的声音，音响结束正好为 59 min 60 s，即为一整点。

3.2.3 仿真调试

数字钟总体电路如图 3-2-14 所示，仿真电路如图 3-2-15 所示，仿真调试成功。

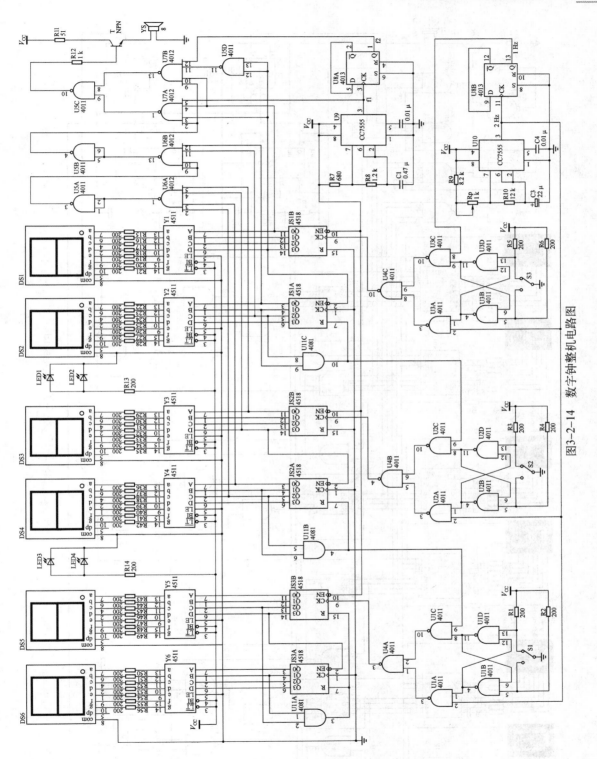

图3-2-14 数字钟整机电路图

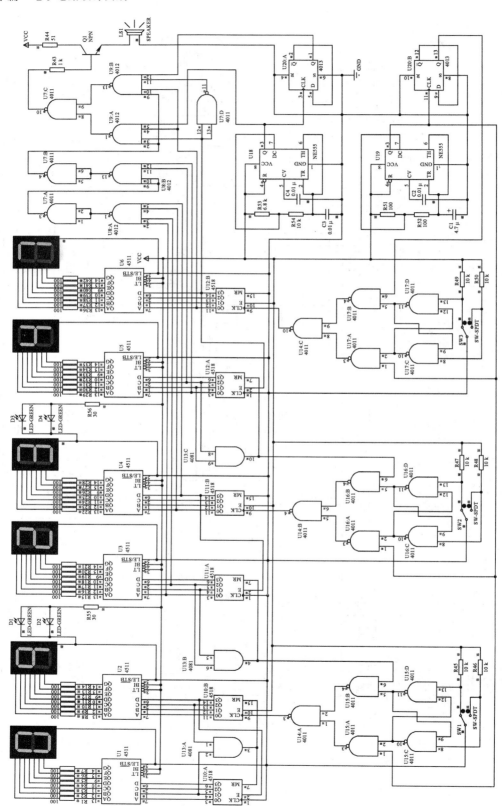

图3-2-15 数字钟仿真电路图

3.2.4　制作与调试

1. 振荡器的安装和调试

如图 3-2-2 电路，在 U10 的 3 端与地之间串接一只发光二极管和一只限流电阻，观察发光二极管的闪烁情况，适当调整电位器 Rp 使闪烁频率为 2 Hz，在 U8 的 13 端与地之间也串接一只发光二极管和一只限流电阻，观察发光二极管的闪烁情况，其闪烁频率应为 1 Hz。

2. 计数译码显示电路的安装和调试

1）按图 3-2-8 接好电路，观察在 CP 脉冲作用下（CP 为 1 Hz，由图 3-2-2 中 U8 的 13 端输出），观察七段数码管的输出变化情况，验证是否为二十四进制计数器。

2）按图 3-2-9 电路连线，观察在 CP 脉冲作用下（CP 为 1 Hz，由图 3-2-2 中 U8 的 13 端输出），观察七段数码管的输出变化情况，验证是否为六十进制计数器。

3）调试过程中要注意以下问题：

（1）根据 CC4518 的功能表可知，当触发脉冲由 CK 端输入时，EN 端应接高电平，此时计数器在触发脉冲的上升沿触发；当触发脉冲由 EN 端输入时，CK 端应接低电平，此时计数器在触发下降沿触发。

（2）R 为异步置 0 端，高电平有效。当 R 为高电平时，计数器置 0；正常计数时使 R 为 0。

3. 音频电路的安装和调试

按图 3-2-12 电路在 U9 的 3 端与地之间串接一只耦合电容及一只扬声器，使扬声器发出高频声音，再将此耦合电容及扬声器接在 U8 的 1 端和地之间，使扬声器发出低频声音。

4. 校时电路的安装和调试

按图 3-2-10 接好电路，在 U4 的 3 端与地之间串接一只发光二极管和一只限流电阻，推动开关 S1 向左，观察在 CP（2 Hz）脉冲作用下，根据输出端发光二极管的显示情况，判断每来一个 CP 脉冲发光二极管是否闪烁一次。推动开关 S1 向右，观察在分计数器进位信号作用下，根据输出端发光二极管的显示情况，判断每来一个计数脉冲发光二极管是否闪烁一次。

5. 整点报时电路的安装和调试

按图 3-2-11 接好电路，因为报时电路发出声响的时间是 59 分 51 秒至 59 分 60 秒之间，59 分的状态是不变的。图 3-2-11 中的 Y2 = 1 不变。测试时，997 Hz 的音频信号由图 3-2-13 音频信号产生电路中的 U9 的 3 端可得，498 Hz 的音频信号可由 997 Hz 经 D 触发器 U8A 二分频得到。观察计数器在音频信号的作用下，扬声器发出声响的情况。

6. 整机联调

将已调好的各单元电路按整机电路图接好，调试出计时、校时、报时等功能。

3.2.5　总结与延伸

1. 结论

所设计的数字钟能达到如下技术要求：

1）能直接显示"时"、"分"、"秒"，24 小时为一计时周期。

2）当电路发生走时误差时，具有校时、校分的功能。

3）该电路具有整点报时功能，报时声响为四低一高，最后一响正好为整点。

2. 改进

555 多谐振荡器虽然电路简单、组装方便，但它产生的时间信号频率精度不高。因此，要产生频率准确稳定的时间信号，一般应采用石英晶体振荡器。晶体振荡器的频率越高，计时的准确度就越高。

1）CC4060 14 位二进制串行计数/分频器

CC4060 是 14 位二进制串行计数/分频器。它由两部分电路组成，一部分电路是 14 位二进制分频器，另一部分电路是振荡器。分频器部分由 D 触发器组成 14 位二进制串行计数器构成，其分频系数为 16 ～ 16384（分别由 Q4 ～ Q10、Q12 ～ Q14 输出），振荡器部分是两级反相放大器，通过外接电阻和电容构成 RC 振荡器，或通过外接石英晶体构成高精度的晶体振荡器。

R 为置 0 端，高电平有效。R 为高电平时，计数器全部置 0，同时使时钟禁止输入或使振荡器停振；R 为低电平时，进入计数状态。CC4060 功能如表 3-2-4 所示，引脚排列如图 3-2-16 所示。

表 3-2-4　CC4060 功能表

输　　入		输　　出
CP_1	R	计数器状态
↑	0	
0	0	不变
1	0	
↓	0	加计数
×	1	计数器全部为 0（同时振荡器停振）

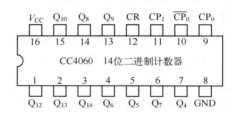

图 3-2-16　CC4060 引脚排列

构成振荡器的连接方法如图 3-2-17 和图 3-2-18 所示。

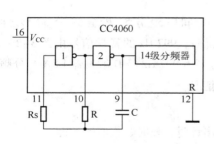

图 3-2-17　CC4060 的 RC 振荡器

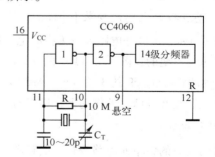

图 3-2-18　CC4060 的晶体振荡器

图 3-2-17 为 RC 振荡器，其振荡频率由 R、C 的值决定，振荡频率估算：

$$f = \frac{1}{2.2RC}$$

电阻 Rs 的作用是改善振荡器的稳定性、减小因器件参数的差异引起振荡频率的变化，Rs 的值要大于 R。

图 3-2-18 为晶体振荡器，其振荡频率由晶振的频率决定。其中 R 是反馈电阻，用来使内部非门工作在传输特性曲线的线性区，其值可在几兆欧至几十兆欧间选取，晶振工作在并联谐振状态，呈感性。调整 C_T 的值，可使振荡频率调到一个精确值。

2）产生"秒"信号的改进

采用 14 位串行分频器 CC4060 外接 32768 Hz 的石英晶体振荡器即可实现振荡与分频功能，输出一个 2 Hz 的信号，再接一个二分频器就可得到秒信号。如图 3-2-19 所示。

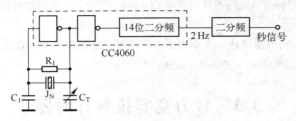

图 3-2-19　秒信号产生原理

目前多采用 CC4060 和电子表石英晶体构成振荡频率为 32768 Hz 的振荡器，经其内部 14 级分频后得到 2 Hz 的时钟脉冲，再送入 D 触发器 CC4013 构成的二分频器，即可得到 1 Hz 的"秒"信号。电路如图 3-2-20 所示。

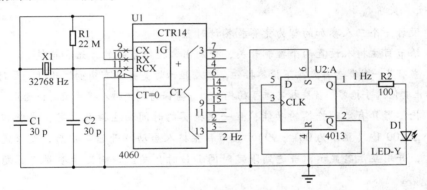

图 3-2-20　标准 2 Hz 和 1 Hz 信号的产生电路

3）数码显示字形的改进

选用译码器 CC4543 更好，可使显示的数码与常规共识的数码 6 的 a 段亮、数码 9 的 d 段亮一致。具体应用详见本书"3.1 简易电容测试仪"中相关内容。

4）"时：分：秒"间隔的"："符号的设计

"时：分：秒"间隔的"："符号用 2 只同向并联的发光二极管共串 1 只限流电阻制作而成。有 2 个"："符号，共需 4 只发光二极管和 2 只限流电阻。如图 3-2-14 所示。

也可将分十位、秒十位的数码管倒过来，然后使用时个位、分十位、分个位、秒十位的小数点的发光段，但译码器驱动倒数码管的连接要作相应的改变，如图 3-2-21 所示，倒数码管的 d→a，e→b，f→c，a→d，b→e，c→f。

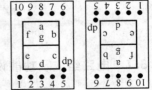

图 3-2-21　正倒数码管及其小数点的应用

思考与练习题

1. 撰写"数字钟的设计"设计报告，根据图 3-2-14 手工绘制数字钟整机电路图，根据图 3-2-15 绘制数字钟仿真电路图，元件序号均自己有序排列，仿真电路需仿真成功，并估算电路制作成本。

2. 撰写"数字钟的设计"设计报告，手工绘制整机电路图（可采用 CC4060、CC4543、正倒数码管等绘制整机电路）；绘制数字钟仿真电路图（可采用 CC4060、CC4543、正倒数码管等绘制整机电路），并仿真成功。

3. 查阅有关资料，用门电路设计一个单次脉冲源的单元电路作为数字钟的校时电路，每按键一次，相应的计数器加计数一次。绘制数字钟仿真电路图，并仿真成功。

3.3 智力竞赛抢答计时器

设计任务书

1. 技术要求

（1）设计一个三人参加的智力竞赛抢答计时器。

（2）给节目主持人设置两个控制开关，分别用来控制系统的开始和抢答。

（3）当有某一参赛者首先按下抢答按钮，相应显示灯亮并伴有声响。此时，要封锁输入电路，禁止其他选手抢答。优先抢答选手的指示灯一直保持到主持人将系统复位为止。

（4）抢答器具有定时抢答的功能，且一次抢答的时间由主持人设定，要求回答问题的时间小于 100 秒（显示为 00 ～ 99）。当节目主持人启动"开始"键后，要求定时器立即减计时，并用显示器显示，当达到限定时间 1 秒时，发出声响提示参赛者答题时间已用完。

（5）如果定时抢答的时间已到，却没有选手抢答时，本次抢答无效，系统报警，并封锁输入电路，禁止选手超时后抢答，时间显示器上显示 01。

2. 给定条件

（1）电路主要选用中规模 CMOS 集成电路 CC4000 系列和 TTL 集成电路 74 系列。

（2）电源电压为 +9 V。

3.3.1 电路组成及功能说明

根据所需技术指标与设计要求，智力竞赛抢答计时系统的组成如图 3-3-1 所示。它主要由六部分组成。

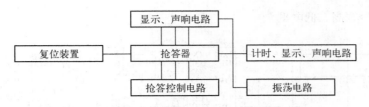

图 3-3-1　智力竞赛抢答计时系统的组成框图

（1）抢答器——智力竞赛抢答计时器电路的核心。当参赛者中任意一位首先按下抢答按钮时，抢答器即刻接受该信号，使相应发光二极管亮（或者声响电路发出声音），与此同时，封锁住其他参赛者的输入信号。

（2）抢答控制电路——由三个按钮组成。三名参赛者各控制一个，拨动按钮使相应控制端的信号为高电平或低电平。

（3）复位装置——供比赛开始前主持人使用。它能保证比赛前触发器统一复位，避免电路的误动作导致抢答过程的不公平。

（4）显示、声响电路——比赛开始，当某一参赛者按下抢答器按钮时，触发器就接受该信号，在封锁其他按钮信号的同时，使该路的发光二极管发出亮光和蜂鸣器发出声响，以引起人们的注意。同时，当达到限定时间 1 s 时，发出声响提示参赛者时间已用完。

（5）计时、显示、声响电路——当抢答者回答问题时，对时间进行控制的电路。若规定回答的时间小于 100 秒（显示为 0 ～ 99），则显示器装置应该是一个二位数字显示的计数系统。

（6）振荡电路——提供抢答器、计时系统和声响电路工作的控制脉冲。

3.3.2　单元电路的设计步骤

三人抢答计时器系统的原理图如图 3-3-2 所示。

1. 抢答器

由图 3-3-2 抢答计时电路原理图可看出，抢答器是由三个 D 触发器 U12：A、U12：B、U13：A 和与非门 U11：A、U11：B 组成，使用的器件为双上升沿 D 触发器 CC4013 和双 4 输入与非门 CC4012。

工作原理是：若参赛者按下按钮 AN1，使该端的输入信号为高电平，触发器 U12：A 输入端 D 接受该高电平信号使输出端 Q 为高电平，相应的 $\overline{Q}$ 为低电平，这个低电平信号同时送到与非门 U11：A 输入端，使与非门 U11：A 输出为高电平，与非门 U11：A 封锁，使触发器的控制脉冲 CP 信号由于与非门 U11：A 封锁而被拒之门外，触发器 U12：B 和 U13：A 因为 CP 脉冲信号被封锁而不接收按钮 AN2 和 AN3 输入的信号（其他两种情况类同）。因此该电路只接收第一个输入的信号，即使此时其他参赛者也按下按钮，但由于与非门 U11：A 已被封锁，信号无法输入进去。

2. 抢答控制电路

该系统有按钮 AN1、AN2、AN3，分别由三名参赛者控制。常态时按钮接地，比赛时，按下按钮使该端为高电平。为实验方便，抢答按钮也可以利用实验箱上电平输出开关。拨动逻辑开关，相当于输出逻辑高、低电平。

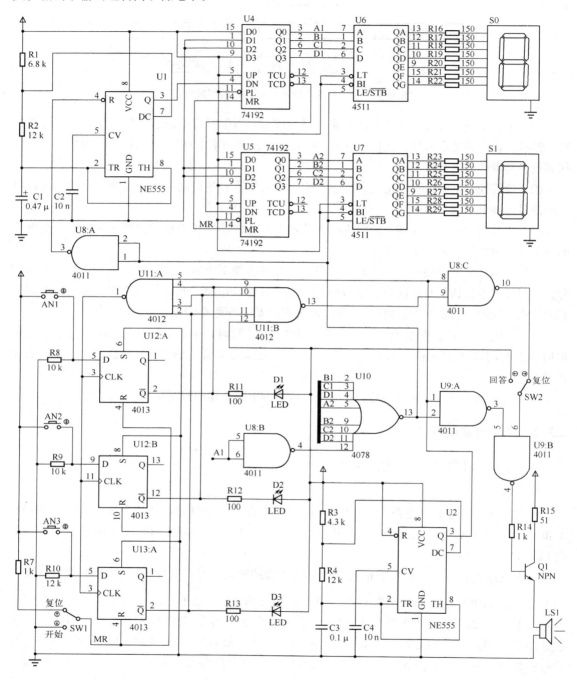

图 3-3-2　三人智力竞赛抢答计时器

3．复位装置

为了保证电路的正常工作，比赛开始前，主持人都要将各触发器的状态统一清零。本系统利用 D 触发器的异步置 0 端实现置 0，即复位功能。由原理图可以看出，该 D 触发器的异步置 0

端为 R，高电平有效。因此，将各触发器的异步置 0 端统一用开关 SW1 控制，正常比赛时，使 R 处于低电平；当 R 为高电平时实现置 0，即复位功能。

4. 显示电路

显示电路由发光二极管与电阻串联而成，发光二极管正极接电源端，负极接 D 触发器的 $\overline{Q}$ 端。当某参赛者按下按钮，该触发器接受该信号使其输出 Q 端的状态为高电平，相应的 $\overline{Q}$ 端为低电平，就有电流流过发光二极管使发光二极管发亮。

5. 计时、显示、声响电路

计时电路采用倒计时方法，最大显示为 99 s。当主持人给出"开始"指令后，开始倒计时，当计时"01"时，可驱动电路发出声响。倒计时器选用可预置数二 – 十进制同步可逆计数器（双时钟型）74192 芯片。

74192 功能如表 3-3-1 所示。74192 是同步十进制可逆计数器，引线排列及原理图符号如图 3-3-3 所示，它具有双时钟输入，并具有清除和置数等功能，其中 $\overline{PL}$ 为置数端，UP 为加计数端，DN 为减计数端，$\overline{TC_u}$ 为异步进位输出端，$\overline{TC_D}$ 为异步借位输出端，D0、D1、D2、D3 为计数器输入端，MR 为清除端，Q0、Q1、Q2、Q3 为数据输出端。

表 3-3-1　74192 功能表

	输		入					输	出		
MR	$\overline{PL}$	UP	DN	D3	D2	D1	D0	Q3	Q2	Q1	Q0
1	×	×	×	×	×	×	×	0	0	0	0
0	0	×	×	d	c	b	a	d	c	b	a
0	1	↑	1	×	×	×	×	加计数			
0	1	1	↑	×	×	×	×	减计数			

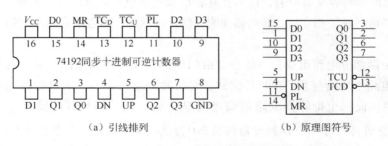

（a）引线排列　　　　　　（b）原理图符号

图 3-3-3　74192 引线排列及原理图符号

由功能表可以看出，要使电路实现倒计时（减法）功能，应使 MR = 0，$\overline{PL}$ = 1，UP = 1，DN 为上升沿 ↑。可用计时器的个位 74192 的 DN 端接电平开关来控制计时器的工作与否。图 3-3-4 为用两片 74192 组成的一百进制减法计数器电路，U4 为个位，U5 为十位，两片 74192 的输出端分别接到显示译码器的输入端，个位 DN 端接到秒脉冲发生器的脉冲输出端。图中预置数为 N = $(10011001)_{8421BCD}$ = $(99)_{10}$，当个位计数器的借位输出端 $\overline{TC_D}$ 输出借位脉冲时，十位计数器才开始进行减法计数。当计数到十、个位计数器都为 0 时，十位计数器的借位输出端 $\overline{TC_D}$ 输出借位脉冲，使置数端 $\overline{PL}=0$，则计数器完成置数，在 DN 端输入脉冲的作用下，进行下一循环的减法计数。

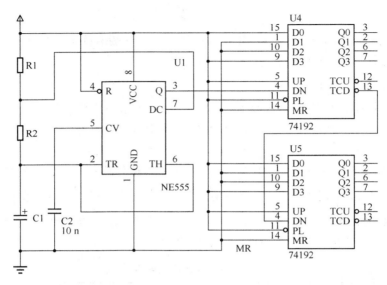

图 3-3-4　用两片 74192 组成的一百进制减法计数器电路

计时系统的驱动显示电路选用 BCD-7 段锁存译码、驱动器 CC4511 和七段数码管组成。其工作原理是当计数器在 CP 脉冲的作用下开始计数时，将计数器的状态通过显示译码器 CC4511 进行译码并将其结果用七段数码管显示出来。

声响显示电路需要在两种情况下做出反应，见图 3-3-2 所示，当主持人给出"开始"指令后，计时器开始倒计时，第一种情况是当有参赛者按下抢答按钮时，相应电路的发光二极管亮，同时推动输出级的蜂鸣器发出声响，提示参赛者已经抢答成功，可以回答问题；第二种情况是当主持人给出"请回答"指令后，蜂鸣器停响，倒计时继续，到达限定的时间时 1 s，蜂鸣器再次发出声响。

声响电路由两部分电路组成：一部分是由门电路组成的控制电路，另一部分是三极管驱动电路。门控电路主要由与非门 U9：B 控制，它的两个输入，一个来自抢答电路各触发器输出即 U11：B 控制，设三个抢答器电路的输出为 Q_1、Q_2、Q_3，U11：B 的输出为 Y_1，表达式如式（1）所示，说明只要有一个 D 触发器的输出 $\overline{Q}$ 为低电平，就使该与非门 U11：B 输出为高电平，并通过 U8：C、U9：B 驱动蜂鸣器发声；另一个来自计时系统的输出端，见图 3-3-2 中 U10，这里增加了一段 CD4078 的应用，详见所给电子文档设 U10 的输出为 Y_2，计时电路在倒计时表达式如式（2）所示，只有当倒计时显示为 01 时，即输出只有当 U4 的输出 A1 为高电平时，才使 U10 输出 Y_2 为高电平，U9：B 输出为高电平，这个高电平信号也能使蜂鸣器发声。为了保证电路工作可靠，也可采用与非门构成的基本 RS 触发器驱动。

$$Y_1 = \overline{\overline{Q_1} \cdot \overline{Q_2} \cdot \overline{Q_3} \cdot SW2} \tag{1}$$

$$Y_2 = \overline{\overline{A_1} + B_1 + C_1 + D_1 + A_2 + B_2 + C_2 + D_2} \tag{2}$$

6. 振荡电路

本系统需要产生 2 种频率的脉冲信号，一种是频率为 1 kHz 左右的脉冲信号，用于声响电路的音频信号和触发器的 CP 信号；一种频率为 1 Hz 信号用于计时电路。以上电路可用 555 定时器组成，也可用石英晶体组成的振荡器经过分频得到。555 多谐振荡器的振荡频率估算详见本书"3.1 简易电容测试仪"中相关内容。

3.3.3 总电路工作原理

抢答前主持人将开关 SW1、SW2 置"复位"端，计时显示"00"，蜂鸣器不响，即已作好抢答的准备。当主持人宣布"开始"同时将开关 SW1 置"开始"端，倒计时从"99"开始，选手可以通过单击按钮的快慢来决定由谁回答，按得快的选手所对应的发光二极管点亮并使蜂鸣器发出响声，此时其他选手输入锁住。然后主持人将开关 SW2 置"回答"端，响声停止，主持人宣布"请回答"，选手开始作答，倒计时继续，抢答与作答总时间少于 100 s，通过显示屏把时间显示出来。当选手作答仅剩 1 s 时，则通过蜂鸣器响声提示参赛者时间已用完，计时器不再进行倒计数而停留在"01"状态。此轮回答完毕后，无论是否用完时间，主持人都需将开关 SW1、SW2 置"复位"端，计时显示"00"，蜂鸣器不响，工作状态回到初始状态以便进行下一轮抢答。

3.3.4 仿真调试

按图 3-3-2 绘制仿真电路，并调试成功。

3.3.5 安装和调试

用中规模集成 D 触发器 CC4013 组成的三人智力竞赛计时器逻辑电路见图 3-3-2 所示。

1. 抢答显示功能测试

按图 3-3-2 的有关部分在实验箱上连线，按钮 AN1、AN2、AN3 分别通过实验箱上的电平开关来控制状态，并将 AN1、AN2、AN3 全部处于低电平。首先拨动 AN1 为高电平，对应的发光二极管亮，此时再拨动 AN2 或 AN3，观察其他发光二极管的情况。

2. 复位功能测试

在以上实验的基础上，将 CC4013 的所有 R 端连在一起通过开关 SW1 控制。由表 3-2-1 可以看出，CC4013 的异步控制信号高电平有效，因此可用 R 为高电平实现置 0 即复位功能。开关 SW1 可以利用实验箱上的电平开关来控制状态。当开始时，开关 SW1 处于低电平，此时拨动开关 SW1 置"复位"端时，开关 SW1 为高电平，观察发光二极管是否全灭。

3. 倒计时功能测试

按图 3-3-4 的电路在实验箱上连线，倒计时计数电路输出接数码管，在 CP 作用下，观察数码管显示情况。

4. 声响电路功能测试

按图 3-3-2 所示的有关部分在实验箱上连线，可将与非门和反相器的输入端分别通过实验箱上的电平开关来控制状态，观察蜂鸣器发声情况。

思考与练习题

1. 绘制智力竞赛计时抢答器仿真电路图，并仿真成功。

2. 设计一个八路抢答计时器，绘制出仿真电路图，并仿真成功。

3. 查阅有关资料，使用优先编码器 74LS148 和 RS 触发器 74LS279 设计一个八路抢答器，要求绘制出整机逻辑电路图，并写出设计性实验报告。

第❹章　模拟电子电路设计

📚 **教学目标**

1. 掌握模拟电子电路各单元电路设计参数值的计算。
2. 掌握模拟电子电路各单元电路的调试及参数修改。
3. 掌握整机电路的调试和技术指标测量。

4.1　直流稳压电源电路设计

设计任务书

1. 技术要求

（1）设计一个 +5 V 直流稳压电源的电路，要求采用三端固定输出式集成稳压器 LM7805。

（2）设计一个 1.25 ～ 30 V 可调的直流稳压电源，要求采用三端可调输出式集成稳压器 LM317。

（3）设计一个 1.5 ～ 10 V 可调的直流稳压电源，要求采用三极管、稳压二极管等分立元件构成。

（4）设计一个 2.5 ～ 25 V 可调的直流稳压电源，要求采用可调式精密基准稳压器 TL431。

2. 给定条件

采用 AC 220 V 工频交流电源。

4.1.1　直流稳压电源的组成

一般直流稳压电源由如下部分组成：

变压：将 AC 220 V 工频（50 Hz）交流电压经电源变压器转换为相应的工频低压交流电压。

整流电路：将工频低压交流电转换为脉动直流电。

滤波电路：将脉动直流中交流成分滤除，减少交流成分，增加直流成分。

稳压电路：采用负反馈技术，对整流滤波后的直流电压进一步进行稳定。

直流稳压电源的组成如图 4-1-1 所示。

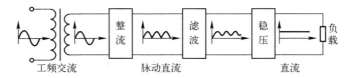

工频交流　　　　　　脉动直流　　　　　　直流

图 4-1-1　直流稳压电源组成框图

4.1.2　单相桥式整流电路

1. 工作原理

单相桥式整流电路将交流电转换为脉动直流电，如图 4-1-2 所示。

根据二极管具有单向导电性分析图 4-1-2（a）单相桥式整流电路工作原理：

在正弦交流电压 u_2 的正半周时，二极管 D1、D3 导通，在负载电阻上得到正弦波的正半周。

在正弦交流电压 u_2 的负半周时，二极管 D2、D4 导通，在负载电阻上因电流方向与正半周时相同而得到与正弦波的负半周反相的波形。

因此，在负载电阻上正、负半周经过合成，得到的是同一个方向的脉动直流电。单相桥式整流电路的波形图见图 4-1-2（b）。

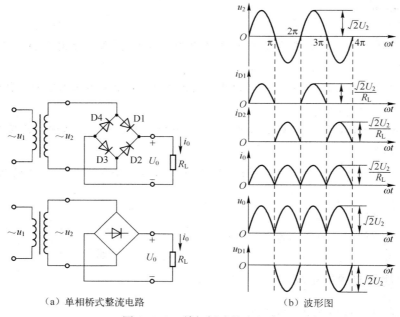

（a）单相桥式整流电路　　　　　　　　　（b）波形图

图 4-1-2　单相桥式整流电路

2. 参数计算

输出平均电压为
$$U_0 \approx 0.9U_2$$

输出平均电流为
$$I_O = \frac{0.9U_2}{R_L}$$

流过二极管的平均电流为 $\qquad I_D = 0.5I_O$

二极管所承受的最大反向电压 $\qquad U_{Rmax} = \sqrt{2}\,U_2$

4.1.3 单相桥式整流电容滤波电路

单相桥式整流电容滤波电路如图 4-1-3 所示。图 4-1-4 为单相桥式整流电容滤波电路电压、电流波形。

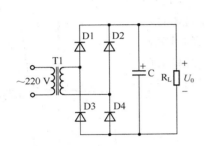

图 4-1-3 桥式整流电容滤波电路

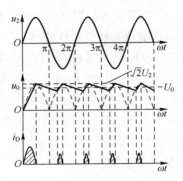

图 4-1-4 桥式整流电容滤波电路电压、电流波形

整流电路接入滤波电容后，利用电容的充放电使输出电压变得平滑，纹波显著减小，同时输出电压的平均值也增大了。输出电压平均值 u_0 的大小与滤波电容 C 及负载电阻 R_L 的大小有关，当 C 的容量一定时，R_L 越大，C 的充放电时间常数 τ 越大，充放电速度越慢，输出电压就越平滑，u_0 就越大。当 R_L 开路时，$U_0 \approx \sqrt{2}\,U_2$。为了获得良好的滤波效果一般取 $R_L C \geqslant (3 \sim 5)T/2$（$T$ 是输入交流电压的周期），输出电压的平均值 $U_0 \approx 1.2U_2$。

由于通电瞬间电容 C 充电的瞬时电流很大，易损坏二极管，故在选择二极管时，必须留有足够的电流裕量，可按 $(2 \sim 3)I_0$ 来选择二极管。

例：单相桥式整流电容滤波电路如图 4-1-3 所示，分析该电路的结构。交流电源频率为 $f = 50\,\text{Hz}$，负载 $R_L = 40\,\Omega$，要求输出电压 $U_0 = 20\,\text{V}$。求变压器次级电压 U_2，并选择二极管、滤波电容。

解：（1）电路结构分析：

4 只整流二极管构成整流桥的连接方式：

两两同向串→两组同向并→并联的端点接负载侧→串联的中点接电源变压器次级。

滤波电容并在负载两端。

（2）元件参数计算与选择

$$U_0 \approx 1.2U_2, 则\ U_2 = 17\,\text{V}$$

通过二极管的平均电流为 $\qquad I_D = 0.5I_0 = 0.5U_0/R_L = 0.25\,\text{A}$

二极管承受最高反向电压为 $\qquad U_{Rmax} = \sqrt{2}\,U_2 = 24\,\text{V}$

选择二极管一般可按 $I_F \geqslant (2 \sim 3)I_0 = (0.5 \sim 0.75)\,\text{A}$ 来选择二极管。

查手册选择 1N4002（$I_F = 1\,\text{A}$，$U_{RM} = 100\,\text{V}$）

根据 $R_L C \geqslant (3 \sim 5)T/2$（$T$ 是输入交流电压的周期），取 $R_L C = 4T/2$

又 $f = 1/T = 50\ \mathrm{Hz}$，所以 $T = 0.02\ \mathrm{s}$，则计算得 $C = 1\ 000\ \mu\mathrm{F}$。

4.1.4 分立元件直流稳压电路

1. 稳压二极管稳压电路

1）稳压二极管

普通二极管正向导通，反向截止，加在二极管上的反向电压如果超过二极管所允许的最大反向击穿电压，二极管将击穿损坏。稳压二极管正向特性与普通二极管相同，反向特性却比较特殊。图 4-1-5 为稳压二极管特性曲线，图中 U_z 为稳压二极管的稳压值。

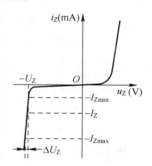

当稳压二极管反向电压加到 U_z 时，虽然稳压二极管呈现击穿状态，通过较大电流（在允许范围内）却不损坏，这种现象的重复性很好；并且，只要稳压二极管处在击穿状态，当流过稳压二极管的电流变化很大时，稳压二极管两端的电压变化却极小，起到稳压作用。因此稳压二极管工作在反向击穿状态。

2）稳压二极管的参数

（1）稳定电压

稳定电压 U_z 就是 PN 结的击穿电压，它随工作电流和温度的不同而略有变化。对于同一型号的稳压二极管来说，稳压值有一定的离散性。

图 4-1-5　稳压二极管
特性曲线

（2）稳定电流

稳定电流 I_z 就是稳压二极管工作时的参考电流值。它通常有一定的范围，即 $I_{zmin} \sim I_{zmax}$。电流低于最小值时，稳压效果变差，甚至不稳压。只要不超过稳压二极管的额定功率，电流越大，稳压效果越好。

（3）电压温度系数

电压温度系数是用来说明稳定电压值受温度变化影响的系数。不同型号的稳压二极管有不同的稳定电压温度系数，且有正负之分。

（4）动态电阻

动态电阻 r 是稳压二极管两端电压变化量与电流变化量的比值。

$$r = \frac{\Delta U}{\Delta I}$$

对于同样的电流变化量 ΔI，稳压二极管两端的电压变化量 ΔU 越小，动态电阻越小，稳压二极管性能就越好。稳压二极管的动态电阻是随工作电流的不同而变化的，工作电流越大，动态电阻越小，稳压性能越好。因此，为使稳压效果好，工作电流要选得合适，但不能超过额定功耗。

（5）额定功耗

额定功耗 P_z 为稳压二极管所能承受的功耗的限度，$P_z = U_z \cdot I_{zmax}$。稳压二极管在使用时一定要串入限流电阻，不能使它的功耗超过规定值，否则会造成损坏。

3）稳压二极管稳压电路

稳压二极管稳压电路如图 4-1-6 所示，其输出电压稳定在 U_z，即有 $U_0 = U_z$。

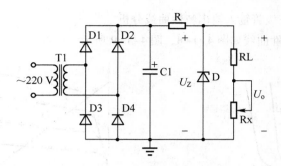

图 4-1-6　稳压二极管稳压电路

2. 分立元件串联型线性直流稳压电路

1）分立元件串联型线性直流稳压电路组成

分立元件串联型线性直流稳压电路由基准电压、取样环节、比较放大、调整环节等部分组成。分立元件串联型线性直流稳压电路如图 4-1-7 所示。

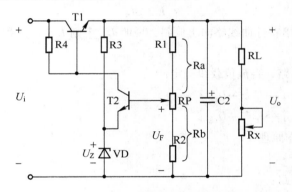

图 4-1-7　分立元件串联型线性直流稳压电源

（1）基准电压电路由稳压二极管 VD、R3 构成，其中 VD 的稳压值 U_Z 为基准电压。

（2）取样环节由 R1、RP、R2 构成，将输出电压取一部分 U_F 和基准电压 U_Z 进行比较。

T2 的 $U_{BE2} \approx 0.7$ V，可忽略，则

$$U_F = U_Z + U_{BE2} \approx U_Z$$

$$U_F = \frac{R_b}{R_a + R_b} U_0 = \frac{R_2 + R_{P2}}{R_1 + R_2 + R_P} U_o$$

$$U_o = \frac{R_1 + R_2 + R_P}{R_2 + R_{P2}} U_F \approx \frac{R_1 + R_2 + R_P}{R_2 + R_{P2}} U_Z$$

（3）比较放大由 R4、T2 构成。

三极管 T2 处于放大状态，放大"U_F 与 U_Z 比较之差"，用放大后的信号去控制调整三极管 T1。

（4）调整环节

调整三极管 T1 处于线性放大区，调整三极管 T1 的 I_{B1} 受比较放大电路输出的控制。它的改变使 I_{C1}、U_{CE1} 改变，从而达到自动调整稳定输出电压的目的。

2）根据电路图及三极管输入输出特性曲线分析

三极管输入输出特性曲线如图 4-1-8、图 4-1-9 所示。

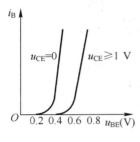

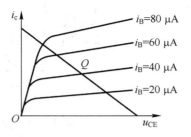

图 4-1-8 输入特性　　　　　　　　图 4-1-9 输出特性

由图 4-1-8 输入特性可知，U_{BE} 增加，则 i_B 增加。同理，U_{BE} 下降，i_B 下降。

由图 4-1-9 输出特性可知：

（1）线性区部分

$$I_C = \beta I_B$$

随 U_{CE} 的增加，输出特性曲线略向上倾斜，说明 $U_{CE} \uparrow$ 则 $I_C \uparrow$。这种现象被称为基区宽度调制效应。

（2）对于同一个电路，直流负载线一定：

当 Q 点下移时，$I_B \downarrow \rightarrow I_C \downarrow \rightarrow U_{CE} \uparrow$

当 Q 点上移时，$I_B \uparrow \rightarrow I_C \uparrow \rightarrow U_{CE} \downarrow$

3）稳压电路的工作原理

（1）稳压原理

对于同一个稳压电路：

$U_0 \uparrow \rightarrow U_F \uparrow \rightarrow U_{B2} \uparrow \rightarrow U_{BE2} \uparrow (U_{BE2} \uparrow = U_{B2} - U_{E2} = U_{B2} \uparrow - U_Z) \rightarrow I_{B2} \uparrow$（三极管的输入特性）$\rightarrow$
$I_{C2} \uparrow (I_{C2} = \beta I_{B2}) \rightarrow U_{CE2} \downarrow$（三极管的输出特性）$(U_{C2}(U_{B1}) \downarrow (U_{CE2} \downarrow = U_{C2} - U_{E2} = U_{C2} \downarrow - U_Z)$
$(U_{C2} \downarrow = U_{B1} \downarrow) \rightarrow U_{BE1} \downarrow (U_{BE1} = U_{B1} - U_{E1} = U_{B1} \downarrow - U_0 \uparrow) \rightarrow I_{B1} \downarrow$（三极管的输入特性）$\rightarrow I_{C1} \downarrow$
$(I_{C1} = \beta I_{B1}) \rightarrow U_{CE1} \uparrow$（三极管的输出特性）$(U_{CE1} = U_{C1} - U_{E1} = U_i - U_0) \rightarrow U_0 \downarrow (U_0 \downarrow = U_i - U_{CE1} \uparrow)$

（2）工作原理

调整 Rp 输出电压，按 $U_0 \approx \dfrac{R_1 + R_2 + R_P}{R_2 + R_{P2}} U_Z$ 可调，一旦输出电压调至某一固定电压值后，若负载变化或电网电压波动，输出电压将稳定不变。

4）稳压系数 S

稳压系数是指当负载保持不变时，输出电压相对变化量与输入电压相对变化量之比。

$$S = \dfrac{\Delta U_0 / U_0}{\Delta U_I / U_I} \bigg|_{R_L = 常数}$$

式中，ΔU_0 为输出电压的变化量（V）；ΔU_i 为输入电压的变化量（V）。

由于工程上常把电网电压波动 ±10% 作为极限条件，因此也有将此时输出电压的相对变化 $\Delta U_0 / U_0$ 做为衡量指标，称为电压调整率。

例：输入为 $U_i = 9$ V、输出为 $U_0 = 6$ V 的直流稳压电源，当输入电压波动时，若输入电压

$U_{i1} = 8\,\text{V}$，测得输出电压 $U_{01} = 5.9\,\text{V}$；若输入电压 $U_{i2} = 10\,\text{V}$，测得输出电压 $U_{02} = 6.04\,\text{V}$。此时 $\Delta U_i = 2\,\text{V}$，$\Delta U_0 = 0.14\,\text{V}$，则计算得 $S = 0.105$。

5）纹波电压

输出纹波电压是指在额定负载条件下，输出电压中所含交流分量的有效值（或峰值）。

4.1.5　集成稳压电路

集成稳压器品种繁多，大体上可分为以下几种：三端固定输出式集成稳压器、三端可调输出式集成稳压器、多端可调输出式集成稳压器和开关式集成稳压器。

1. 固定输出集成稳压电路

1）三端固定输出式集成稳压器

三端固定输出式集成稳压器的引脚只有三个，即：输入端、输出端和接地端（或公共端），固定就是其输出电压固定而不能调整。该集成稳压电路内部还设置了过流、过热、调整管安全工作区保护等保护电路，使用起来安全、可靠。

三端固定输出式集成稳压器有正电压输出 78×× 系列和负电压输出 79×× 系列。该系列集成稳压电路型号中的 78 或 79 后面的数字代表该三端集成稳压电路的输出电压数值，以伏特（V）为单位，如图 4-1-10 所示。例如 7805 表示输出电压为 +5 V；7924 表示输出电压为 -24 V。78×× 系列输入输出电压要求如表 4-1-1 所示。

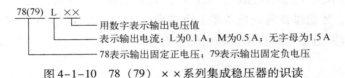

图 4-1-10　78（79）××系列集成稳压器的识读

表 4-1-1　78××系列输入输出电压

型　　号	输出电压（V）	输入电压（V）	最大输入电压（V）	最小输入电压（V）
×7805	5	10	20	7.5
×7806	6	11	21	8.5
×7809	9	15	24	11.5
×7812	12	19	27	14.5
×7815	15	23	30	17.5
×7818	18	26	33	21
×7824	24	33	38	27

根据应用所需的电压和电流，可选用不同型号的产品，如需 12 V 输出电压和 0.5 A 电流，则可选 78M12。

78×× 系列 1 端为输入端，2 端为公共端或接地端，3 端为输出端，如图 4-1-11 所示。

79×× 系列（负电压输出）的外形与 78×× 系列一样，但引脚功能有较大的差异。79×× 系列的 1 端为公共端或接地端，2 端为输入端，3 端为输出端。

2）使用方法

（1）基本应用电路

图 4-1-12 所示是 78×× 集成稳压器最普通的应用电路，整流滤波后的不稳定直流电压由 1～2 端输入，而由 3～2 端输出稳定的直流电压。

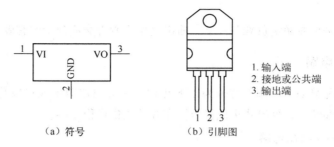

（a）符号　　　　　　（b）引脚图

1. 输入端
2. 接地或公共端
3. 输出端

图 4-1-11　78×× 系列集成稳压器

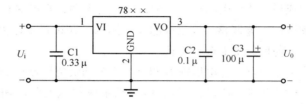

图 4-1-12　78×× 集成稳压器基本应用电路

由于输出电压取决于集成稳压器，为使电路正常工作，要求输入电压 U_i 比输出电压 U_0 至少大（3～5）V，才能保证集成稳压器工作在线性区。输入端电容 C1（0.33 μF）用于改善纹波，同时还有抑制过电压的作用。输出端电容 C2（0.1 μF）、C3（100 μF）可改善负载的瞬态响应。

如果采用 79××（负电压输出），应从 3 端输入，2 端输出，而 1 端是公共端。

例：+5 V 直流稳压电源

+5 V 直流稳压电源仿真电路如图 4-1-13 所示。

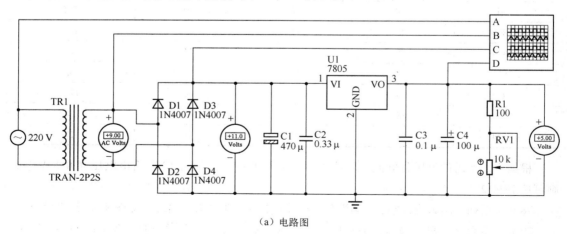

（a）电路图

图 4-1-13　+5 V 直流稳压电源

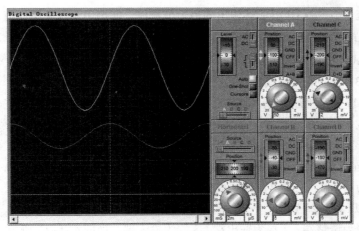

（b）波形图

图 4-1-13　＋5 V 直流稳压电源（续）

（2）同时输出正负电压的方法

采用 78×× 系列和 79×× 系列的三端集成稳压器可很方便地接成正、负同时输出对称的稳压电路，这时的 U_i 应为单电压输出时的两倍，如图 4-1-14 所示，由于只用同一组整流滤波电路，所以该电路十分简单，安装调试也方便。

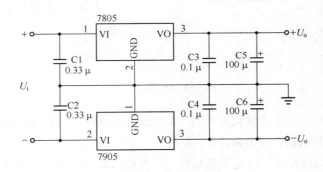

图 4-1-14　同时输出正、负电压的稳压电路

3）集成稳压器的参数

最大输入电压 U_{om}：指稳压器输入端允许加的最大电压。应注意整流滤波后的最大直流电压不能超过此值。

最小输入输出压差 $(U_i - U_o)_{min}$：其中 U_i 表示输入电压，U_o 表示输出电压，此参数表示能保证稳压器正常工作所要求的输入电压与输出电压的最小差值。由此参数与输出电压之和决定稳压器所需最低输入电压。如果输入电压过低，使输入输出压差小于 $(U_i - U_o)_{min}$，则稳压器输出纹波变大，性能变差。

输出电压范围：指稳压器参数符合指标要求时的输出电压范围。对三端固定输出稳压器其电压偏差范围一般为 ±5%；对三端可调输出稳压器，应适当选择外接取样电阻分压网络以建立所需的输出电压。

最大输出电流 I_{LM}：指稳压器能够输出的最大电流值，使用中不许超出此值。

2. 三端可调式集成稳压电路

1）三端可调式集成稳压器

LM317、LM337 是三端可调式集成稳压器，它既保持了三端的简单结构，又实现了输出电压连续可调。LM317（正稳压器）、LM337（负稳压器）有输入、输出和调整三个端子。LM317、LM337 内置有过载保护、安全区保护等多种保护电路。

LM317、LM337 最大输入、输出电压差为 40V，输出电压范围分别为 1.25 ～ 37 V 和 −1.25 ～ −37 V 连续可调，最大输出电流为 1.5A，LM317M 输出电压范围也是 1.25 ～ 37 V，但最大输出电流为 0.5 A。三端可调式集成稳压器的电压调整率为每伏 0.02%，电流调整率为每安 0.3%，基准电压为 1.25 V。

LM317 的 1 端为调整端，2 端为输出端，3 端为输入端，如图 4–1–15 所示。

LM337（负电压输出）的外形与 LM317 一样，但引脚功能有较大的差异。LM337 的 1 端为调整端，2 端为输入端，3 端为输出端。

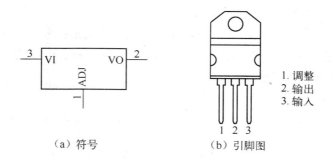

（a）符号　　　　　　　　（b）引脚图

图 4–1–15　LM317

LM317 的输入电压至少要比输出电压高 3 V，否则不能调压。输入输出压差最高不能超过 40 V。例如输入为 12 V 的话，输出最高 9 V 左右。

由于它内部还是线性稳压，因此功耗比较大。当输入输出电压差比较大且输出电流也比较大时，一般应加装散热片散热。

2）LM317 可调式稳压电路

（1）基本应用电路

图 4–1–16 为 LM317 三端可调式集成稳压器的基本应用电路，图中电阻 R1 接在稳压器输出端与调整端之间，其两端电压为稳压器固定不变的基准电压（1.25 V），当忽略稳压器调整端电流（其数值很小）时，则输出电压 U_0 为

$$U_0 = 1.25\left(1 + \frac{R_2}{R_1}\right)$$

因此，改变 R2 阻值，即可调节输出电压 U_0。图 4–1–16 中，若取 R1 为 120 Ω，可调电阻 R2 取 3kΩ，则可得到输出电压的变化范围为 1.25 ～ 32.5 V。

（2）R1、R2 的取值范围

仅仅从输出电压 U_0 计算公式本身看，R1、R2 的电阻值可以随意设定，实际上，R1 和

R2 的阻值是不能随意设定的。首先 317 集成稳压器的输出电压变化范围是 $U_o = 1.25 \sim$
37 V（高输出电压的 317 集成稳压器如 LM317HVA、LM317HVK 等的输出电压变化范围是
$U_o = 1.25 \sim 45$ V），所以 R_2/R_1 的比值范围只能是 0 ~ 28.6。其次是 317 集成稳压器都有
一个最小稳定工作电流，称为最小输出电流或最小泄放电流。最小稳定工作电流的值一般
为 1.5 mA。由于 317 集成稳压器的生产厂家不同、型号不同，其最小稳定工作电流也不相
同，但一般不大于 5 mA。当 317 集成稳压器的输出电流小于其最小稳定工作电流时，317
集成稳压器就不能正常工作。当 317 集成稳压器的输出电流大于其最小稳定工作电流时，
317 集成稳压器就可以输出稳定的直流电压。如果用 317 集成稳压器制作稳压电源时，没
有注意其最小稳定工作电流，那么制作的稳压电源可能会出现稳压电源输出的有载电压和
空载电压差别较大等不正常现象。

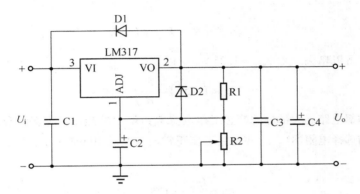

图 4-1-16　LM317 基本应用电路

　　要解决 317 集成稳压器最小稳定工作电流的问题，可以通过设定 R1 和 R2 阻值的大小，使
317 集成稳压器空载时输出的电流大于或等于其最小稳定工作电流，从而保证 317 集成稳压器在
空载时能够稳定地工作。此时，只要保证 $U_o / (R_1 + R_2) \geqslant 1.5$ mA（最小稳定工作电流），就可
以保证 317 集成稳压器在空载时能够稳定地工作。

　　当 R2 调至 0 Ω 时，$U_o = 1.25$ V，经计算得 R_1 的最大取值为 $R_1 \approx 0.83$ kΩ，又因为 R_2/R_1 的最
大值为 28.6，所以 R_2 的最大取值为 $R_2 \approx 23.74$ kΩ。在使用 317 集成稳压器的输出电压计算公式
计算其输出电压时，必须保证 $R_1 \leqslant 0.83$ kΩ，$R_2 \leqslant 23.74$ kΩ 两个不等式同时成立，才能保证 317
集成稳压器在空载时能够稳定地工作。

　　（3）实用可调式直流稳压电源

　　由 LM317 构成的可调式直流稳压电源如图 4-1-17 所示。

　　电容 C3 的作用是提高纹波抑制比，减小输出电压中的纹波电压。使用输出电容能改变瞬态
响应。二极管 D1 是为了防止输入端短路时电容 C4、C5 通过稳压器放电损坏稳压器而设置的，
二极管 D2 是为了防止输出端短路时电容 C3 通过稳压器放电损坏稳压器而设置的，即二极管
D1、D2 是用来保护稳压器的。

　　LM317 电路正常工作时，输出端与调整端之间的电压等于基准电压 U_{REF}（1.25 V）。基准电
路的工作电流 I_{REF} 很小，约为 50 μA，由一恒流特性很好的恒流源提供，所以它的大小不受供电
电压的影响，非常稳定。

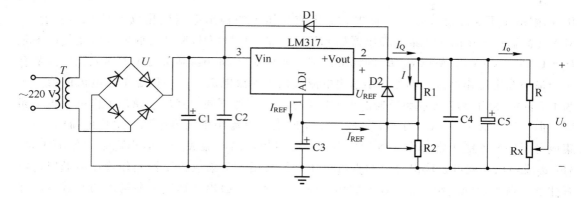

图 4-1-17　三端可调式集成稳压电路

$$U_0 = \frac{U_{REF}}{R_1}(R_1 + R_2) + I_{REF}R_2$$

由于 $I_{REF} \approx 50\ \mu A$，可以略去，又 $U_{REF} = 1.25\ V$，所以，

$$U_o \approx 1.25\left(1 + \frac{R_2}{R_1}\right)$$

考虑到器件内部电路绝大部分的静态工作电流 I_Q 由输出端流出，为保证负载开路时电路工作正常，必须正确选择电阻 R1。通常电路工作正常时，要求 $10\ mA \leqslant I_Q \leqslant I_{Qmax}$，选用 $I_Q = 10\ mA$ 时计算 R1 的值为

$$R_1 = \frac{U_{REF}}{I_Q} = 125\ \Omega$$

R1 取标称值 120 Ω。若 R1 值太大，会有一部分电流不能从输出端流出，影响内部电路的正常工作，使输出电压偏高。若负载固定，R1 可取大些，只要保证 $I_Q = I + I_o \geqslant 10\ mA$ 即可。

调整 R2 使输出电压可调，一旦输出电压调至某一固定电压值后，若负载大小变化（如调整 Rx）或电网电压波动，输出电压将稳定不变。

3）恒流源电路

用可调式稳压器 LM317 可构成恒流源电路，如图 4-1-18 所示。

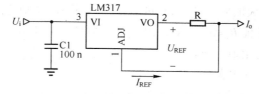

图 4-1-18　可调稳压器做恒流源电路

输出电流　　　$$I_o = \frac{U_{REF}}{R} + I_{REF} \approx \frac{1.25}{R} \qquad (10\ mA \leqslant I_o \leqslant 1.5\ A)$$

4.1.6　可调式精密基准稳压器 TL431 应用

TL431 是一种可调式精密并联型三端基准稳压器，广泛应用于高精度稳压电路、开关电源、高速比较器、过压保护电路、可编程稳压电路中。TL431 如图 4-1-19 所示。

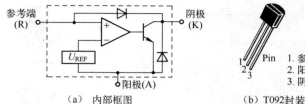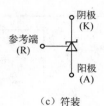

（a）内部框图　　　　　　　（b）T092封装　　　　　（c）符装

图 4-1-19　TL431

TL431 由 2.5 V 精密电压基准（$U_{REF}=2.5$ V）、误差放大器、NPN 型电流扩展三极管、保护二极管等部分组成。

TL431 的工作特性为：

当 TL431 的 R 端电压大于 2.5 V 时，TL431 导通。

当 TL431 的 R 端电压小于 2.5 V 时，TL431 截止。

1. 典型应用

1）稳压基准

许多稳压基准的负载能力都很小，端电压调节也不方便，而由 TL431 构成的稳压基准（图 4-1-20）温漂小，又有相当的负载能力，且输出电压连续可调，电路简单。其输出电压为：

$$U_0 = (1 + R_1/R_2)U_{REF} \qquad (U_{REF} = 2.5 \text{ V})$$

选择不同的 R1 和 R2 值可以得到 2.5 ～ 36 V 范围内的任意输出电压；当 R1 短路或 R2 断路时，$U_0 = U_{REF} = 2.5$ V。

2）电压比较电路

电压比较电路如图 4-1-21 所示，其比较电压为：2.5（$1 + R_1/R_2$）。

当 $U_i > 2.5(1 + R_1/R_2)$ 时，TL431 导通，$U_0 = 2$ V；

当 $U_i < 2.5(1 + R_1/R_2)$ 时，TL431 截止，$U_0 = V_{CC}$。

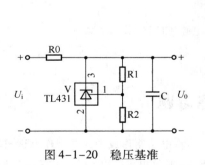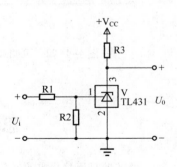

图 4-1-20　稳压基准　　　　　　　　图 4-1-21　电压比较

2. 采用 TL431 作为稳压基准的可调式直流稳压电源

图 4-1-22（a）为可调式直流稳压电源，其稳压基准采用 TL431，即 $U_{REF} = 2.5$ V。电路输入输出波形如图 4-1-22（b）所示。该可调式直流稳压电源输出电压为：

$$U_0 = \frac{R_2 + R_P}{R_2 + R_{P2}} U_{REF} = 2.5 \times \frac{R_2 + R_P}{R_2 + R_{P2}}$$

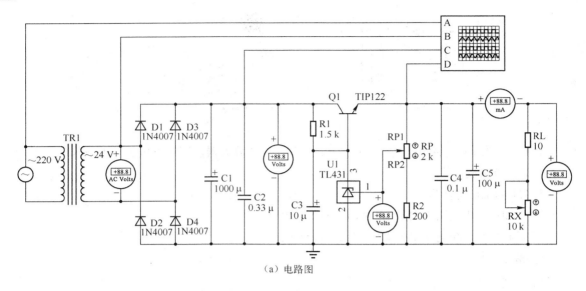

（a）电路图

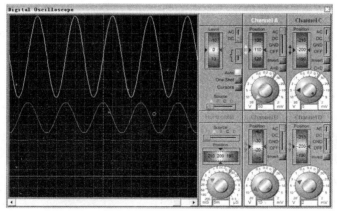

（b）波形图

图 4-1-22　可调式直流稳压电源（TL431 稳压基准）

思考与练习题

1. 设计一个 +5 V 的直流稳压电源并仿真成功，估算电路制作成本，并制作调试成功。

2. 绘制图 4-1-23 所示可调直流稳压电源并仿真成功，估算电压可调范围，观察各点波形。

3. 绘制图 4-1-22 所示稳压电源并仿真成功，估算电压可调范围，观察各点波形。

4. 绘制图 4-1-24 所示可调直流稳压电源并仿真成功。

（1）SW1 接通 1 时，估算电压可调范围，观察各点波形。

（2）SW1 接通 2 时，估算电压可调范围，观察各点波形。

（3）SW1 接通 3 时，估算电压可调范围，观察各点波形。

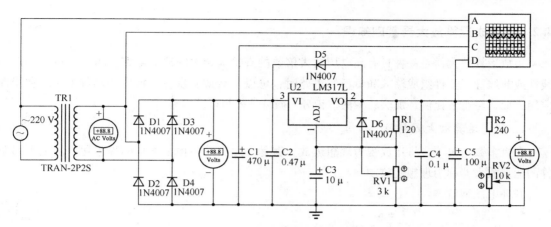

图 4-1-23　可调式直流稳压电源

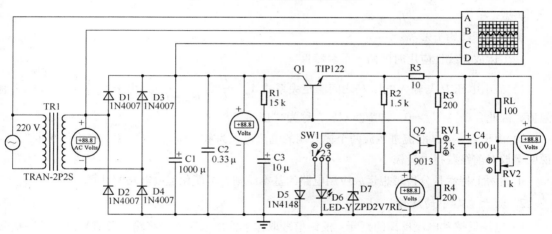

图 4-1-24　分立元件可调式直流稳压电源

4.2　函数波形发生器

设计任务书

1. 技术要求

运用集成运算放大器设计制作一个产生正弦波—方波—三角波函数转换器的电路。

（1）输出波形频率范围为 0.02 ～ 20 kHz 且连续可调；

（2）正弦波幅值为 2 V，并将正弦波幅值放大 2 倍；

（3）方波幅值为 5 V；

（4）三角波峰–峰值为 5 V。

2. 给定条件

（1）要求电路主要采用集成运放芯片 LM324 组成。

（2）双电源电压 +9 V、–9 V。

4.2.1　集成运算放大器基础知识

集成运算放大器是一种具有高电压放大倍数的直接耦合多级放大电路。当外部接入不同的线性或非线性元器件组成输入和负反馈电路时，可以灵活地实现各种特定的函数关系。在线性应用方面，可组成比例、加法、减法、积分、微分等模拟运算电路。

1. 理想运算放大器特性

在大多数情况下，将运放视为理想运放，就是将运放的各项技术指标理想化，满足下列条件的运算放大器称为理想运放。

开环电压增益　　　$A_{ud} = \infty$

输入阻抗　　　　　$r_i = \infty$

输出阻抗　　　　　$r_o = 0$

带宽　　　　　　　$f_{BW} = \infty$

失调与漂移均为零等。

理想运放在线性应用时的两个重要特性：

1）输出电压 U_o 与输入电压 U_i 之间满足关系式 $A_{ud} = \dfrac{U_o}{U_i} = \dfrac{U_o}{U_+ - U_-}$，由于 $A_{ud} = \infty$，而 U_o 为有限值，因此，$U_+ - U_- \approx 0$。即 $U_+ \approx U_-$，称为"虚短"。

2）由于 $r_i = \infty$，故流进运放两个输入端的电流可视为零，即 $i_+ = i_- = 0$，称为"虚断"。这说明运放对前级获得电流极小。

上述两个特性是分析理想运放应用电路的基本原则，可简化运放电路的计算。

2. 放大电路中的反馈

1）电压反馈和电流反馈的判断：反馈信号取样于输出电压，若将输出负载短路，反馈信号消失的是电压反馈，如图4-2-1（a）所示；反馈信号取样于输出电流，若将输出负载短路，反馈信号仍存在的是电流反馈，如图4-2-1（b）所示。

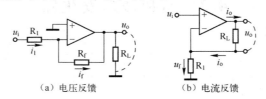

（a）电压反馈　　　　　　（b）电流反馈

图4-2-1　电压反馈与电流反馈

2）串联反馈和并联反馈的判断：反馈信号与输入信号串联，并以电压的形式与输入信号比较，是串联反馈；反馈信号与输入信号并联，并以电流的形式与输入信号比较，是并联反馈。其等效电路如图4-2-2所示。

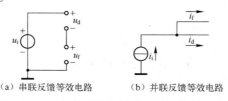

（a）串联反馈等效电路　　　（b）并联反馈等效电路

图4-2-2　串联反馈与并联反馈的等效电路

3）正、负反馈的判断："瞬时极性法"可判断正、负反馈。从输入端开始假设瞬时极性（"＋"或"－"），顺着信号传输的路径逐级判断各个相关点的瞬时极性，从而得到输出信号的瞬时极性和反馈信号的瞬时极性。若反馈信号使净输入信号减小是负反馈；若反馈信号使净输入信号增加是正反馈。

4）运放电路的四种负反馈组态

运放电路的四种负反馈组态如图4-2-3所示。另外，要会判定分立元件电路的反馈组态形式。

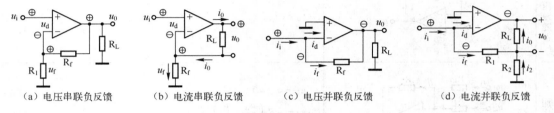

（a）电压串联负反馈　　　（b）电流串联负反馈　　　（c）电压并联负反馈　　　（d）电流并联负反馈

图4-2-3　运放电路的四种负反馈形式

5）负反馈电路对放大电路的影响

负反馈使放大电路的电压放大倍数降低，但使放大电路的工作性能得到了提高和稳定。负反馈可改善非线性失真、展宽通频带等。

（1）对输出电压与输出电流的影响

电压负反馈具有稳定输出电压的作用，电流负反馈具有稳定输出电流的作用。

（2）对输入电阻和输出电阻的影响

串联负反馈使输入电阻 r_i 增大，并联负反馈使输入电阻 r_i 减小；电压负反馈可使输出电压基本稳定，致使输出电阻 r_0 减小；电流负反馈可使输出电流基本稳定，致使输出电阻 r_0 增大。

3. 集成运算放大电路的线性应用

由于工作在深度负反馈的条件下，所以运算电路的输入、输出关系基本取决于反馈电路和输入电路的结构与参数，而与运算放大器本身的参数无关。故通过改变输入电路和反馈电路的形式及参数就可以实现不同的运算关系，如比例、加法、减法、积分、微分等运算。

常见运算电路如表4-2-1所示。

表4-2-1　常见运算电路

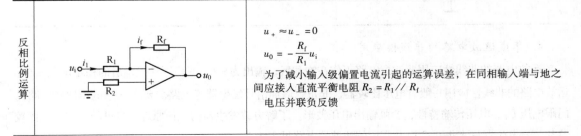

反相比例运算		$u_+ \approx u_- = 0$
		$u_0 = -\dfrac{R_f}{R_1} u_i$
		为了减小输入级偏置电流引起的运算误差，在同相输入端与地之间应接入直流平衡电阻 $R_2 = R_1 // R_f$
		电压并联负反馈

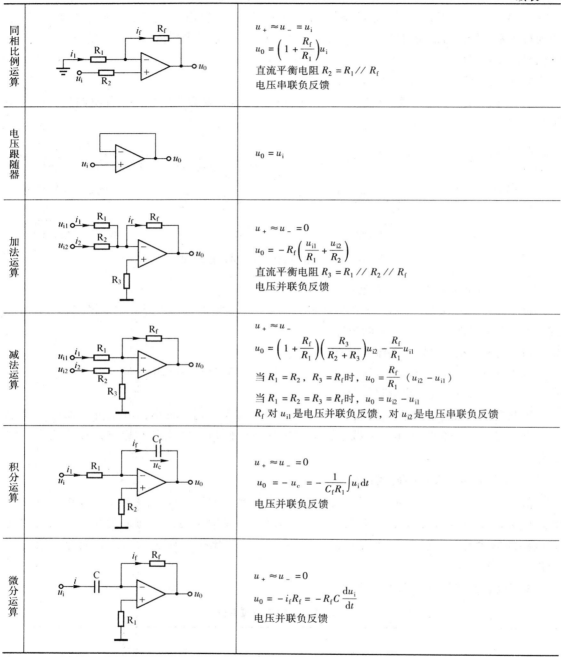

同相比例运算	$u_+ \approx u_- = u_i$ $u_0 = \left(1 + \dfrac{R_f}{R_1} \right) u_i$ 直流平衡电阻 $R_2 = R_1 \,/\!/\, R_f$ 电压串联负反馈
电压跟随器	$u_0 = u_i$
加法运算	$u_+ \approx u_- = 0$ $u_0 = -R_f \left(\dfrac{u_{i1}}{R_1} + \dfrac{u_{i2}}{R_2} \right)$ 直流平衡电阻 $R_3 = R_1 \,/\!/\, R_2 \,/\!/\, R_f$ 电压并联负反馈
减法运算	$u_+ \approx u_-$ $u_0 = \left(1 + \dfrac{R_f}{R_1} \right) \left(\dfrac{R_3}{R_2 + R_3} \right) u_{i2} - \dfrac{R_f}{R_1} u_{i1}$ 当 $R_1 = R_2$，$R_3 = R_f$ 时，$u_0 = \dfrac{R_f}{R_1} \left(u_{i2} - u_{i1} \right)$ 当 $R_1 = R_2 = R_3 = R_f$ 时，$u_0 = u_{i2} - u_{i1}$ R_f 对 u_{i1} 是电压并联负反馈，对 u_{i2} 是电压串联负反馈
积分运算	$u_+ \approx u_- = 0$ $u_0 = -u_c = -\dfrac{1}{C_f R_1} \int u_i \, dt$ 电压并联负反馈
微分运算	$u_+ \approx u_- = 0$ $u_0 = -i_f R_f = -R_f C \dfrac{du_i}{dt}$ 电压并联负反馈

4. 集成运放电路的非线性应用

运放电路的非线性应用要注意电路工作在饱和区，输出为 $\pm U_{0M}$ 或稳压管限幅后的稳定电压 $\pm U_Z$。运放电路的非线性应用一般有电压比较器、非正弦周期信号发生器等电路。要求熟悉电压比较电路的门限电压 U_T、电压传输特性，会画输出电压波形。了解方波发生器的工作原理。常见的几种电压比较器和信号发生器见表 4-2-2 以及常用的滤波器电路见表 4-2-3。

表 4-2-2 常见的电压比较器和信号发生器

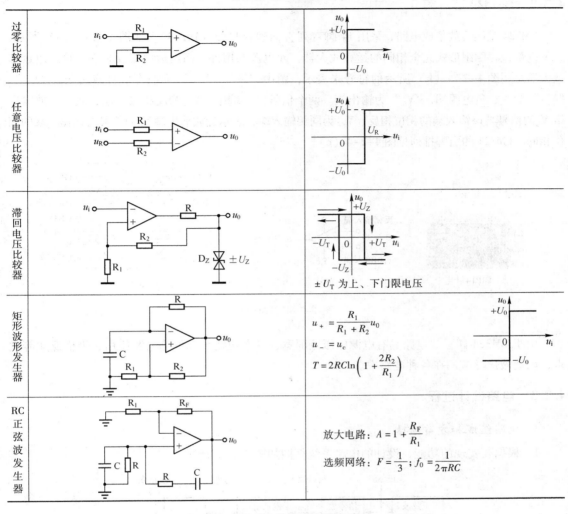

过零比较器		
任意电压比较器		
滞回电压比较器		$\pm U_T$ 为上、下门限电压
矩形波形发生器		$u_+ = \dfrac{R_1}{R_1+R_2}u_0$ $u_- = u_c$ $T = 2RC\ln\left(1+\dfrac{2R_2}{R_1}\right)$
RC正弦波发生器		放大电路：$A = 1 + \dfrac{R_F}{R_1}$ 选频网络：$F = \dfrac{1}{3}$；$f_0 = \dfrac{1}{2\pi RC}$

表 4-2-3 常用滤波器电路

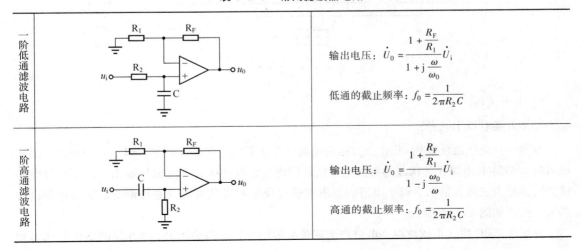

一阶低通滤波电路		输出电压：$\dot{U}_0 = \dfrac{1+\dfrac{R_F}{R_1}}{1+\mathrm{j}\dfrac{\omega}{\omega_0}}\dot{U}_i$ 低通的截止频率：$f_0 = \dfrac{1}{2\pi R_2 C}$
一阶高通滤波电路		输出电压：$\dot{U}_0 = \dfrac{1+\dfrac{R_F}{R_1}}{1-\mathrm{j}\dfrac{\omega_0}{\omega}}\dot{U}_i$ 高通的截止频率：$f_0 = \dfrac{1}{2\pi R_2 C}$

4.2.2　LM324 芯片简介

LM324 是四运放集成电路，采用 14 脚双列直插塑料封装（DIP14），如图 4-2-4（a）所示。它的内部包含四组形式完全相同的运算放大器，除电源共用外，四组运放相互独立。每一组运算放大器可用图 4-2-4（b）所示的符号来表示，图中"＋"、"－"为两个信号输入端，"V_+"、"V_-"为正、负电源端，"V_0"为输出端。两个信号输入端中，V_{i-} 为反相输入端，表示运放输出端 V_0 的信号与该输入端的相位相反；V_{i+} 为同相输入端，表示运放输出端 V_0 的信号与该输入端的相位相同。LM324 的引脚排列见图 4-2-4（c）。

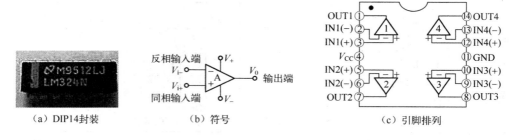

（a）DIP14封装　　　　（b）符号　　　　　　　（c）引脚排列

图 4-2-4　LM324

由于 LM324 四运放电路具有电源电压范围宽、静态功耗小、可单电源使用、价格低廉等优点，因此被广泛应用在各种电路中。

4.2.3　电路设计过程

1. 电路组成和方案选择

1）根据要实现的功能，设计的电路系统框图如图 4-2-5 所示：

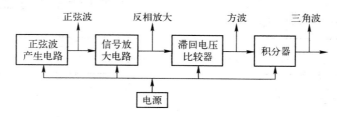

图 4-2-5　系统框图

2）方案选择

具体方案有以下两种：

方案一：变压器反馈式 LC 正弦波振荡电路产生正弦波，其振荡频率 $f=1/(2\pi\sqrt{LC})$，用集成运放 LM324 和电路元件构成的滞回电压比较器将正弦波转换为方波信号输出，再用积分电路将方波转化为三角波输出。对于幅值的要求可通过反馈和可调电阻器进行调节，从而达到设计要求，框图如图 4-2-6 所示。

方案二：RC 桥式正弦波振荡电路产生正弦波输出，其电路采用 RC 串并联网络作为选频和反馈网络，振荡频率 $f = 1/(2\pi RC)$，考虑到实际操作的可行性，一般通过改变 R 的值来得到不同频率的正弦信号。用集成运放 LM324 和电路元件构成的滞回电压比较器将正弦波变换为方波，最后用 LM324、电阻、稳压二极管、电容等构成的积分电路将方波转变为三角波输出。框图如图 4-2-7 所示。

图 4-2-6　方案一　　　　　　　　　　　　　图 4-2-7　方案二

通过综合比较（表 4-2-4），选择方案二。

表 4-2-4　方案一与方案二性能比较

特点	方　案　一	方　案　二
优点	1. 该方案正弦波振荡电路易产生振荡。 2. 产生的波形好，应用广泛。 3. 能产生很高的频率	1. 该方案步骤少，使用的元件不多，因而制作简单，耗时适中，非常适合本课程设计。 2. 获得的信号非线性失真较其他电路小
缺点	1. 输出电压与反馈电压靠磁路耦合，因而耦合不紧密，有较大损耗。 2. 该方案产生的正弦波频率稳定性不高。 3. 该方案步骤较多，制作耗时多，困难较大且不适合学生设计	本方案电路需分级调试，过程可能会较烦琐，因此需要一定的耐心和细心

2. 单元电路设计

1）正弦波产生电路设计

（1）正弦波产生电路组成

正弦波产生电路的目的就是使电路产生一定频率和幅度的正弦波，一般在放大电路中引入正反馈，并创造条件，使其产生稳定可靠的振荡。其中，接入正反馈是产生振荡的首要条件，即为相位条件，其次产生振荡必须满足幅度条件，要保证输出波形为单一频率的正弦波必须具有选频特性，同时它还应具有稳幅特性。因此，正弦波产生电路一般包括：放大电路、反馈网络、选频网络、稳幅电路等四个部分。

① 放大电路：保证电路能够有从起振到动态平衡的过程，电路获得一定幅值的输出值，实现自由控制。

② 选频网络：确定电路的振荡频率，使电路产生单一频率的振荡，即保证电路产生正弦波振荡。

③ 正反馈网络：引入正反馈，使放大电路的输入信号等于其反馈信号。

④ 稳幅环节：也就是非线性环节，作用是输出信号幅值稳定。

（2）正弦波振荡电路检验，若：

① $|\dot{A}\dot{F}| < 1$，则不可能振荡；

② $|\dot{A}\dot{F}| \gg 1$，振荡，但输出波形明显失真；

③ $|\dot{A}\dot{F}| > 1$，产生振荡，稳定后 $|\dot{A}\dot{F}| = 1$。此种情况易起振，振荡稳定，输出波形失真小。

（3）RC 桥式正弦波振荡电路

正弦波产生电路采用 RC 桥式正弦波振荡电路，如图 4-2-8 所示。它主要以集成运放为中心，以 RC（$R_4 = R_5 = R$，$C_1 = C_2 = C$）串并联网络为选频网络和正反馈网络，放大电路选用深度电压串联负反馈，且与选频网络中的 R_4、C_1 串联支路、R_5、C_2 并联支路、负反馈网络中的电阻组成桥路等构成。

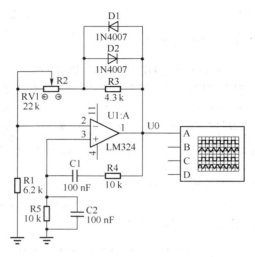

图 4-2-8　正弦波振荡电路

由图 4-2-8 可知振荡频率为 $f_0 = \dfrac{1}{2\pi RC} = \dfrac{1}{2\pi \times 10 \times 10^3 \times 100 \times 10^{-9}}$ Hz $= 159$ Hz，其中，二极管 D1、D2 用以改善输出电压波形，稳定输出幅度。起振时，由于 $\dot{U}_0$ 很小，D1、D2 接近于开路，R_3、D1、D2 并联电路的等效电阻近似等于 R_3，$|\dot{A}_u| = 1 + \dfrac{R_3 + R_2}{R_1} > 3$，电路产生振荡。随着 $\dot{U}_0$ 的增大，D1、D2 导通，R_3、D1、D2 并联电路的等效电阻减小，$|\dot{A}_u|$ 随之下降，使 $|\dot{A}_u| = 3$，$\dot{U}_0$ 幅度趋于稳定。

RV1 可用来调节输出电压的波形和幅度。为保证起振，由 $R_2 + R_3 > 2R_1$，可得到 R_2 的值必须满足 $R_2 > 2R_1 - R_3$，也就是说 R_2 过小，电路有可能停振。调节 RV1 使 R_2 略大于（$2R_1 - R_3$），起振后的振荡幅度较小，但输出波形比较好。调节 RV1 使 R_2 增大，输出电压的幅度增大，但输出电压波形失真也增大，当 R_2 增大到 $R_2 \geqslant 2R_1$，使得无论二极管 D1、D2 导通与否，电路均满足 $|\dot{A}_u| > 3$，D1、D2 失去了自动稳幅的作用，此时振荡将会产生严重的限幅失真。所以为了使输出电压波形不产生严重的失真，要求 R_2 必须小于 $2R_1$。由此可见，为了使电路容易起振，又不产生严重的波形失真，应调节 RV1 使 R_2 满足：$2R_1 > R_2 > (2R_1 - R_3)$。

RC 桥式正弦波振荡电路通过 Protues 仿真之后的波形如图 4-2-9 所示。

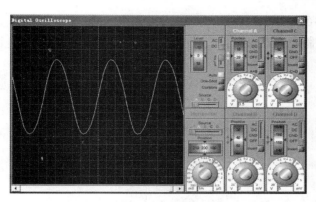

图 4-2-9　正弦波振荡电路的输出波形图

通过 RC 桥式正弦波振荡电路设计好了正弦波电路之后，对正弦波产生电路输出的波形进行反相放大 2 倍的设计，使用的是反相比例运算放大电路，电路原理在前面的运放基础中已经介绍过，在这里就不再说明，电路如图 4-2-10 所示。（注：放大倍数可以根据需要改变 R8/R6 的阻值比例即可）

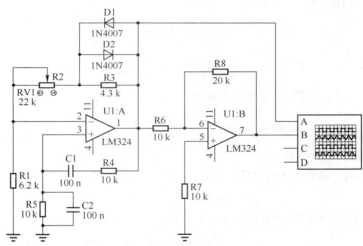

图 4-2-10　正弦振荡反相放大电路

RC 桥式正弦波振荡电路经反相比例运算放大电路反相放大 2 倍之后的仿真波形图如图 4-2-11 所示。

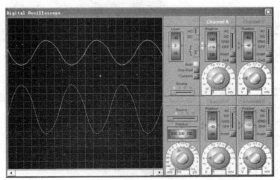

图 4-2-11　正弦振荡反相放大电路输出波形图

2）方波产生电路的设计

本电路使用反相滞回电压比较器构成方波产生电路，电路图如图 4-2-12 所示。

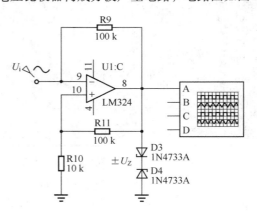

图 4-2-12　方波产生电路

由于参考电压 $U_{REF}=0$，所以迟滞比较器的两个门限电压分别为

$$U_{TH} = U_{T+} = \frac{R_{10}}{R_{10}+R_{11}}U_{OH} = \frac{R_{10}}{R_{10}+R_{11}}U_Z$$

$$U_{TL} = U_{T-} = \frac{R_{10}}{R_{10}+R_{11}}U_{OL} = \frac{R_{10}}{R_{10}+R_{11}}(-U_Z)$$

其中 $U_{OH} = U_{OL} = U_Z$，门限宽度或回差电压为

$$\Delta U = U_{T+} - U_{T-} = \frac{R_{10}}{R_{10}+R_{11}} \times 2U_Z = \frac{2U_Z R_{10}}{R_{10}+R_{11}}$$

其传输特性如图 4-2-13 所示。

其中选用的稳压二极管为 1N4733A，其稳压值为 5.1 V，所以

$$U_{OH} = U_{OL} = U_Z = 5.1\ V$$

通过 Protues 仿真之后的波形如图 4-2-14 所示。

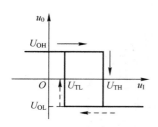

图 4-2-13　滞回电压比较器的传输特性

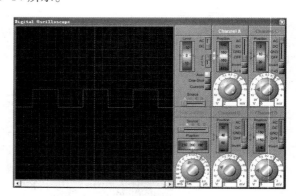

图 4-2-14　方波产生电路的输出波形图

与前端的正弦信号发生器连接起来，电路图如图 4-2-15 所示。

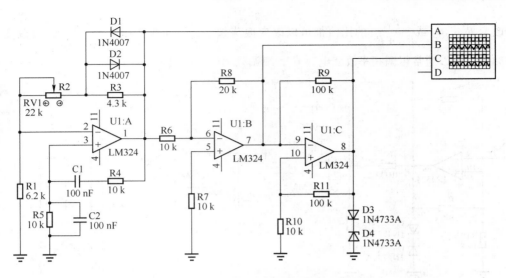

图 4-2-15　正弦波—方波波形转换电路图

通过 Protues 仿真之后的波形如图 4-2-16 所示。

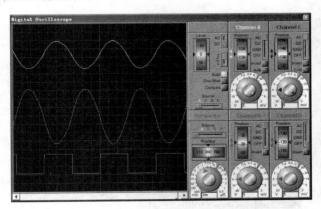

图 4-2-16　正弦波—方波波形转换电路输出波形图

3）三角波产生电路

本电路由一个反相输入滞回电压比较器和反相输入积分器构成，电路如图 4-2-17 所示。由于迟滞比较器输出电压 $U_{OH} = U_{OL} = U_Z$，反相输入积分器后输出为三角波，其最大值和最小值由迟滞比较器的门限电压决定。方波和三角波输出电压对应关系如图 4-2-18 所示。

根据方波发生器的介绍，可知

$$U_{TH} = U_{T+} = \frac{R_{10}}{R_{10} + R_{11}} U_{OH} = \frac{R_{10}}{R_{10} + R_{11}} U_Z$$

$$U_{TL} = U_{T-} = \frac{R_{10}}{R_{10} + R_{11}} U_{OL} = \frac{R_{10}}{R_{10} + R_{11}} (-U_Z)$$

振荡周期和频率由积分电路 C 的充放电时间求得，振荡频率 f_0 为

$$f_0 = \frac{1}{T} = \frac{R_{10} + R_{11}}{4 R_{10} R_{12} C_3}$$

改变 R_{12}、C_3 或 $\dfrac{R_{10}}{R_{10}+R_{11}}$ 的比值都可以改变振荡频率，然而改变比值 $\dfrac{R_{10}}{R_{10}+R_{11}}$ 将会改变三角波的幅值，所以通常粗调频率改变电容 C_3，细调频率改变电阻 R_{12}。

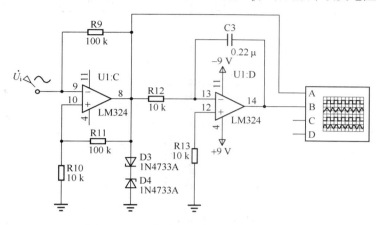
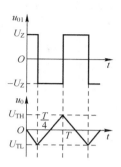

图 4-2-17　方波—三角波波形转换电路　　　　图 4-2-18　方波和三角波输出
电压对应关系

通过 Protues 仿真之后的波形如图 4-2-19 所示。

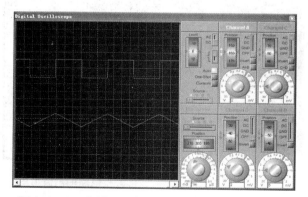

图 4-2-19　方波—三角波波形转换电路输出波形图

4）总电路图

总电路图如图 4-2-20 所示。

通过 Protues 仿真之后的波形如图 4-2-21 所示。

4.2.4　仿真调试

按图 4-2-20 绘制仿真电路，并调试成功。

4.2.5　系统测试

1. 测试仪器

示波器、万用表、直流稳压电源。

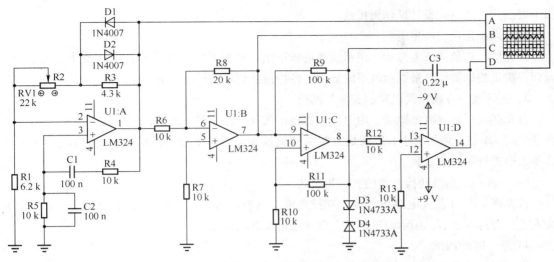

图 4-2-20　正弦波—方波—三角波波形转换电路图

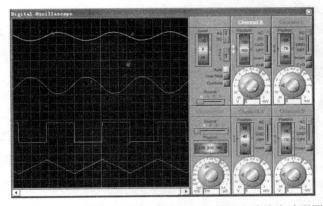

图 4-2-21　正弦波—方波—三角波波形转换电路输出波形图

2. 调试方法

1）通电前检测

用万用表主要是蜂鸣挡对电路板进行静态测试，目的主要是为了防止虚焊或者漏焊。

2）通电后调试

静态调试没有问题之后方可进行动态测试，要注意直流电源的接入方法。

动态测试要逐步调节，先测试正弦波的幅值，输出波形频率范围等；再对方波、三角波进行相应的调试；然后对整个电路进行动态测试，主要是测试正弦波、方波、三角波的振荡频率的调节范围。注意用示波器测量幅值必须把所有的微调都调到顺时针顶端。在测量之前必须把波形先调好，只有在波形不失真的情况下才能测量参数，否则所测数据没有任何意义。

3. 测试步骤方法

1）正弦波产生电路的安装与调试

（1）安装正弦波产生电路

首先将运放芯片 LM324 插入通用电路板，再分别把各电阻、电容放入适当位置，电位器引脚不要接错，最后按设计原理图接线。

（2）调试正弦波产生电路

首先接入正负直流电源后，用示波器进行正弦波单踪观察；然后调节 RV1 使正弦波的幅值及频率满足指标要求；根据示波器的显示，各指标达到要求后进行下一步安装。

2）正弦波—方波转换电路的安装与调试

首先接入正负直流电源后，用示波器进行正弦波—方波双踪观察；然后调节 R10、R11 的阻值及 D3、D4 稳压值的大小，以满足方波的幅值及频率指标要求；根据示波器的显示，指标符合要求后进行下一步安装。

3）方波—三角波转换电路的安装与调试

首先将 LM324 放入电路板，再分别把电容、电阻放入适当位置；按图接线，注意正负极。接入正负直流电源后，用示波器进行方波—三角波双踪观察。

4）总电路的调试

把三部分的电路接好，进行整体测试，观察示波器波形。针对各部分出现的问题，逐一排查校验，使其满足实验要求。

（1）使用 Protues 进行仿真时电路仿真效果好，但实物电路中方波及三角波调幅不能很好地实现，可能是前后电路时间常数配合有误差，导致积分器饱和。

（2）实际电路中可以增加几个开关，便于测量输出不同的波形。

4.2.6　总结与延伸

如想对本电路进行改进，可在总体电路图中的方波电路之后增加一级微分电路。

思考与练习题

1. 设计一个方波—三角波—正弦波波形转换电路，绘制电路图并仿真成功。

2. 使用 LM342 或者 μA741 代替 LM324 运放芯片，按照上述步骤设计一个正弦波—方波—三角波波形转换电路。LM342 和 μA741 芯片说明如图 4-2-22 和图 4-2-23 所示。

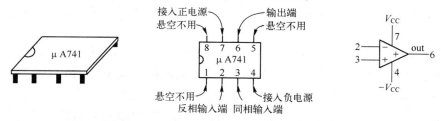

图 4-2-22　μA741 芯片引脚说明及电路符号

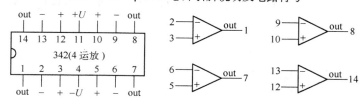

图 4-2-23　LM342 芯片引脚说明及电路符号

4.3 工业对讲系统

1. 技术要求

设计制作一个集呼式工业对讲系统，分担厂内两大生产区域输出。

(1) 设计一个控制电路，使每当厂调度室发送信息时，调度室、所有覆盖的生产区域、对讲设备机房均能听见，便于每个区域及时了解正在进行的生产流程；

(2) 对讲设备机房发送信息时，调度室、所有区域、对讲设备机房均能听见，方便设备检修。

2. 给定条件

(1) 主机采用市场上能购置的扩音机。

(2) 电源电压为 ~ 220 V/50 Hz。

4.3.1 引言

随着科学技术的飞速发展，多种先进的通信设备已广泛用于现代化企业的生产过程之中。一套稳定可靠、能适应作业现场的工业通信系统，对指挥大规模流水作业的生产，起着非常重要的作用。其中有一种通信设备——对讲在工业生产调度中受到密切关注。工业对讲系统是现代化生产中的一个重要组成部分，是一种先进的通信综合系统，已广泛用于现代化企业的生产过程及生产调度之中。尤其是在现代化程度较高的生产流水线上显得十分重要，它用于各操作室间、上下工序之间的相互联系，也可用于环境十分恶劣的室外及嘈杂或空旷的施工现场。

由于工业对讲系统的抗干扰力强，因而可用于噪声较大的环境下，不仅可用于室内，也可在室外、高温、高尘、重油环境下安全运行，并且它操作简单，维护便捷，又具有集呼、片呼和点呼等功能。集呼时，系统所有网络均能听到广播；片呼时，独立网络之间互不干扰；点呼时，两用户互为主叫和被叫，系统在该模式下同时工作时互不干扰。工业对讲可组成任意独立的通话网络，且发话方和受话方交替地使用通信信道，联系十分便捷。因此，工业对讲系统在冶金、化工、电力、石油、港口、矿山等高温、高尘、易燃易爆工业领域里，得到了广泛的应用。通常工业对讲系统通过扩音主机及传声、扬声等设备直接传达主叫或被叫的生产信息，可以使各操作台、调度室对生产的情况了如指掌。同时，工业对讲系统中的集呼功能还可以在全网络范围内广播生产现场的防火防爆安全报警信息等，使其功能得以扩展。目前一些厂矿中使用较普遍的工业对讲之一就是 GY2 ×275W 扩音系统工业对讲，它属于集呼式对讲，即"一呼百应"式。

4.3.2 工业对讲系统组成框图

通常集呼式工业对讲系统主要由扩音主机、传声设备、扬声设备等部分组成，有些情况下需增设前置增音控制系统。

常用工业对讲系统的组成如图 4-3-1 所示。该系统由输入、电源、前置增音及控制系统、音频功放、输出五个部分组成。

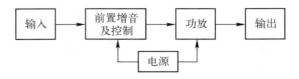

图 4-3-1　常用工业对讲系统组成框图

GY2×275W 扩音系统工业对讲的组成部分：

1）输入：由送话器和相关电路组成。送话器采用高阻碳粒式 SX-1 型送话器，其直流电阻为 145～300 Ω，供电电流为 8～17 毫安。

2）电源：交流电 220 V。供功放及前置增音机工作。

3）功放：GY2×275 W 扩音机，由厂家直接购回。工业对讲中常用 GY2×275 W 扩音机是因为它的输出功率大，性能稳定，使用和维护较方便，适用于大型厂矿。

4）输出：由线间变压器与扬声器配接而成。

5）前置增音及控制：通常由厂家直接购回的 GY2×275 W 扩机是个独立的功率放大设备，未配有前置增音及控制系统，因此要想用于生产调度指挥，使用前必须增加设计一个前置音频放大及控制系统。

以上各部分之间由相关的通讯线路相互连接。

4.3.3　工业对讲系统设计

GY2×275W 扩音工业对讲系统电路原理如图 4-3-2 所示。

1. 输入部分的设计

输入部分主要由安装在调度室内和机房内的送话器和相关电路组成。送话器即声电变换器。常用的电磁式、动圈式、压电式送话器为线性送话器，而碳粒式送话器则为非线性送话器，工业对讲中一般用到的是碳粒式送话器。其工作原理如下：

碳粒式送话器主要是由碳粒杯、碳粒砂、前后电极、振动膜片等四个基本部分组成。当人面对送话器讲话时，振动膜片将在声波作用下发生振动，带动前后电极前后摆动。具体动作情况如下：由于声波是时疏时密的，当声波的密波部分到达振动膜片时，这时膜前的空气压力大于膜片后空气压力，因此膜片中心向内弯曲，带动前电极也向内摆动，前后电极之间的碳粒砂由于压力增加而被压紧，砂粒与砂粒之间接触面积增大，电阻减小；当声波的疏波部分达到振动膜时，膜前的空气压力小于膜后的空气压力，促使膜片向外弯曲带动前电极也向外摆动，由于压力减少，碳粒砂松开，砂粒之间接触面积减小，电阻增大。

这样，振动膜片在变化的声压下来回振动，使送话器的内阻不断变化，因而电流的幅度也在不断变化，就这样送话器把变化的声压转换为相应变化的电流（即音频电流）输出，完成传送话音信息的作用。

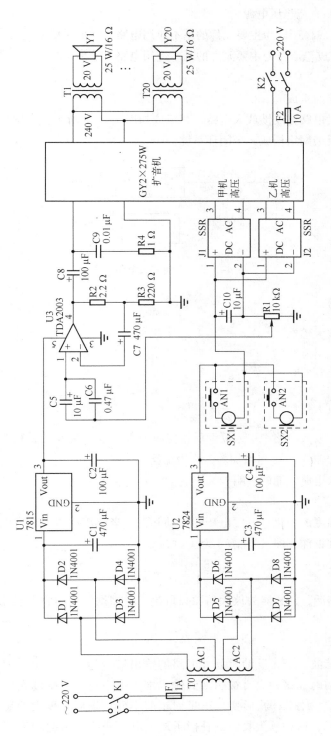

图 4-3-2　GY2×275W 扩音工业对讲系统

2. 前置增音及控制

1）+15 V、+24 V 直流稳压电源

选用以 LM7815 集成稳压器为主要元件的基本应用电路，输出 +15 V 的直流电压。

选用以 LM7824 集成稳压器为主要元件的基本应用电路，输出 +24 V 的直流电压。

2）反馈

（1）反馈放大电路的组成

含反馈网络的放大电路称反馈放大电路，其组成如图 4-3-3 所示。由图可见，反馈放大电路由基本放大电路和反馈网络构成一个闭环系统。

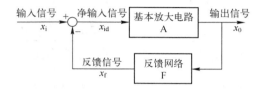

图 4-3-3　反馈放大电路

图中的净输入信号　　　　　　$x_{id} = x_i - x_f$

基本放大电路的放大倍数　　　$A = \dfrac{x_0}{x_{id}}$

反馈网络的反馈系数　　　　　$F = \dfrac{x_0}{x_f}$

反馈放大电路的放大倍数　　　$A_f = \dfrac{x_0}{x_i} = \dfrac{A}{1 + AF}$

反馈有正负之分。放大电路中引入反馈后，使净输入信号 x_{id} 减小的，称为负反馈；放大电路中引入反馈后，使净输入信号 x_{id} 增加的，称为正反馈。

（2）负反馈对放大电路性能的影响

① 提高增益的稳定性

由于负载和环境温度的变化、电源电压的波动和器件老化等因素，放大电路的放大倍数会发生变化。当反馈深度很深，即（1 + AF）>> 1 时，

$$A_f = \frac{A}{1 + AF} = \frac{1}{F}$$

即引入深度负反馈后，放大器的放大倍数只取决于反馈网络，与放大器几乎无关。因此放大倍数比较稳定。

② 减小非线性失真

设输入信号为正弦波，若无反馈时放大电路的输出信号为正半周幅度大，负半周幅度小的失真波，引入负反馈时，这种失真被引回到输入端，也为正半周幅度大而负半周幅度小的波形，由于 $x_{id} = x_i - x_f$，因此 x_{id} 波形变为正半周幅度小而负半周幅度大的波形，即通过反馈使净入信号产生预失真，这种预失真正好补偿了放大电路非线性引起的失真，使输出波形 x_0 接近正弦波。但负反馈只能减小放大电路内部引起的非线性失真，对于信号本身固有的失真则无作用。

③ 扩展通频带

扩展通频带的原理如下：当输入等幅不同频率的信号时，高频段和低频段的输出信号比中频段的小，因此反馈信号也小，对净输入信号的削弱作用小，所以高低频段的放大倍数减小程度比中频段的小，从而扩展了通频带。

④ 改变放大电路的输入和输出电阻

放大电路加入负反馈后，其输入电阻和输出电阻会发生变化，变化的情况与反馈类型有关。串联负反馈使放大电路输入电阻增大；并联负反馈使放大电路输入电阻减小；电流负反馈使放大电路输出电阻增大；电压负反馈使放大电路输出电阻减小。

⑤ 抑制干扰与噪声

负反馈能够抑制干扰与噪声的原理与它减小非线性失真的原理是相同的。因为我们可以将干扰和噪声等杂散电压视为由于某些元件的非线性所引起的高次谐波电压。负反馈的引入，使有效信号和噪声电压一同减小，应当注意，噪声电压是固定的，而有效信号可以人为地增加（人为加大输入电压的幅度或另外增加一级前置放大器），这样就可以提高信号噪声比。但是，增加前置级又会带来新的噪声源，这个噪声源经过反馈放大器放大后，其输出端仍然会有相当大的噪声输出。还必须强调指出，如果噪声源不在反馈环内，而是噪声随同有效信号一道混入了放大器，这时即使引入负反馈，也是无济于事的。

3）TDA2003 音频功率放大电路

选定用 TDA2003 音频功率放大集成电路作前置增音的主要音频放大元件。这是根据它本身的性能及 GY 的技术指标所决定，因为 GY2 × 275 W 扩音机的音频响应为 80 Hz ～ 8 kHz，输入电平为 0 dB ± 2 dB，信号噪声比≥70 dB，输入阻抗为 600 Ω。而 TD2003 的输出阻抗小，便于带负载，输出电流大，输出电压可达到 7 V 左右，音频响应为 90 Hz ～ 7.5 kHz；能满足 GY2 × 275 W 扩音机的输入要求，再加上 TDA2003 的谐波失真和交叉失真都很小，输出功率约为 10 W，电路内设有短路保护、过热保护、地线偶然开路、电源极性接反和负载泄放电压反冲等保护电路，工作安全可靠。

TDA2003 音频功率放大集成电路的基本应用如图 4-3-4 所示。

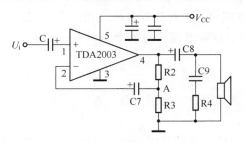

图 4-3-4　TDA2003 基本应用电路图

输入信号从集成电路 TDA2003 的 1 端输入，4 端输出，部分输出信号经由 R2、R3 和 C7 组成的反馈网络反馈至集成电路的 2 端，反馈类型为电压、串联负反馈。

该反馈网络的作用：

（1）因是电压负反馈，故输出电阻小，带负载能力增强。

（2）因是串联负反馈，故输入电阻大，可使放大器得到较大的输入信号。

（3）减少了信号的非线性失真。

电压放大倍数：$A_u = U_0/U_i$。

由于集成电路的两输入端间存在虚短的现象，且电容可以通交隔直，故有交流信号 $U_i = U_f = U_A$，则 $A_u = U_0/U_i = U_0/U_f = U_0/U_A = (R_3 + R_2)/R_3 = 1 + R_2/R_3$。

由此可见，该放大器的电压放大倍数主要取决于反馈网络，适当选择 R2、R3 的阻值，可以得到最佳放大效果，对信号的远距离输送有较好的调节性。

如果 $R_2 = 220\,\Omega$，$R_3 = 2.2\,\Omega$，此时有：$A_u = 1 + R_2/R_3 = 1 + 220/2.2 = 101$。

若在使用过程中发现音量电位器 Rx 调至较小时，扬声器里的声音仍过大，可适当加大 R3 的阻值，使电压放大倍数 A_u 适当下降，直至达到最佳的放大效果为止。

4）固态继电器（SSR）

如图 4-3-5 所示，SSR 固态继电器从整体上看，只有两个输入端（1 和 2）及两个输出端（3 和 4），是一种四端器件。工作时只要在 1、2 上加上一定的控制信号，就可以控制 3、4 两端之间的"通"和"断"，实现"开关"的功能。

SSR 固态继电器是一种开关继电器。当低压输入端（DC 端）的直流电压在 3 ～ 32 V 时，继电器内部启动，使其高压输出端（AC 端）接通（即相当于此时开关闭合），从而实现了由较安全的低电压（3 ～ 32 V）来控制高压接通的开关作用。（SSR 继电器工作在电流为 10 ～ 15 mA 时效果最好）

3. 扩音机的选择

扩音系统设计中选用 1 台 GY2 × 275 W 扩音机，它的两个独立的部分分别分担厂内两大区域输出。当用户呼叫时，SSR 固态继电器输出端内部接通，把 220 V 的电压加至扩音机的放大部分，使 GY 处于放

图 4-3-5　固态继电器

大状态，然后通过送话器将话音信号送到前置增音电路，再经前置增音电路送至 GY 机的输入端，由 GY 机输出送至厂内两大区域。

1）扩音机的工作原理

扩音机是音频放大器的俗称，是一种能将音频信号放大的电子设备。实际使用中扩音机需要和话筒（传声器）或电唱机、录音机以及扬声器配合使用，首先利用话筒将声音转变成电信号——音频信号，扩音机将该音频信号放大，再通过扬声器将已放大的音频信号还原成声音。

2）扩音机的使用

扩音机是有线广播中的常用设备。使用正确与否，直接影响着设备寿命及听音效果。使用扩音机的注意事项：

（1）要求电网电压比较稳定，变动范围不能超过额定电压的 ±10%。在电网电压变化较大的场合要加装稳压装置。

（2）使用前要按规定接好负载，做好匹配工作。这不仅是影响扩音效果好坏的因素，更是保证扩音机和扬声器长期安全工作的关键。

（3）按照一定的顺序开关设备，不得违反操作规程。各音量控制旋钮平时应置于最小位置。开启某一路音量旋钮时，应逐渐由小到大，缓慢均匀，防止设备过载。扩音机用完后，要把音量旋钮恢复到最小。

（4）在会场布置扩音系统时，要注意扬声器与话筒的距离尽量远一些，不能把扬声器布置在话筒后面，更不能正对着话筒，否则容易产生"声反馈"。扩音系统使用中一定要避免出现声反馈，以免产生啸叫或过载损坏扩音机和扬声器。

（5）扩音机的各输入信号源不能插错。话筒插口要求的输入信号为 3 ～ 5 mV，而拾音器插口要求输入信号达 100 mV 以上。如果错把话筒插入拾音器插口，扩音机会由于输入信号太弱而使音量很小；而如果错把拾音器插入话筒插口，则会由于输入信号太强产生削波失真或使扩音机超负载。这两种情况都是要避免的。

（6）扩音机的放置地点要清洁、无尘、通风、干燥、严禁雨淋。高温季节使用时，要注意散热。

4. 扬声器的配接

1）扬声器

扬声器俗称电喇叭，它的作用是把扩音机输出的信号电流还原成声音。由于设计的需求，室外扬声器选择号筒式扬声器。

号筒式扬声器是一种高音扬声器，由振动系统（高音头）和号筒两部分构成，如图 4-3-6 所示。振动系统与纸盆扬声器相似，不同的是它的振膜不是纸盆，而是一球形膜片。振膜的振动通过号筒（经过两次反射）向空气中辐射声波。它的频率高、音量大，常用于室外及广场扩声。作电声转换的扬声器，是扩声系统中不可缺少和颇为重要的部分，因为人们对扩音机扩声质量的主观评价最终根据的是扬声器所发声音的效果。

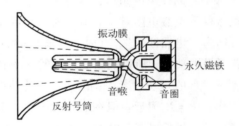

图 4-3-6　号筒式扬声器的结构

扬声器的使用要结合扬声器的特点来选择。例如，室外以语音为主的广播，可选用电动式号筒扬声器。在使用扬声器时应注意以下几点：

（1）扬声器得到的功率不要超过它的额定功率。

（2）注意扬声器的阻抗应与输出线路配接。

（3）要正确选择扬声器的型号。

（4）在布置扬声器时，要做到声场均匀且声级足够。扬声器安装时应高于地面 3 米以上。

（5）两只扬声器放在一起使用时，必须注意相位问题。若两者反相，声音将显著削弱。

2）最大功率输出定理

任何电路实质上都是在由电源到负载进行功率的传输。但是所有的电源都具有一定的内阻，因而电源所提供的功率，是由内阻上消耗的功率及负载上获得的功率两部分组成的。在电路中，总是希望负载上能获得最大功率。

根据戴维南定理，任意有源二端网络可以用一个电动势 E 和内阻 R_0 相串联的等效电源来代替。有源二端网络输出的功率就是负载电阻 R 上获得的功率。

负载电阻 R 所获得的功率应为：$P = I^2 R$

$$I = \frac{E}{R_0 + R}$$

$$P = \left(\frac{E}{R_0 + R} \right)^2 R$$

$$= \frac{E^2 R}{R^2 + 2RR_0 + R_0^2}$$

$$= \frac{E^2 R}{(R - R_0)^2 + 4RR_0}$$

$$P = \frac{E^2}{4R_0 + (R - R_0)^2 / R}$$

当 R_0、E 为定值时，只有功率表示式的分母为最小值时，负载才能获得最大功率。因此当 $R = R_0$ 时，负载获得最大功率，其值为：

$$P_{max} = \frac{E^2}{4R_0}$$

由于负载获得的最大功率就是电源输出的最大功率，因此最大输出功率定理可叙述为：当有源二端网络的外接负载电阻等于它的输出电阻时，该有源二端网络对外输出的功率最大。对于负载来说，获得最大功率的条件是负载电阻等于有源二端网络的输出电阻，或负载电阻等于电源内阻。当满足 $R = R_0$ 时，称为"电路匹配"，此时负载所获得的最大功率为 $E^2/(4R_0)$。因为只有在 $R = R_0$ 时负载才能获得最大功率，所以内阻上消耗的功率和负载获得的功率相等，这时电源的效率仅有 50%，显然不高。在电子技术中，由于传输的功率一般不大，效率高低不是主要问题，电路总是尽可能工作在 $R = R_0$ 附近。但在电力系统中，由于传输的功率很大，要求效率很高，应尽可能减少电源内部的损耗以节省电能，故负载电阻远大于电源内阻。

3）扩音机与扬声器的配接

扩音机放大后输出的音频信号是通过扬声器还原成声音的，所以使用扩音机必须把扬声器正确地配接在扩音机的输出端子上。使用扩音机时，要想得到宏亮的声音和良好的音质，扩音机本身性能和扬声器的质量固然是很重要的，但扩音机与扬声器的连接正确与否，也是很关键的因素。如果不按照正确的方法配接，把扬声器和扩音机的输出随便接通就开机，轻则造成音量小、声音失真等现象，重则会损坏扬声器或扩音机。因此，对于扩音机与扬声器的正确连接，就是通常所说的"匹配"，必须予以足够的重视。定阻抗输出式扩音机必须与所配接的扬声器完全匹配，否则在使用中，除产生声音失真、输出功率减小等现象外，还可能将负载烧毁、输出变压器击穿，故目前都不采用此方式。

大功率扩音机的输出端是以电压为标志的，称为定电压输出。由于定压式扩音机的输出电压基本上不随负载的变化而变化，匹配问题比定阻式扩音机简单得多，只要扬声器所得总功率不超过扩音机额定输出功率，就可以将扬声器一只一只地并接在扩音机的输出端子上。但此时应注意扩音机的输出电压不得超过扬声器额定功率时所承受的电压。定压式扩音机一般需经过线间变压器与扬声器相配接。

扬声器的额定功率之和等于扩音机的额定输出功率时，根据每只扬声器的额定功率 $P_扬$ 与扬声器阻抗 $Z_扬$、扩音机的额定输出功率 $P_扩$，确定扬声器应接到扩音机的哪个输出端。

扩音机输出阻抗：
$$Z_扩 = Z_扬 \times P_扬 / P_扩$$

当扬声器所得的总功率远大于扩音机额定功率时，为了使扩音机正常工作和保证扬声器的安全，应该接上假负载来消耗多余功率。

假负载吸收功率：
$$P_假 = P_扩 - P_扬$$

假负载的阻值：
$$R = (Z_扩 \times P_扩) / P_假$$

GY2×275 W 扩音机与扬声器的安装：1 台主机分两大区域输出，分别为甲机管厂内 1 号区域，乙机管厂内 2 号区域，由于 GY2×275 W 扩音机的输出方式为 240 V 定压式输出，各扬声器点均采用并联形式。线间变压器与扬声器相连，接线如图 4-3-7 所示。

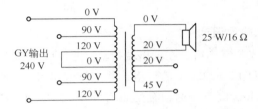

图 4-3-7　线间变压器与扬声器的连接示意图

4.3.4　系统工作原理

根据图 4-3-2 所示系统电路图分析系统工作原理如下。

1. 静态

合上开关 K1，交流 220 V/50 Hz 的电源经电源变压器在其次级产生了两组交流电源 AC1、AC2，其中交流电源 AC1 经单相桥式整流和电容滤波后，通过三端稳压集成电路 7815 稳压，为 TDA2003 音频功率放大集成电路提供了一个稳定的 +15 V 的直流工作电压，使其处于静态工作状态。交流电源 AC2 经单相桥式整流和电容滤波后，通过三端稳压集成电路 7824 稳压输出一个 +24 V 的直流电压，为送话器提供工作电压。

合上开关 K2，为 GY2×275 W 扩音机提供交流 220 V/50 Hz 的电源。

2. 动态

当需要送话时，按下送话器按钮 AN1（或 AN2），电流就会经过送话器到达继电器 SSR 的输入端，然后通过电位器 R1 到地构成回路。此时，送话器处于工作状态，同时 SSR 继电器内部启动，其 AC 端接通了 GY2×275 W 扩音机的高压，使扩音机处于工作状态，此时对着送话器讲话，送话器受到声压的影响产生音频信号。

（1）由送话器送出音频电流经 C10，再经电位器 R1 分压后送入 TDA2003 音频放大集成电路，经放大后再送入 GY 扩音机进行功率放大，然后经线间变压器与扬声器配接。电解电容器 C8 为耦合电容器，其作用是使 TDA2003 音频功率放大集成电路的输出信号耦合输出到后级扩音机。

（2）为了防止输出信号产生高频自激，在 TDA2003 音频功率放大集成电路的输出端并接一只由小电容 C9 和小电阻 R4 组成的串联电路，以改善放大器的音频效果。

（3）电位器 R1 的中心抽头可调节进入 TDA2003 音频功率放大集成电路的输入信号的大小，从而达到调节整个对讲系统输出音量大小的目的。

（4）C5 为容量较大的电解电容器，作为信号的低频通路；C6 为容量较小的固定电容器，作为信号的高频通路。C5 与 C6 并联，可对由电位器 Rx 中心抽头取出的频率高低不同的信号起平波和耦合的作用，扩宽了频率范围，减少了信号的失真。C5、C6 同时起隔直作用。

信号传输的流程为：送话器 SX1（或 SX2）产生音频信号→电容 C10→电位器 R1 中心抽头→电容 C5、C6→TDA2003 音频功率放大集成电路→电容 C8→GY2×275 W 扩音机→线间变压器→扬声器。

4.3.5　系统调试

1. 前置增音及控制电路的调试

前置增音及控制电路安装完毕后，在输出端接上一只 10 W/8 Ω 的扬声器，在 2 个 SSR 继电器的输出端分别接上一只 15 W/220 V 的灯泡，并把灯泡串入～220 V 交流电源中。在调试之前，对各种连线及元件重新检查一遍，看是否有焊错或虚焊的地方，在确认无差错之后，接通电源，观察一会儿，发现无异常现象，便开始调试，在输入端接上一个 SX-1 型送话器，并喊话，可听到扬声器有声音，调整音量电位器中心抽头的位置，当在扬声器中听到清晰的声音时，测量输出电压为 1.9 V 左右，能达到 GY 机的输入要求，此时 2 只灯泡同时点亮。测量 SSR 输入端电压有直流 3.3 V，2 个 SSR 继电器能正常工作。

2. 整个系统的调试

在前置增音及控制电路调试好后，完成整个系统的线路连接，然后开始调试整个系统。合上电源开关使设备处于工作状态，在机房喊话，看到 GY 机输入指示箭头摆动，再调整电位器，派人到点上听，各点扬声器声音宏亮、清晰，满足现场需要，此时测试，输入到 GY 输入端的电压达到 1.85 V，GY 输出电压达到 230 V，达到技术指标要求。

4.3.6　故障分析与处理

1. 扩音机高压常加

引起扩音机高压常加的主要原因是用户送话器短路、汇话线短路，检查方法是用观测台上的用户开关逐一切断用户线路，如果切断某一用户线路时高压关掉，再重点查找该用户的送话器和汇话线路。

2. 话筒无声故障检修

若话筒无声，拆开话筒，用万用表检测，判断输出变压器的线圈及话筒音圈是否断线。

3. 扬声器常见故障及检修方法

扬声器常见故障及检修方法见表 4-3-1。

表 4-3-1　扬声器常见故障及检修方法

故　障	原　因	检修方法
无声	音圈断线 音圈卡住	换新、重绕 清除磁隙中的杂质
失真	音圈不正，磁隙偏歪 有杂物 音圈松散	调整 清除杂物 换新、重绕
失真	音膜或纸盆破裂	换新
音轻	磁性减弱 磁隙偏歪	充磁 调整

4.3.7　线路选择与敷设

常用线材分为电线和电缆两类，它们是电能或电磁信号的传输线，一般又分为裸线、电磁线、绝缘电线和通信电缆。电缆是在单根或数根导线绞合而相互绝缘的线芯外面再包上金属壳层或绝缘护套组成的。电缆按用途分为电气设备用电缆、电力电缆、通信电缆。

线材的选用要从电路条件、环境条件和机械强度等多方面综合考虑。还要考虑安全性，防止火灾和人身事故的发生。易燃材料不能作为导线的覆层。所选线材应能适应环境温度的要求。所选择的电线要具有良好的拉伸强度、耐磨损性和柔软性，重量要轻，要能适应环境的需要。

工业对讲系统的线路一般采用穿管或线槽敷设的方式。

设备馈电线宜采用聚氯乙烯绝缘双芯绞合的多股铜芯导线。工业对讲系统前级控制汇话线路应采用屏蔽电缆。为保证传输质量，自功放设备输出端至最远扬声器（或扬声器系统）的导线衰耗不应大于 0.5 dB（1000 Hz 时）。功放设备输出线采用橡皮电缆接至扬声器。

4.3.8　扩音主机控制室

扩音主机控制室主要用于安放扩音主机、前置增音及控制设备，存放各种备品备件、常用工具、电缆等。扩音主机控制室应靠近主管业务部门（如办公楼），宜在生产调度室附近设置。为了方便检修和维护，控制室内功放设备的布置应满足以下要求：柜前净距离不应小于 1.5 m；柜侧与墙以及柜背与墙的净距离不应小于 0.8 m；在柜侧需要维修时，柜间距离不应小于 1 m。为减少强电系统对扩声系统的干扰，扩音主机控制室不应与电气设备机房毗邻或上、下层重叠设置。

4.3.9　供电、接地

接地装置包括接地体、接地线和接地母排。接地体和接地线的设置应使接地电阻值能始终满足工作接地和保护接地规定值的要求；应能安全地通过正常泄漏电流和接地故障电流；选用的材质及其规格在其所在环境内应具备相当的抗机械损伤、腐蚀和其他有害影响的能力。应充分利用自然接地体（如水管、基础钢筋、电缆金属外皮等），但应注意的是选用的自然接地体应满足热稳定的条件，应保证接地装置的可靠性，不会因某些自然接地体的变动而受影响。为安全起见，在利用自然接地体时，应采用至少两种以上。比如在利用水管的同时还利用基础钢筋，可燃液体或气体以及供暖管道禁止用作保护接地体。

工业对讲系统应设置专用的统一供电电源，为 220 V/50 Hz 单相交流电源，系统的接地电阻不大于 4 Ω，采用联合接地网时接地电阻不大于 1 Ω。

4.3.10　总结与延伸

1. 总结

经实践证明，使用 GY2×275 W 扩音机的前置增音及控制系统使通信质量显著提高，又因该电路结构简单（TDA2003 音频功率放大集成电路只有 5 引脚），维护量少维护费用低，有一定的实用价值及经济价值，可向有关生产 GY2×275 W 扩音机的厂家推荐为其附属设备。

2. 改进

可为每个用户站点配备一个送话器，方便各站点间的相互联系。

思考与练习题

模仿图 4-3-2 设计一套工业对讲系统，负责厂区 4 大区域的对讲调度，并为调度室、机房、6 个重要操作台各配备一个送话器，重新绘制对讲系统电路图，并分析其工作原理。

第❺章 综合电子电路设计

教学目标

1. 掌握综合电子电路各单元电路设计、整机电路的设计。
2. 掌握综合电子电路各单元电路的调试及参数修改。
3. 掌握整机电路的调试方法，掌握技术指标的测量。

5.1 彩灯控制电路设计

设计任务书

1. 技术要求

设计一个彩灯控制电路，要求：

（1）可控制 10 路彩灯，依次只亮一路彩灯，当一路彩灯全部熄灭时，再亮另一路彩灯，这样自动循环下去。

（2）设计一个直流稳压电源作为彩灯控制电路的电源。

2. 给定条件

采用工频～ 220 V 交流电供电。

5.1.1 彩灯控制电路方案

1. 方案选择

彩灯控制可采用两种方法实现，一种是采用微机控制，优点是编程容易，控制的图案花样多，还能随时因场合及气氛而改变，要增加的外接电路简单。另一种是利用电子电路控制，其电路简单，制作和调试容易，成本低。本设计主要采用后一种方法。

2. 彩灯控制电路的组成

彩灯控制电路的组成框图如图 5-1-1 所示。包括时钟脉冲发生器、序列信号控制电路、+5 V 直流稳压电源和彩灯组。

+5 V 直流电源是由变压器把 220 V 交流电压变为 9 V 的交流电压，然后经过单相桥式整流电容滤波后由集成三端稳压电路 7805 输出端输出一个稳定的 +5 V 的直流电压；时钟脉冲发生器主要是由集成电路555构成的多谐振荡器，该电路能产生所需频率的时钟脉冲信号；序列信号控制器电路主要是由集成电路CC4017组成，该电路可控制10路彩灯依次亮灭。

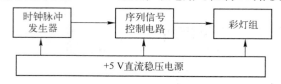

图 5-1-1　彩灯控制电路组成框图

5.1.2　电路设计

1. +5 V 直流稳压电源设计

+5 V 直流稳压电源如图 5-1-2 所示。

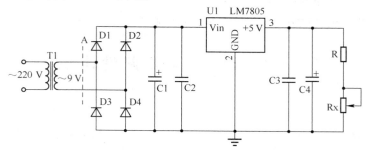

图 5-1-2　+5 V 直流稳压电源

2. 时钟脉冲发生器的设计

时钟脉冲发生器由 555 多谐振荡器构成，电路如图 5-1-3 所示。

时钟信号的频率：

$$f = \frac{1}{0.693(R_1 + 2R_2)C_5}$$

若选 $C_5 = 22\ \mu F$，$R_1 = 10\ k\Omega$，$R_2 = 10\ k\Omega$，此时电路的振荡频率 $f = 2.2\ Hz$。

通常 C6 取经验参数，$C_6 = 0.01\ \mu F$。

$$占空比 = \frac{R_1 + R_2}{R_1 + 2R_2} = 0.66$$

3. 序列信号控制电路的设计

1）十进制计数/分配器——CC4017

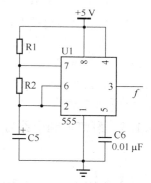

图 5-1-3　时钟脉冲发生器

CC4017 是按 BCD 计数/译码器组成的分配器。CC4017 功能如表 5-1-1 所示。CC4017 外部引脚图如图 5-1-4 所示。

CC4017 是一种常见的十进制计数器，它由约翰逊计数器和译码器两部分电路组成。CC4017 有 3 个输入端：复位端 R、时钟端 CP 和 EN。有 10 个译码输出端 Q0 ～ Q9。在 R = 1 即复位状态时，只有 Q0 为高电平"1"状态，其余输出端均为低电平"0"状态。在 R = 0 时，如有脉冲输入，输出端依次变为高电平"1"状态，其他变为低电平"0"状态。另外还设有进位输出 C0，作为级联时使用。

表 5-1-1　CC4017 功能表

CP	EN	R	输出 n	CP	EN	R	输出 n
0	×	0	n	1	↓	0	n + 1
×	1	0	n	×	↑	0	n
↑	0	0	n + 1	×	×	1	Q0
↓	×	0	n				

CC4017 十进制计数器/分配器

V_{CC}	R	CP	EN	C0	Q9	Q4	Q8
16	15	14	13	12	11	10	9
1	2	3	4	5	6	7	8
Q5	Q1	Q0	Q2	Q6	Q7	Q3	GND

图 5-1-4　CC4017 外部引脚图

R = 0 时，CC4017 有两种计数方式：EN = 0 时 CP 脉冲上升沿计数，CP = 1 时 EN 脉冲下降沿计数。图 5-1-5 为 CC4017 的输出波形（R = 0，EN = 0）。

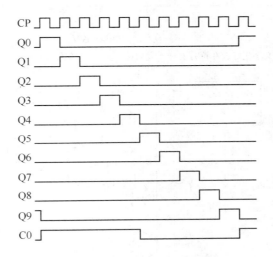

图 5-1-5　CC4017 输出波形图

2）CC4017 的应用

利用 CC4017 可制作一个由 10 只发光二极管组成的旋转彩灯控制电路，电路如图 5-1-6 所示。555 定时器 U1、电阻 R1 ～ R2、电容 C5 ～ C6 组成一个脉冲振荡器，输出频率约为 2 Hz，由发光二极管 LED 显示监测输出情况，R3 为其限流电阻。时钟脉冲送到 CC4017 的 CP 时钟端，CC4017 的 10 个输出端轮流输出高电平，驱动发光二极管发光。由于 10 只发光二极管每次只有一只亮，故共用一只限流电阻 R4。如果将 10 只发光二极管所在 10 条支路分别用发光二极管组成不同阵列构成的彩灯，并按事先设计好的顺序布置，就可以使这些彩灯阵列按顺序亮灭。改变电容 C5 的容量或改变电阻 R1 的阻值就可改变振荡频率，即改变彩灯的流动速度。

5.1.3　仿真调试

彩灯控制电路总体电路图如图 5-1-7 所示。

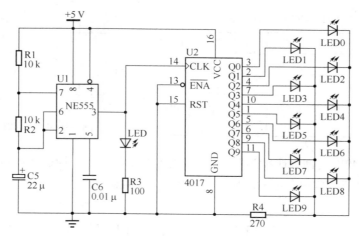

图 5-1-6　旋转彩灯电路

注：该文字正好放在符号上方（要对称放置），类似图 5-1-8 文字的放置

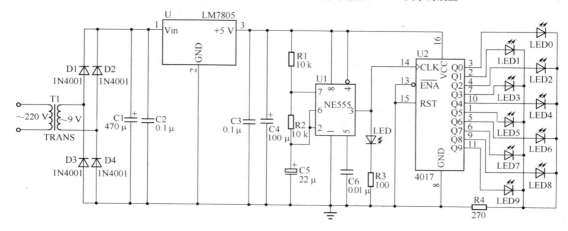

图 5-1-7　彩灯控制电路总体电路图

仿真电路如图 5-1-8 所示。按图 5-1-8 绘制仿真电路，并调试成功。

5.1.4　制作与调试

本设计可在面包板或相应的实验设备上进行前期调试，调试成功后再用多孔印制板作为母板进行制作，亦可设计印制电路板。值得说明的是，合理的元件布局将会减少连接导线的数量，提升系统的可靠性。

1. 调试

在面包板或相应的实验设备上进行前期调试，采取分级调试、整体联调的具体步骤：

1）脉冲信号发生电路调试（图 5-1-3）；

2）序列信号控制电路调试（图 5-1-6）；

3）+5 V 直流稳压电源调试（图 5-1-2）；

4）彩灯控制电路联调（图 5-1-7）。

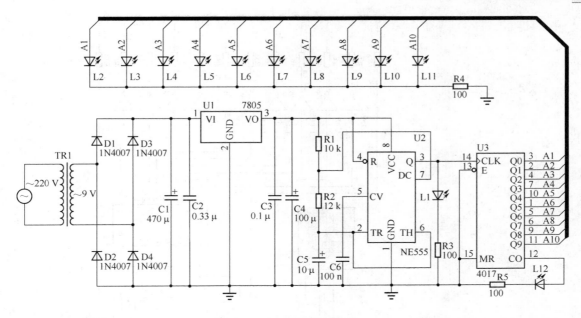

图 5-1-8 彩灯控制电路

2. 制作

将设计好的电路安装在多孔印制电路板上时应注意:

(1)一定要事先做好准备工作,在电路板上布置元件时,要仔细观察电路板上印制导线的特点,避免焊接错误,特别是注意不要短路。先在图纸上画出布局图,再用铅笔在电路板上做好标记,反复布局与修改,直至布局、布线均匀,简捷无误。

(2)在安装元件前一定要检查元件的质量,以免导致电路无法正常工作。

(3)布置元件时要尽量满足使用较少的导线连接、元件布局均匀以及美观等要求。

(4)在焊接元件时,对于一些大的元件要紧贴电路板焊接,这样会使焊接更牢固。

(5)在整个过程中要注意保持焊盘的清洁,这样更利于焊接。

(6)安装过程中仍按前期调试过程分级安装并及时调试,最后整体联调。

5.1.5 总结与延伸

1. 结论

所设计的 10 路彩灯控制电路,依次只亮一路彩灯,当这一路彩灯熄灭时,再亮另一路彩灯,自动循环,形成流动。

2. 改进

1)用反相器使所设计的彩灯控制电路,依次只熄灭一路彩灯,当这一路彩灯亮时,再熄灭另一路彩灯,自动循环,形成流动(如图 5-1-9 所示)。六反相器 CC4069 引脚排列如图 5-1-10 所示。

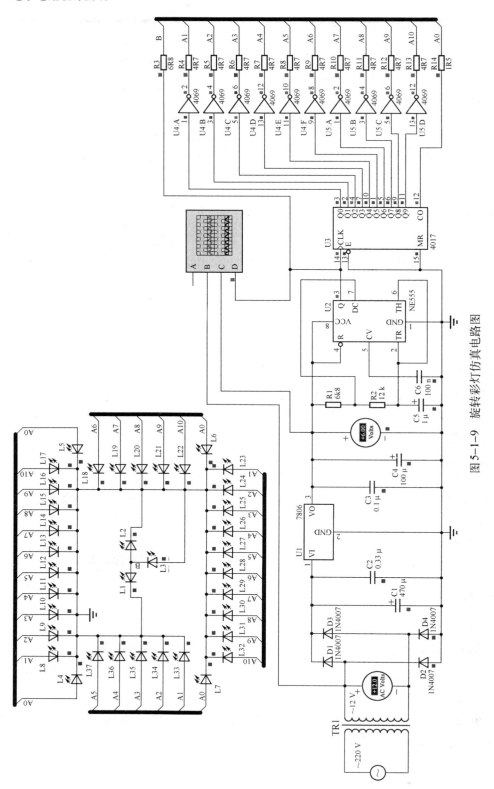

图 5-1-9　旋转彩灯仿真电路图

2）各路彩灯综合设计成不同的图案。如图 5-1-9 所示旋转彩灯图案；如将图 5-1-8 彩灯排成图 5-1-11 所示心形图案。

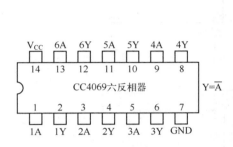

图 5-1-10　六反相器 CC4069 引脚图

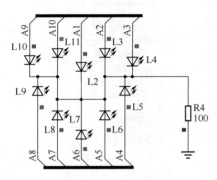

图 5-1-11　心形图案

3）可在 R1 支路串联一电位器 R，适当调整 R，来调节彩灯流动的速度。

4）小于 10 路的循环彩灯

复位端 R＝1 时，只有 Q0 输出高电平"1"，其他输出端均为低电平"0"，为复位状态。因此，将 CC4017 的 R 端（ISIS 仿真图中的 MR 端）与相应的信号输出端相连，就可设计出小于 10 路的循环彩灯，如要设计 8 路循环彩灯，只需将 CC4017 的 R 端与 Q7 相连，就可输出 Q0 ～ Q7 共 8 路循环信号。如图 5-1-12 所示为 8 路循环彩灯控制电路。

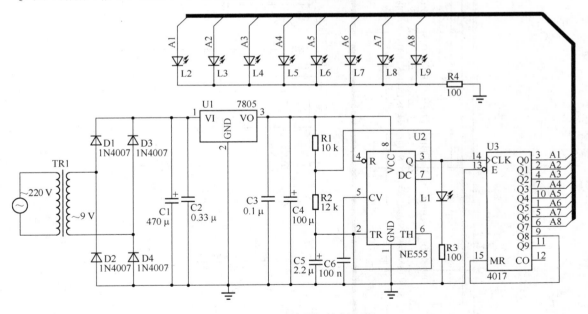

图 5-1-12　8 路彩灯控制电路

5）数字循环控制电路

增加控制电路并引入 CC4511 （或 CC4543）译码器驱动任意数字的循环显示，如图 5-1-13 所示的数字 1357924680 循环控制电路。

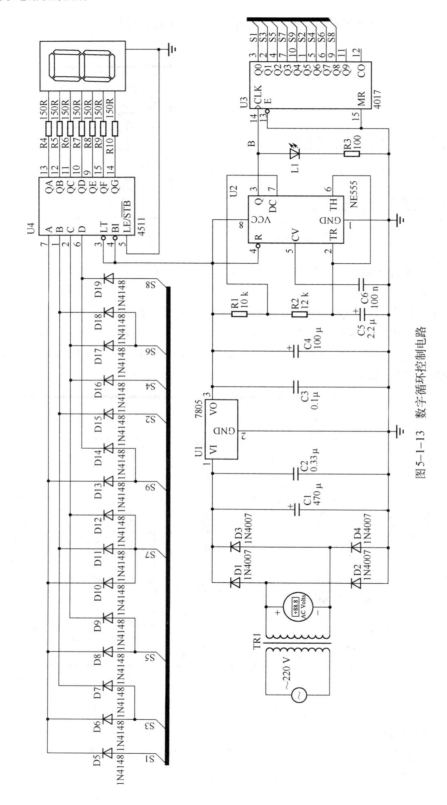

图5-1-13　数字循环控制电路

思考与练习题

1. 画出图 5-1-8 所示仿真电路并调试成功，设计调试方案，估算电路制作成本并制作调试成功。
2. 分析图 5-1-9 所示旋转彩灯控制电路的工作原理，画出仿真电路并调试成功。撰写课程设计报告。
3. 分析图 5-1-12 所示 8 路彩灯控制电路的工作原理，画出仿真电路并调试成功。
4. 参照 CC4511 功能表分析图 5-1-13 所示数字循环控制电路的工作原理，画出系统组成框图，画出仿真电路并调试成功。能参照 CC4543 功能表用 CC4543 进一步改进数字的显示方式吗？画出改进后的仿真电路并调试成功。撰写课程设计报告。

5.2   汽车倒车报警电路设计

设计任务书

1. 技术要求

设计一个汽车倒车报警电路，要求：

(1) 汽车倒车时车外发出响亮报警声，同时在倒车期间车后倒车照明灯常亮。

(2) 汽车倒车时车内倒车指示灯闪烁；

2. 给定条件

采用汽车供电系统 +12 V 直流电源。

5.2.1   汽车倒车报警电路方案

汽车倒车报警电路是汽车电气设备的一部分。它主要是为汽车的安全使用而设计的，电路简单、实用。

1. 汽车倒车报警电路方案选择

汽车倒车报警电路通常采用两种方法实现，一种是将语音信号压缩存储于集成电路中，采用此类集成电路用于安全报警，可发出清晰的"倒车，请注意"的提示音。

另一种是利用电子电路控制，其电路简单，可发出清晰的"嘟…嘟…嘟…"的间歇声响，提醒车外的人员及车辆注意避让，确保安全。因性能稳定，且制作和调试容易，成本低，本设计选择采用后一种方法。

2. 汽车倒车报警电路的组成

汽车倒车报警电路的基本组成如图 5-2-1 所示。

汽车倒车报警电路由闪烁信号发生器、音频信号发生器、音频功率放大电路、车内指示灯、车后倒车灯、扬声器及汽车供电系统等组成。

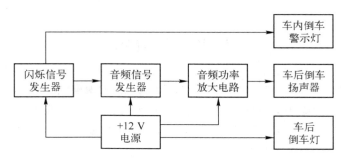

图 5-2-1　汽车倒车报警电路组成框图

闪烁信号发生器和音频信号发生器：均采用 555 构成的振荡电路，只是它们所采用的参数有所不同。

音频功率放大电路：采用 LM386 应用电路构成，它的作用主要是用来将音频信号放大。

车内倒车指示灯：用来告知驾驶员倒车警示系统已经启动。

后车倒车灯：用于倒车时车后照明，提醒周围的人员或车辆注意避让。

扬声器：由它发声提醒周围的人员和其他车辆注意避开，以保证安全。

电源：采用汽车供电系统 +12 V 直流电源。

5.2.2　汽车倒车报警电路的设计

1. CC7555 定时器的应用

1）闪烁信号发生器

该电路用于产生一个清晰可辨的闪烁信号，该闪烁信号发生器的频率决定了扬声器的间歇报响的频率，闪烁信号发生器电路如图 5-2-2 所示。

当选择 $R_1 = R_2 = 10$ kΩ，C 选用 47 μF，此时的闪烁信号频率为

$$f_1 = \frac{1}{0.693(R_1 + 2R_2)C_1} = 1.013 \text{ Hz}$$

$$占空比 = \frac{R_1 + R_2}{R_1 + 2R_2} = 0.67$$

选白色发光二极管作为车内倒车警示灯，以引起司机的高度重视。

选 $R_3 = 680$ Ω 作为发光二极管信号灯的限流电阻。C01 选取经验参数 0.01 μF。

2）音频信号发生器

该电路能产生使扬声器发出声音的音频信号。音频信号发生器电路如图 5-2-3 所示。C3 将 U2 的 3 端输出的 1 kHz 左右的音频信号耦合输出至扬声器，使扬声器发出声音。

选择 $R_5 = 6.8$ kΩ，$R_6 = 30$ kΩ，$C_2 = 0.022$ μF，C02 选择经验参数 0.01 μF，此时产生的音频信号频率为：

$$f_2 = \frac{1}{0.693(R_5 + 2R_6)C_2} = 972.08 \text{ Hz}$$

$$占空比 = \frac{R_5 + R_6}{R_5 + 2R_6} = 0.55$$

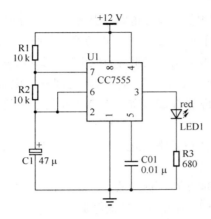

图 5-2-2　闪烁信号发生器

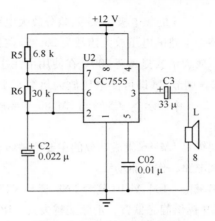

图 5-2-3　音频信号发生器

2. 集成功率放大器 LM386

集成功率放大器是低频功率放大器的发展方向。

1）LM386 的内部结构及引脚排列

LM386 是一种低电压通用型集成功率放大器，引脚排列如图 5-2-4 所示，采用 8 引脚双列直插式塑料封装 DIP8。

其内部电路如图 5-2-5 所示，由输入级、中间级、输出级等组成。

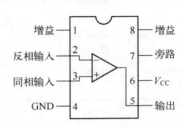

图 5-2-4　LM386 引脚排列图

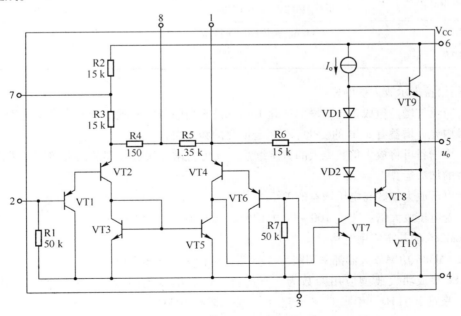

图 5-2-5　LM386 功率放大器内部结构

输入级由 VT2、VT4 组成双端输入单端输出差分放大电路，VT3、VT5 是其恒流源负载，VT1、VT6 是为了提高输入电阻而设置的输入端射极跟随器，R1、R7 为偏置电阻，该级的输出

169

取自 VT4、VT5 的集电极。R5 是差分放大电路的发射极负反馈电阻，引脚 1、8 开路时，负反馈最强，整个电路的电压放大倍数为 20，若在 1、8 间外接旁路电容，以短路 R5 两端的交流降压，可使电压放大倍数提高至 200。在使用中往往在 1、8 之间外接阻容串联电路，如图 5-2-6 所示 Rp 和 C2，调节 Rp 即可使电压放大倍数在 20 ～ 200 变化。引脚 7 与地之间外接电解电容 C5（如图 5-2-6 中所示），C5 可与 LM386 功率放大器内部的 R2（如图 5-2-5 中所示）组成直流电源去耦电路。

中间级是 LM386 集成功放的主要增益级，它由 VT7 和其集电极恒流源（I_o）负载构成共发射级放大电路，作为驱动级。

输出级由 VT8、VT10 复合 PNP 管与 VT9 组成准互补对称功放电路，二极管 VD1、VD2 为 VT8、VT9 提供静态偏置，消除交越失真，R6 是级间电压串联负反馈电阻。

2）LM386 的主要性能参数（见表 5-2-1）

表 5-2-1　LM386 的主要性能参数

参　　数	测　试　条　件	典　型　值
电源电压 V_{CC}，LM386N3 LM386N - 4		4 ～ 12 V 5 ～ 18 V
静态电流 I_Q	$V_{CC} = 6\,V$，$U_i = 0$	4 mA
输出功率 P_o，LM386N3 LM386N - 4	$V_{CC} = 9\,V$，$R_L = 8\,\Omega$ $V_{CC} = 12\,V$，$R_L = 32\,\Omega$	700 mW 1000 mW
电压增益 A_u（Gu）	$V_{CC} = 6\,V$，$f = 1\,kHz$，引脚①和⑧间开路 引脚①和⑧间接 10 μF 电容	20（26 dB） 200（46 dB）
带宽 BW	$V_{CC} = 6\,V$，引脚①和⑧间开路	300 kHz
输入阻抗 R_i		50 kΩ

3）用增益表示放大量的好处

（1）听觉与增益值成正比。增益变化 1 dB，是人们勉强能察觉到的最小音量差别。一般来说通频带内允许增益有 3 dB 的变化不会引起明显的频率失真。

（2）用增益可将放大倍数庞大的数字缩小，又可将求多级放大器总放大倍数的乘法运算变为求增益的加法运算。

（3）电压放大倍数与电压增益的关系

例：若电压放大倍数 Au = 100，则电压增益 Gu = 20lgAu = 40 dB

4）LM386 的基本应用电路

一般 LM386 功率放大器都采用图 5-2-6 所示结构来实现放大作用。

LM386 集成功放典型应用参数为：所用直流电源电压范围 4 ～ 12 V；额定输出功率为 660 mW；带宽 300 kHz（引脚 1、8 开路时）；输入阻抗 50 kΩ。

图 5-2-6 中，5 端外接 C3 为功放输出耦合电容，用以配接扬声器、改善扬声器的音频效果。R7、C4 是频率补偿电路，用以抵消扬声器音圈电感在高频时产生的不良影响，改善功率放大电路的高频特性和防止高频自激。输入信号 U_i 由电位器 R 的调整端部分送入同相输入端 3 端，反相输入端 2 端接地，故构成单端输入方式。

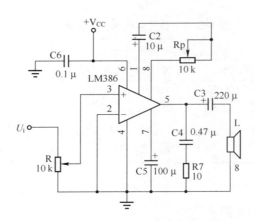

图 5-2-6 LM386 功率放大器的基本应用

若在①、⑧脚不外接元件时，电路电压增益为 26 dB，即可换算为放大器闭环电压放大倍数 $A_{uf} = 20$。

若在①、⑧脚之间接一电容，对其内部电阻旁路，则电路电压增益可达 46 dB，即 $A_{uf} = 200$。

若在①、⑧脚之间接一阻容串联元件（如图 5-2-6 中的 C2 ～ Rp 支路），则电路的电压放大倍数可以在 20 ～ 200 之间调节。

5）使用功率放大管应注意的问题

要注意功放管散热片的选择。对于中小功率管来说，由于功率小，一般靠它的外壳散热就可以了，而对于大功率管来说，单靠外壳散热是远远不够的，而是主要靠外加的散热器甚至小风扇来帮助它散发热量。使用者应按手册要求给功放管合理配置散热器。

3. 扬声器

目前汽车上所装用的扬声器主要用于警告行人和其他车辆引起注意，保证行车安全。

在中小型汽车上，由于安装的位置限制，多采用螺旋形及盆形扬声器。盆形扬声器具有体积小、质量轻、指向好、噪声小等优点。

4. 倒车开关及倒车报警器声音报警

汽车倒车时，为了警告车后的行人和车辆驾驶员，在汽车的后部常装有倒车灯、倒车扬声器或语音倒车报警装置，它们都由装在变速器盖上的倒车开关自动控制。

5. 汽车信号灯

汽车上除照明灯外，还有用以指示其他车辆或行人的灯光信号标志，这些灯称为信号灯。信号灯分为外信号灯和内信号灯，外信号灯指转向指示灯、制动灯、尾灯、示宽灯、倒车灯，内信号灯指仪表板的指示灯，主要有转向、机油压力、充电、制动、关门提示等仪表指示灯。各种信号灯的特点及用途见表 5-2-2。

报警灯通常安装在驾驶室内仪表板上，功率为 1 ～ 3 W。在灯泡前有滤光片，以使灯泡发黄或发红。滤光片上常刻有图形符号，以显示其功能。

表5-2-2　信号灯的种类、特点及用途

种　类	外　信　号　灯					内　信　号　灯	
	转向灯	示宽灯	停车灯	制动灯	倒车灯	转向指示灯	其他指示灯
工作特点	琥珀色交替闪烁	白或黄色常亮	白或红色常亮	红色常亮	白色常亮	白色闪烁	白色常亮
用途	告知路人或其他车辆即将转弯	标志汽车宽度轮廓	标明汽车已经停驶	表示已减速或即将停车	告知路人或其他车辆即将倒车	提示驾驶员车辆的行驶方向	提示驾驶员车辆的情况

6. 电源

采用汽车供电系统直流电源 +12 V。

5.2.3　制作与调试

1. 研制与调试过程

1）接好闪烁信号发生器使信号灯正常闪烁，适当调整参数使信号灯闪烁频率及灯亮度达到满意的效果。

2）接好音频信号发生器，使扬声器发出声音，适当调整参数，使扬声器的声音悦耳。

3）将上述两单元电路做适当连接，如图 5-2-7 所示，整体联调至扬声器发出 "嘟……嘟……嘟……" 的声音。

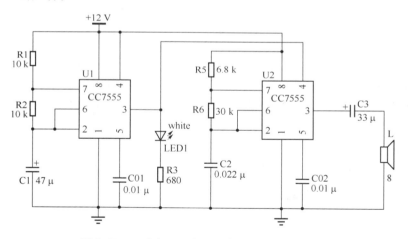

图 5-2-7　"嘟……嘟……嘟……" 音响电路

4）接好音频功率放大电路，如图 5-2-8 所示，整体联调，调整音量电位器 R 至适当的位置使扬声器发出的声音达最佳效果。

5）增加倒车车灯电路并调试成功，画出总体电路图，标明参数。

汽车倒车报警电路整体电路图及参数如图 5-2-9 所示。

合上倒车开关 S，车外左右倒车灯 DL、DR 常亮，车内倒车指示灯 LED1 闪烁提醒司机正在倒车，同时车外扬声器发出报警声，提醒周围的人员和其他车辆注意避开，该报警声足够大，也提醒司机正在倒车。

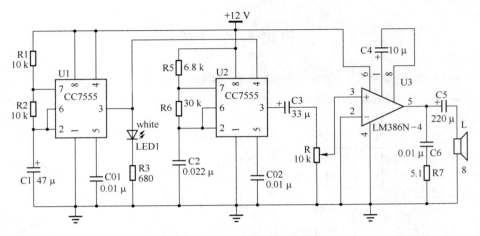

图 5-2-8　倒车报警器电路原理图

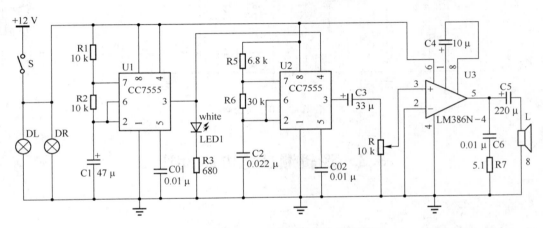

图 5-2-9　汽车倒车报警电路电路图

2. 制作与安装

将相应元件按设计好的电路图正确安装在多孔印制板上，并整体调试好。

5.2.4　总结与延伸

1. 结论

所设计的汽车倒车报警电路能达到如下技术要求：

1）该报警器能满足实际倒车时的需要。

2）汽车倒车时车外发出响亮报警声，同时在倒车期间车后倒车照明灯常亮；汽车倒车时车内倒车指示灯闪烁。

3）采用汽车供电系统 +12 V 直流电源。

2. 改进

可将语音信号压缩存储于集成电路，将此集成电路用于汽车安全报警；

思考与练习题

1. 整理好本课题题资料，并计算出元件的参数值，制作汽车倒车报警器电路。

2. 图5-2-10为一报警器的电路原理图，分析其功能，选择各元件参数，设计调试方案，制作电路。撰写设计论文。

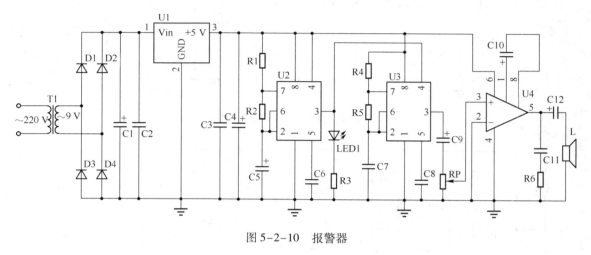

图5-2-10　报警器

5.3　逻辑测试笔电路设计

设计任务书

1. 技术要求

设计一逻辑测试笔电路，要求：

设定高电平大于3.5 V，低电平小于0.8 V。

（1）当测试点为高电平时红色发光二极管亮。

（2）当测试点为低电平时绿色发光二极管亮。

（3）当测试点电平在高电平与低电平之间时黄色发光二极管亮。

（4）测试点断路时黄色发光二极管亮。

2. 给定条件

（1）主要采用集成运算放大器及中规模CMOS集成电路CC4000系列。

（2）采用+15 V层叠电池。

5.3.1　逻辑测试笔概述

在对逻辑电路进行故障诊断维修时，经常需要对各种芯片的输入输出状态进行检测判断，以便了解电路的工作情况和故障所在，以往一般都是用万用表来测量，此种方法在引脚多时非常不方便。因此设计一种逻辑测试笔，专门用于测定逻辑电路的输入输出状态，方便故障的诊断和电路的维修，是很有必要的。

5.3.2　逻辑测试笔的组成

图 5-3-1 为逻辑测试笔组成框图，该逻辑测试笔由输入电路、逻辑状态判断电路、处理输出显示电路、电源四部分组成。

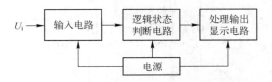

图 5-3-1　逻辑测试笔组成框图

将输入信号由输入电路送入逻辑状态判断电路进行高、低电平比较，比较结果送处理输出显示电路进行分类处理后分别驱动三种不同颜色的发光二极管亮，显示各自的逻辑状态。采用 +15 V 层叠电池处理后为该逻辑测试笔提供工作电压。

5.3.3　单元电路的组成及工作原理

1. 单限电压比较器

电压比较器的基本功能是对两个输入电压进行比较，并根据比较结果输出高电平或低电平电压。

图 5-3-2 所示为同相输入单限电压比较器，其参考电压 U_{REF} 接在运算放大器的反相端，待比较的输入电压 U_i 接到同相端。当 $U_i > U_{REF}$ 时，比较器输出高电平；当 $U_i < U_{REF}$ 时，比较器输出低电平。由于 U_i 从同相端输入且只有一个门限，故称同相输入单限电压比较器。

图 5-3-3 所示为反相输入单限电压比较器，其参考电压 U_{REF} 接在运算放大器的同相端，待比较的输入电压 U_i 接到反相端。当 $U_i > U_{REF}$ 时，比较器输出低电平；当 $U_i < U_{REF}$ 时，比较器输出高电平。由于 U_i 从反相端输入且只有一个门限，故称反相输入单限电压比较器。

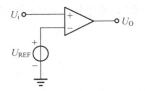

图 5-3-2　同相输入单限电压比较器

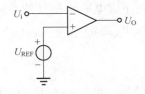

图 5-3-3　反相输入单限电压比较器

2. 输入及逻辑状态判断电路

图 5-3-4 所示为输入及逻辑状态判断电路，其工作原理如下。

被测逻辑信号由 U_i 输入，送至上限电平比较器 U2:A、下限电平比较器 U2:B 的同相输入端进行逻辑状态判断。U2 选用集成运算放大器 LM324，采用单电压 +5 V 供电。

1）上限电平比较器

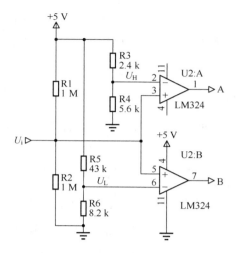

图 5-3-4　输入及逻辑状态判断电路

上限电平比较器由集成运放 U2:A 及电阻 R3、R4 构成，是同相输入单限电压比较器。

被测逻辑信号 U_i 由 U2:A 的同相输入端输入，与 U2:A 的反相输入端的上限电平值 U_H 比较，比较结果由上限电平比较器 U2:A 的输出端输出信号 A。

比较器的上限电平值 U_H（即该同相输入单限电压比较器的参考电压）由电阻 R3、R4 阻值及电源电压值 V_{CC} 决定。

$$U_H = \frac{R_4}{R_3 + R_4} V_{cc}$$

其中 $V_{CC} = +5\,V$，当 $R_3 = 2.4\,k\Omega$，$R_4 = 5.6\,k\Omega$ 时，则上限电平值 $U_H = 3.5\,V$

因此，当被测逻辑信号 U_i 与上限电平值 U_H 比较时，若被测逻辑信号 U_i 为高电平，即 $U_i > U_H$，则 U2:A 输出高电平；若被测逻辑信号 $U_i < U_H$，则 U2:A 输出低电平。

2）下限电平比较器

下限电平比较器由集成运放 U2:B 及电阻 R5、R6 构成。

被测逻辑信号由 U_i 输入与下限电平比较器 U2:B 的反相输入端的下限电平值 U_L 比较，比较结果由下限电平比较器 U2:B 的输出端输出信号 B。

比较器的下限电平值 U_L（即该同相输入单限电压比较器的参考电压）由电阻 R5、R6 阻值及电源电压值 V_{CC} 决定。

$$U_L = \frac{R_6}{R_5 + R_6} V_{cc}$$

其中 $V_{CC} = +5\,V$，当 $R_5 = 43\,k\Omega$，$R_4 = 8.2\,k\Omega$ 时，下限电平值 $U_L = 0.8\,V$。

因此，当被测逻辑信号 U_i 与下限电平值 U_L 比较时，若被测逻辑信号 $U_i > U_L$，则 U2:B 输出高电平；若被测逻辑信号 U_i 为低电平，即 $U_i < U_L$，则 U2:B 输出低电平。

3. 处理输出显示电路

图 5-3-5 所示为处理输出显示电路，其中 U3 为集成反相器（非门）CC4069，U4 为集成或门 CC4071，D1、D2、D3 为红、黄、绿发光二极管，R7 为限流电阻。图 5-3-6 为或门 CC4071 引脚图。

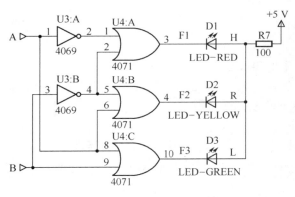

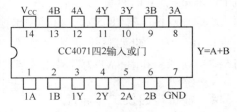

图 5-3-5　处理输出显示电路　　　　图 5-3-6　CC4071 引脚图

处理输出显示电路工作原理：

由逻辑状态判断电路输出的判断结果 A、B 送至处理输出显示电路。

1）判断结果处理

判断结果处理分为三个部分。

（1）高电平判断

高电平判断输出　　$F_1 = \overline{A} + \overline{B} = \overline{AB}$

被测逻辑信号 U_i 是否为高电平，由高电平判断输出 F_1 的状态决定。F_1 为 0 时，说明被测逻辑信号 U_i 为高电平。

（2）低电平判断

低电平判断输出　　$F_3 = A + B = \overline{\overline{A}\ \overline{B}}$

被测逻辑信号 U_i 是否为低电平，由低电平判断输出 F_3 的状态决定。F_3 为 0 时，说明被测逻辑信号 U_i 为低电平。

（3）被测逻辑信号在高低电平之间或被测端悬空判断

被测逻辑信号在高低电平之间或被测端悬空判断输出　　$F_2 = A + \overline{B} = \overline{\overline{A}B}$

被测逻辑信号 U_i 是否在高低电平之间或被测端是否悬空，由判断输出 F_2 的状态决定。F2 为 0 时，说明被测逻辑信号 U_i 在高低电平之间或被测端悬空。

2）逻辑状态显示

逻辑状态显示分为三个部分：

（1）高电平状态显示

由红色发光二极管 D1 的亮灭状态决定。F_1 为 0 时，红色发光二极管 D1 亮，显示被测逻辑信号 U_i 为高电平。

（2）低电平状态显示

由绿色发光二极管 D3 的亮灭状态决定。F_3 为 0 时，绿色发光二极管 D3 亮，显示被测逻辑信号 U_i 为低电平。

（3）被测逻辑信号在高低电平之间或被测端悬空状态显示

由黄色发光二极管 D2 的亮灭状态决定。F_2 为 0 时，黄色发光二极管 D2 亮，显示被测逻辑

信号 U_i 在高低电平之间或被测端悬空。

4. 电源

采用 +15 V 层叠电池。因构成逻辑测试笔的集成电路全部采用 +5 V 的直流电压，故将 +15 V 的直流电压输入集成三端稳压器 7805 后，由其输出稳定的 +5 V 的直流电压，为逻辑测试笔提供所需的工作电压，如图 5-3-7 所示，其中 SW1 为逻辑测试笔供电开关。

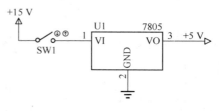

图 5-3-7　电源电路

5.3.4　整机电路及工作原理

1. 整机电路

逻辑测试笔整机电路如图 5-3-8 所示。

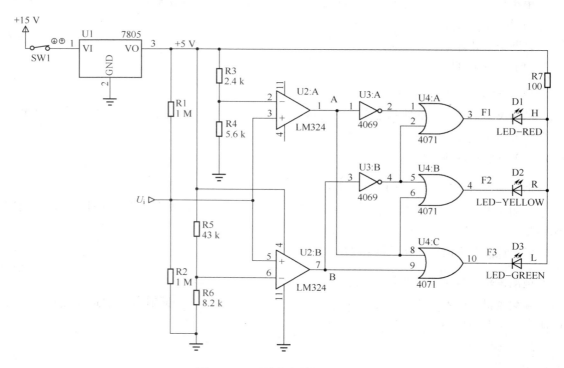

图 5-3-8　逻辑测试笔整机电路

2. 数字集成电路的三态

数字集成电路中有三种状态：高电平、低电平、高阻态（悬空状态），称为三态。

TTL 数字集成电路输出高电平大于 2.4 V，输出低电平小于 0.4 V，一般输出高电平是 3.5 V，输出低电平是 0.2 V。输入高电平大于等于 2.0 V，输入低电平小于等于 0.8 V，噪声容限是 0.4 V。

CMOS 数字集成电路的逻辑电平"1"接近于电源电压，逻辑电平"0"接近于 0 V，而且具有很宽的噪声容限。

3. 逻辑测试笔电路原理

SW1 开关合上，+15 V 层叠电池的 +15 V 的直流电压输入集成三端稳压器 7805，由其输出稳定的 +5 V 的直流电压，为逻辑测试笔提供所需的工作电压，此电压被 R1 和 R2 分压后各得电压 2.5 V 左右。

设 U_i > 3.5 V 时为高电平，U_i < 0.8 V 时为低电平，当 0.8 V < U_i < 3.5 V 或悬空时为第三态（悬空时，因 $R_1 = R_2$，R1 和 R2 分压后使 U_i = 2.5 V）。

1）当 U_i 输入电压大于 3.5 V 时

（1）上下限电平比较器 U2①、⑦端输出高电平→非门 U3 输入端①、③端为高电平→非门 U3②、④端输出低电平→或门 U4 输入端①、②端为低电平→或门 U4③端输出低电平→红色发光二极管 D1 点亮；

（2）上限电平比较器 U2①端输出高电平→或门 U4 输入端⑥端为高电平；下限电平比较器 U2⑦端输出高电平→非门 U3 输入端③为高电平→非门 U3④端输出低电平→或门 U4 输入端⑤端为低电平；因此或门 U4④端输出高电平，黄色发光二极管 D2 不亮；

（3）上下限电平比较器 U2①、⑦端输出高电平→或门 U4 输入端⑧、⑨端为高电平→或门 U4⑩端输出高电平→绿色发光二极管 D3 不亮。

2）当 U_i 输入电压小于 0.8 V 时

（1）上下限电平比较器 U2①、⑦端输出低电平→非门 U3 输入端①、③端为低电平→非门 U3②、④端输出高电平→或门 U4 输入端①、②端为高电平→或门 U4③端输出高电平→红色发光二极管 D1 不亮；

（2）上限电平比较器 U2①端输出低电平→或门 U4 输入端⑥端为低电平；下限电平比较器 U2⑦端输出低电平→非门 U3 输入端③为低电平→非门 U3④端输出高电平→或门 U4 输入端⑤端为高电平；因此或门 U4④端输出高电平，黄色发光二极管 D2 不亮；

（3）上下限电平比较器 U2①、⑦端输出低电平→或门 U4 输入端⑧、⑨端为低电平→或门 U4⑩端输出低电平→绿色发光二极管 D3 点亮。

3）当 U_i 输入为第三态时

（1）上限电平比较器 U2①端输出低电平→非门 U3 输入端①端为低电平→非门 U3②端输出高电平→或门 U4 输入端①端为高电平；下限电平比较器 U2⑦端输出高电平→非门 U3 输入端③端为高电平→非门 U3④端输出低电平→或门 U4 输入端②端为低电平；因此或门 U4③端输出高电平，红色发光二极管 D1 不亮；

（2）上限电平比较器 U2①端输出低电平→或门 U4 输入端⑥端为低电平；下限电平比较器 U2⑦端输出高电平→非门 U3 输入端③端为高电平→非门 U3④端输出低电平→或门 U4 输入端⑤端为低电平；因此或门 U4④端输出低电平，黄色发光二极管 D2 点亮；

（3）上限电平比较器 U2①端输出低电平→或门 U4 输入端⑧端为低电平；下限电平比较器 U2⑦端输出高电平→或门 U4 输入端⑨端为高电平；因此或门 U4⑩端输出高电平，绿色发光二极管 D3 不亮。

5.3.5　仿真调试

逻辑测试笔仿真电路如图 5-3-9 所示。设计了 4 种仿真输入状态，调试成功。

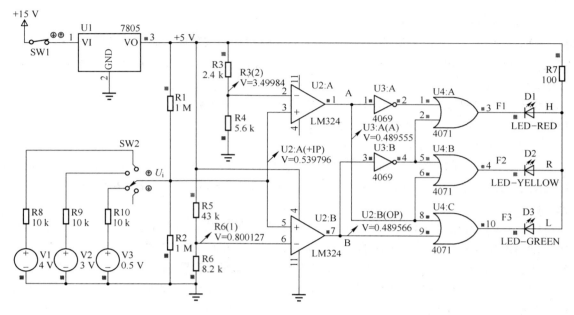

图 5-3-9　逻辑测试笔仿真电路

5.3.6　总结与延伸

1. 结论

所设计的逻辑测试笔能达到如下技术要求：

1）测试电压大于 3.5 V 时红色发光二极管亮。

2）测试电压小于 0.8 V 时绿色发光二极管亮。

3）测试电压小于 3.5 V 且大于 0.8 V 时黄色发光二极管亮。

4）测试点断路时黄色发光二极管亮。

2. 改进

可将集成四运算放大器 LM324 改用为集成双电压比较器 LM393。LM393 工作电源电压范围宽，功耗小，输入失调电压小，共模输入电压范围宽。由 LM393 构成的单限比较器如图5-3-10所示。LM393 引脚如图5-3-11 所示。

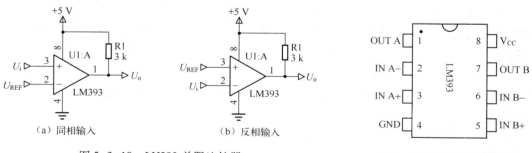

图 5-3-10　LM393 单限比较器

图 5-3-11　LM393 引脚图

思考与练习题

1. 绘制图 5-3-8 仿真电路图，仿真成功后，估算电路制作成本，制作并调试成功。

2. 用与非门 CC4011、非门 CC4069、集成运算放大器 LM324 设计逻辑测试笔，绘制仿真电路图，并仿真成功，分析电路的工作原理，撰写"逻辑测试笔的设计"设计报告。

3. 查阅有关资料，用 74 系列的非门和或门替换图 5-3-8 中的非门和或门，绘制仿真电路图，并仿真成功，分析电路的工作原理。

4. 查阅有关资料，用集成双电压比较器 LM393 替换图 5-3-8 中的集成运算放大器 LM324，绘制仿真电路图，并仿真成功，分析电路改进后有哪些优势。

5. 如果采用反相输入单限电压比较器设计逻辑测试笔，电路如何改进，绘制仿真电路图并调试成功，分析电路的工作原理。

5.4　双路防盗报警器电路设计

设计任务书

1. 技术要求

设计一个双路防盗报警器的电路。

（1）当动断开关 K1（实际中是安装在窗与窗框、门与门框的紧贴面上的导电铜片）发生盗情时，K1 打开，要求延时约 35 s 发生报警。

（2）当动合开关 K2 发生盗情而闭合时，应立即报警。

（3）发生报警时，有两个警灯交替闪亮，周期为 0.5 ～ 1 s，并有警车的报警声发生，频率为 $f = 1.5\,kHz \sim 1.8\,kHz$。

2. 给定条件

电源电压为 ～ 220 V/50 Hz。

近年来，随着改革开放的深入发展，人民的生活水平有了很大提高。各种高档家电产品和贵重物品为许多家庭所拥有，并且人们手中特别是城市居民的积蓄也十分可观。因此，越来越多的居民家庭对财产安全问题十分关心。目前，许多家庭使用了较为安全的防盗门，如果再设计和生产一种价廉、性能灵敏可靠的防盗报警器用于居民家中，必将在防盗和保证财产安全方面发挥更加有效的作用。为此，提出"双路防盗报警器"的设计任务。

该报警器适用于家庭防盗，也适用于中小企事业单位。其特点是灵敏、可靠，可一触即发，立即报警，也可以延时一段时间再报警，以增加报警的突然性与隐蔽性。报警时除可发出类似公安警车的报警声之外，两只警灯还可同时交替闪亮，增加了对犯罪分子的威慑气氛。

5.4.1　设计方案论证及组成框图

目前市售的防盗报警器有的结构复杂、体积大、价格贵，多适用于企事业单位。而一些简易便宜的报警器其性能又不十分理想，可靠性差。综合各种报警器的优缺点，并根据本设计要求及性能指标，兼顾可行性、可靠性和经济性等各种因素，确定双路防盗报警器主要组成部分如图 5-4-1 所示。它由报警控制电路、警灯驱动电路、报警声发生电路和直流稳压电源四个部分组成。

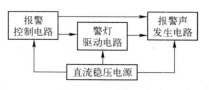

图 5-4-1　双路防盗报警器组成框图

5.4.2　电路组成及工作原理

双路防盗报警器总电路原理图如图 5-4-2 所示。

1. +6 V 直流稳压电源

+6 V 直流稳压电源由 U1 集成稳压器 LM7806、电源变压器 TR1、整流二极管 D1 ～ D4、电容 C1 ～ C4 构成。～ 220 V 工频交流电源经变压、单相桥式整流电容滤波及稳压电路后，输出电压为 +6 V，为整个报警器提供所需的直流电压。

2. 报警控制电路

报警控制电路由动断开关 K1（延时触发开关）、动合开关 K2（即时触发开关）、非门 U2：A、与非门 U2：B 和 U2：C、二极管 D5 与 D6、电容 C5 与 C6、电阻 R1 ～ R4 及电位器 Rw 组成，其中 U2：B、U2：C 构成基本 RS 触发器。报警控制电路工作原理如下：

1）电源接通瞬间（K1 闭合且 K2 断开）

电源接通瞬间因电容 C6 尚未充电，故 C6 两端的电压仍为 0 V，而 C6 的负极（接地）电位为 0 V，故 C6 的正极电位也为 0 V，即为低电平。该低电平输入基本 RS 触发器 $\overline{R}$ 端（置 0 端，低电平有效）；又因 K2 断开，+6 V 电源使基本 RS 触发器 $\overline{S}$ 端（置 1 端，低电平有效）为高电平（此时 K1 闭合，U2：A 输入低电平，输出为高电平，二极管 D5 截止，对基本 RS 触发器无影响），则基本 RS 触发器输出 Q 置 0（低电平），从而使 555 定时器 U3、U4 的 4 端（复位端）为低电平，U3、U4 不工作，报警器不闪亮不发声。

2）等待报警状态（K1 闭合且 K2 断开）

+6 V 电源通过 R4 对 C6 充电，使基本 RS 触发器 $\overline{R}$ 端逐渐由低电平变为高电平，而 $\overline{S}$ 端仍为高电平，使基本 RS 触发器处于保持状态，即 Q 保持低电平，使 555 定时器 U3、U4 的 4 端保持低电平，U3、U4 仍不工作，报警器仍不闪亮不发声。此时的电路处于等待报警状态。

3）延时报警（K1 断开且 K2 仍断开）

当 K1 断开（K2 仍断开）时，+6 V 电源通过电位器 Rw 和电阻 R1 对电容 C5 充电，同时 C5 也会通过电阻 R2 放电。适当选择 R1、R2 和 Rw 的阻值，满足 R1 + Rw < R2，使 C5 的充电电流大于放电电流，则 C5 两端的电压缓慢上升，一段时间后，使 U2：A 输入端逐渐由低电平变为高电平，U2：A 输出由高电平变为低电平，二极管 D5 导通，使基本 RS 触发器 $\overline{S}$ 端为低电平；而此时 $\overline{R}$ 端仍为高电平，基本 RS 触发器输出 Q 置 1（高电平），U3、U4 开始工作，警灯驱动电路和报警声发生电路工作，即报警器延时一段时间后报警。

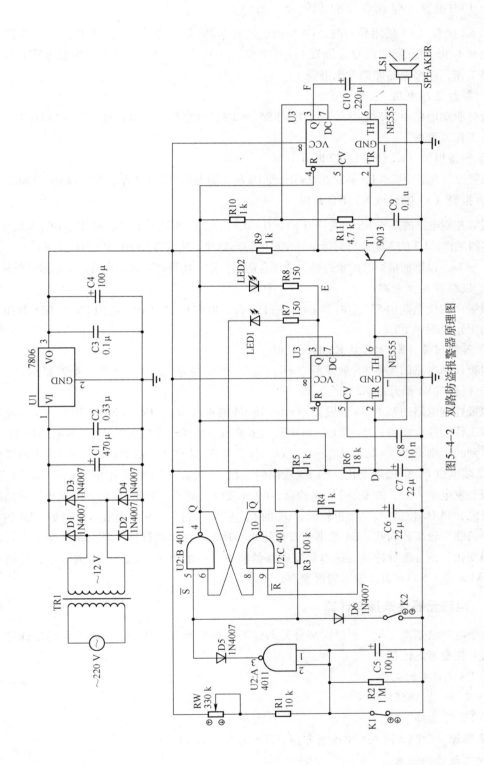

图 5-4-2　双路防盗报警器原理图

4）即时报警（K2 闭合且 K1 仍闭合）

当 K2 闭合（K1 仍闭合）时，D6 导通，使基本 RS 触发器的 $\overline{S}$ 端为低电平，$\overline{R}$ 端仍为高电平，使基本 RS 触发器输出 Q 立即置 1（高电平），U3、U4 开始工作，警灯驱动电路和报警声发生电路工作，即报警器即刻发出报警。

3．警灯驱动电路

警灯驱动电路由 555 定时器 U3、电阻 R5 ～ R8、电容 C7 ～ C8、两只警灯 LED1 和 LED2 组成，其工作原理如下：

1）等待报警（K1 闭合且 K2 断开）时

报警控制电路的基本 RS 触发器 $Q = 0$，使 U3 的 4 端为 0，U3 不工作，警灯 LED1、LED2 不亮。

2）报警（K1 断开或 K2 闭合）时

报警控制电路的基本 RS 触发器 $Q = 1$，$\overline{Q} = 0$，使 U3 的 4 端为 1，U3 和 R5、R6、C7、C8 构成的振荡器工作，U3 的 3 端输出高低电平交替的矩形脉冲，使警灯 LED1 和 LED2 交替闪亮，周期约为 0.5 ～ 1s，以增加报警时的紧迫感。选择合适的参数，使警灯交替闪亮的周期达最佳效果。

4．报警声发生电路

报警声发生电路由 555 定时器 U4、三极管 T1、电容 C9 ～ C10、电阻 R9 ～ R11 及扬声器组成，其工作原理如下：

1）等待报警（K1 闭合且 K2 断开）时

报警控制电路的基本 RS 触发器 $Q = 0$，使 U4 的 4 端为 0，U4 不工作，扬声器不响。

2）报警（K1 断开或 K2 闭合）时

报警控制电路的基本 RS 触发器 $Q = 1$，使 U4 的 4 端为 1，U4 和 R10、R11、C9 构成的音频振荡器工作。这里需特别指出的是：U4 的电压控制端 5 端的控制电压是 C7 的电压经 T1 发射结耦合得到的，则有 $U_{CV} = U_{C7} + U_{EB1} \approx U_{C7} + 0.7\,\mathrm{V}$。随着 C7 充放电的进行，电压 U_{C7} 不断变化，使 U4 的 5 端电位 U_{CV} 值随之变化。当 U_{C7} 较高时，U_{CV} 也较高，U4 的上限触发电平 U_{T+}（为 U_{CV}）和下限触发电平 U_{T-}（为 $U_{CV}/2$）也较高，C9 充放电时间长，因此 U4 的 3 端输出脉冲的频率较低；反之，当 U_{C7} 较低时，U_{CV} 也较低，U4 的 U_{T+} 和 U_{T-} 较低，C9 的充放电时间短，U4 的 3 端输出脉冲的频率较高。因此，U4 输出的音频脉冲不是单一频率的脉冲，其振荡频率可在一定范围内周期变化，该音频脉冲驱动扬声器发出高低频率不同的声音。选择合适的参数，使扬声器发出 1.5 kHz ～ 1.8 kHz 类似警车的报警声。

5.4.3　电路元器件选择与计算

由于电路已基本定形，所以大部分元器件可以查手册直接选用，不必再考虑设计计算，只有少数元件要考虑计算。

1．U3 与 U4 的选择

U3 与 U4 选 NE555。

2．U2 的选择

U2 选择一个四 2 输入 CMOS 与非门，其型号为 CC4011。

3．三极管的选择

T1 选 PNP 型硅管，型号为 9013。

4. 警灯和扬声器的选择

警灯 LED1 和 LED2 选用高亮的 LED 发光二极管。

扬声器选口径 $2.5 \sim 4\,\text{in}$（英寸），阻抗 $8 \sim 16\,\Omega$ 的普通恒磁扬声器。

$1\,\text{in} = 24.5\,\text{mm}$

5. 电容的选择

$C5 = 100\,\mu\text{F}/16\,\text{V}$,	$C6 = 22\,\mu\text{F}/16\,\text{V}$,	
$C7 = 22\,\mu\text{F}/16\,\text{V}$,	$C8 = C9 = 0.1\,\mu\text{F}$,	$C10 = 220\,\mu\text{F}/16\,\text{V}$,

C5、C6、C7、C10 均为电解电容。

6. 电阻的选择与计算

1）R1 和电位器 Rw 计算：因 $C5 = 100\,\mu\text{F}$，要求 K1 打开（报警）时延时约 35 s，按 35 s 考虑，忽略 C5 通过 R2 的放电，则

$$(R1 + Rw)C5 = 35\,\text{s}$$
$$R1 + Rw = 350\,\text{k}\Omega$$

选固定电阻　　　　　　　　　$R1 = 10\,\text{k}\Omega$

电位器　　　　　　　　　　$Rw = 330\,\text{k}\Omega$

2）R2：因要求 $R1 + Rw \ll R2$，可选 $R2 = 1\,\text{M}\Omega$。

3）R3 和 R4：可选 $100\,\text{k}\Omega$。

4）R5 和 R6 的计算：要求 R5、R6、C7 及 U3 组成的多谐振荡器振荡周期为 $0.5 \sim 1\text{s}$。

由　　　　　　　　　　　$T = 0.693(R5 + 2R6)C7$

且知　　　　　　　　　　$C7 = 22\,\mu\text{F}$

又考虑 U3 输出脉冲占空比略大于 50%，可算出 $R5 + 2R6 = 30 \sim 60\,\text{k}\Omega$

可选 $R6 = 18\,\text{k}\Omega$，$R5 = 1\,\text{k}\Omega$。

5）R10 和 R11 的选择：由 U4 和 R10、R11、C9 组成音频振荡器，其输出频率范围约为 $1.5 \sim 1.8\,\text{kHz}$（由 U4 的 5 端电压 U_{CV} 控制），当 $U_{\text{CV}} = U_{\text{D}} = \dfrac{2}{3}V_{\text{CC}}$ 时，频率最低，$f_{\text{L}} = 1.5\,\text{kHz}$，可算出电阻 $R10 + 2R11 \approx 9.6\,\text{k}\Omega$（选 $C9 = 0.1\,\mu\text{F}$），可取 $R11 = 4.7\,\text{k}\Omega$，$R10 = 1\,\text{k}\Omega$。

6）选 $R9 = 1\,\text{k}\Omega$；$R7 = R8 = 100\,\Omega$。

以上所有电阻均选用 1/4W 的金属膜电阻。

7. 直流稳压电源的选择

直流稳压电源采用集成稳压器 LM7806 应用电路，输出电压为 +6 V。电路参数的选择详见图 5-4-2 标示。

5.4.4　仿真调试

1. 仿真

参考图 5-4-2 用 Proteus ISIS 绘制双路防盗报警器的各级单元电路，为了方便调试，调用了交流电压表、示波器等仪器，在多处放置电压探针，还在 C6 两端并接按钮 AN 辅助调试。仿真调试过程中需反复适当修改部分元件参数，逐步使电路趋向更佳的状态。为了使仿真调试顺利进行，必须注意调试的方法与技巧。仿真调试成功，效果如图 5-4-3 所示。图 5-4-4 为示波器观测 E、D、F 点的波形。

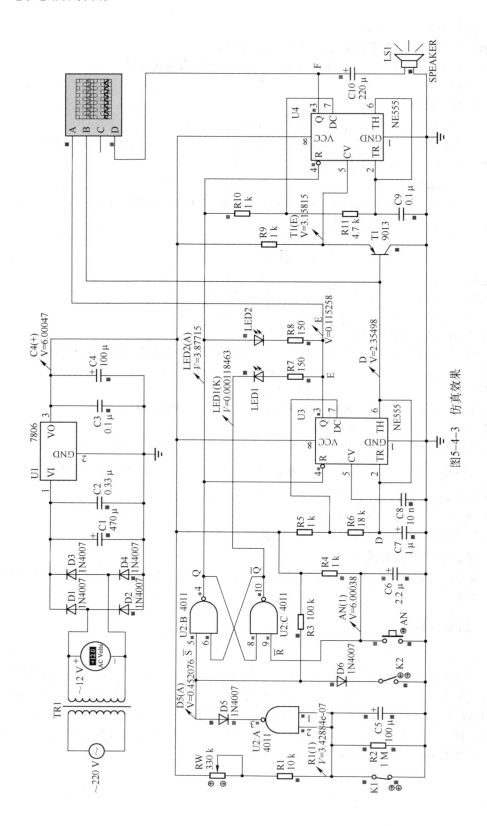

图5-4-3　仿真效果

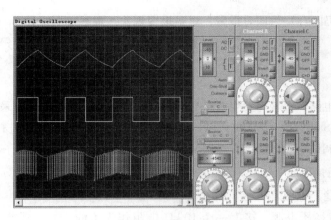

图 5-4-4　示波器观测的波形

1）设置初始状态

每次仿真前，一定要将开关 K1 置闭合状态、K2 置断开状态，即保证电路的初始状态为非报警状态。

2）分级调试

（1）+6 V 直流稳压电源

单独绘制 +6 V 直流稳压电源，单击运行仿真按钮后，先调整变压器 TR1 输出 12 V 交流电压，然后观察 7806 的输出是否为 +6 V（电压探针指示），如果是 +6 V，则完成了直流稳压电源的仿真调试。

（2）主体报警电路

单独绘制由警灯驱动电路、报警声发生电路构成的主体报警电路，两个 NE555 的 4、8 端接 Proteus ISIS 软件中的终端 POWER 并设置为 +6 V，仿真调试至成功。

3）级间联调

主体报警电路调试成功后，增加报警控制电路，仍采用 Proteus ISIS 软件中 +6 V 的 POWER 终端，完成电路的联接，并进行级间联调。

（1）静态调试

单击运行仿真按钮后，元件引脚处红色的小方点表示高电平，蓝色的小方点表示低电平，灰色的小方点表示电平在高、低电平之间。单击运行仿真按钮后，需等待一段时间观察电路是否进入稳定的状态。这时主要观察 C6 充电电压（电压探针指示）由 0 V 上升到稳定的状态（约为 6 V），此时的电路已准备好了，处于等待报警状态。静态调试完成。

（2）动态调试

静态调试完成后才能进行动态调试。动态调试时需分别单独进行即时报警与延时报警的调试。

① 延时报警

断开 K1（K2 仍断开）为延时报警，需等待一段时间才能观察到报警现象，这时主要观察 C5，充电电压上升到高电平时开始报警，观察电压探针所示电压的变化，调试示波器并观察波形。再闭合 K1，报警仍持续，此时按下 AN 按钮，报警停止。延时报警调试完成。

② 即时报警

闭合 K2（K1 仍闭合）为即时报警，观察报警现象，观察电压探针所示电压的变化，调试示波器并观察波形。再断开 K2，报警仍持续，此时按下 AN 按钮，报警停止。即时报警调试完成。

（3）整体联调

完成警灯驱动电路、报警声发生电路与报警控制电路的级间联调后，采用调试好的 +6 V 直流稳压电源替换 ISIS 软件中 +6 V 的 POWER 终端，完成电路的联接，并进行整体联调。仍采用上述方法进行静态调试、动态调试直至调试成功。

2. 硬件安装调试

1）+6 V 直流稳压电源

安装 +6 V 直流稳压电源，接上一个 10 kΩ 电阻作为负载，通电观察 7806 的输出是否为 +6 V，如果是 +6 V，则完成了直流稳压电源的调试。

2）调试报警声发生电路

（1）先暂不装集成电路芯片，并将 U3 和 U4 的 4 端（插座）接高电平。

（2）装上 U4，通电后 U4 即起振，扬声器应发出轻微的音频声，可用示波器观察 F 点的低频矩形波。改变电阻 R11 或电容 C9，使其振荡频率在 1.5 ～ 1.8 kHz。

（3）断开电源后，再装上 U3，通电后，可听到扬声器的音调为：低—高—低，呈周期性变化，用示波器看 F 点波形的频率亦有周期性变化。改变电阻 R6 的阻值或电容 C7 的容量，可使 U3 的振荡周期为 0.5 ～ 1 s（频率为 2 ～ 1 Hz）。若扬声器发出的声音无高低变化，则多是三极管 T1 未工作或损坏所致。

3）调试警灯驱动电路

当报警声发生电路工作时，随着 U3 的振荡轮流输出"1"、"0"，装上警灯 LED1、LED2 后，它们就会轮流闪亮。

4）调试报警控制电路

（1）将 U3、U4 的 4 端接 U2：B 的输出端。装上 U2 集成片，通电后，基本 RS 触发器呈初态，即 U2：B 输出"0"、U2：C 输出为"1"。若将 K2 合上一下，基本 RS 触发器立即翻转，U2：B 输出"1"，U2：C 输出"0"，报警发声电路即开始工作（发出声音）。将 K2 断开，将电容 C6 用导线短接一下（按一下 AN），则基本 RS 触发器输出 Q 置 0，报警声停止。

（2）若把开关 K1 断开，则延迟若干秒后，U2：A 输出"0"，基本 RS 触发器也翻转，使 U2：B 输出"1"，U2：C 输出"0"，报警声发生电路也应开始工作（发声）。调节电位器 Rw，可调节所需要的延迟时间。按设计参数延迟时间可在 1 ～ 35 s 内任意调节。若将电容 C6 用导线短接一下（按一下 AN），则基本 RS 触发器输出 Q 置 0，报警声停止。至此说明报警控制电路工作正常。调试完成。

5.4.5 总结与延伸

1. 结论

双路防盗报警器采用～ 220 V 工频交流电源供电，1 路在动断开关发生盗情断开后延时报警，1 路在动合开关发生盗情闭合时立即报警。报警时，两只警灯交替闪亮，同时发出警车报警声，运行灵敏可靠。

2. 改进

报警声音信号可用 LM386 进行功率放大，使发生盗情时更能威慑犯罪分子。

思考与练习题

撰写"双路防盗报警器的设计"设计报告，绘制仿真电路图，选用合适的元件参数，掌握仿真调试的方法与技巧，并仿真成功。

5.5 自动照明电路设计

设计任务书

1. 技术要求
（1）设计一个室外路灯自动照明电路，白天灯灭，晚上灯亮。
（2）设计一个单人卫生间自动照明电路，当来一人进入卫生间时灯亮，离开时灯灭。
2. 给定条件
电源电压为～ 220 V/50 Hz。

照明用电占整个电能消耗相当大的比例，改进照明电路对于节省能源具有重要意义。现有的照明灯具多采用人为开关来控制，在公共场所时常出现"长明灯"现象；有的照明电路利用声音来控制照明灯具的亮灭，往往又因周围环境的干扰而造成失误。因此设计出结构简单、使用方便、运行可靠的自动照明装置十分必要。

5.5.1 室外路灯自动照明电路

一年之内不同季节的昼夜长短各有不同，而一昼夜之内室外光照强度的差别也非常大，白天光照强，晚上光照弱，能使光敏电阻的阻值由几百欧到几兆欧之间变化，利用光敏电阻的这一特点来制作室外路灯自动照明电路，使路灯晚上时自动点亮、白天时自动熄灭。

1. 室外路灯自动照明电路的组成

室外路灯自动照明电路的组成如图 5-5-1 所示，由感光信号采集与处理、光照强度判断电路、控制驱动电路、路灯照明电路、直流稳压电源等部分组成。

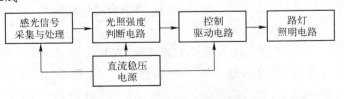

图 5-5-1 室外路灯自动照明电路组成框图

采用处于露天的光敏电阻采集光照强度信号，将其转换为电压信号送入光照强度判断电路进行比较，比较后的结果送给控制驱动电路。若晚上光照强度弱，则由控制驱动电路控制路灯照明电路接通电源，使路灯点亮；

若白天光照强度强则由控制驱动电路控制路灯照明电路断开电源，使路灯熄灭。其中直流稳压电源为室外路灯自动照明电路提供所需的直流电压。整个系统采用～ 220 V/50 Hz 电源供电。

2. 室外路灯自动照明电路

图 5-5-2 所示为一室外路灯自动照明电路。其中 LDR1 为光敏电阻。

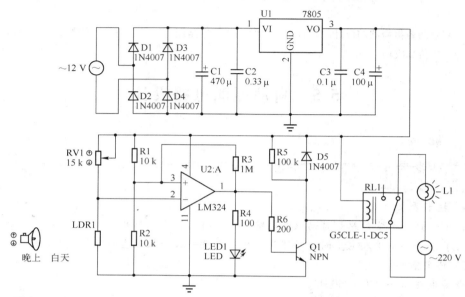

图 5-5-2　室外路灯自动照明电路

3. 室外路灯自动照明电路工作原理

1）+5 V 直流稳压电源

+5 V 直流稳压电源由 U1 集成稳压器 LM7805、电源变压器（～ 220 V/～ 12 V）、整流二极管 D1 ～ D4、电容 C1 ～ C4 构成。～ 220 V 工频交流电源经电源变压器变压为～ 12 V，经单相桥式整流电容滤波及稳压电路后，输出电压为 +5 V，为整个电路提供所需的直流电压。

2）感光信号采集与处理电路

感光信号采集与处理电路由光敏电阻 LRD1 和电位器 RV1 串联而成。白天光照强，光敏电阻的阻值小，所分得的电压低；晚上光照弱，光敏电阻的阻值大，所分得的电压高。这样就将光照的强弱转化为不同的电压数值 U_i，送入 LM324 的反相输入端。RV1 用于调节光敏电阻所获电压的大小，以便调试时选择路灯亮灭合适的临界点。

3）光照强度判断电路

光照强度判断电路是由集成运放 LM324、电阻 R1 ～ R4、发光二极管 LED1 所组成的反相输入滞回电压比较器。其中 R3 将比较的结果反馈回比较器的同相输入端，引入了正反馈，使得比较器的抗干扰能力提高，由 R1、R2 分压提供了比较器的参考电压给其同相输入端，因 R1 = R2 且直流稳压电源电压为 5 V，因此参考电压 $U_{REF} = U_+ = 2.5$ V。发光二极管 LED1 与限流电阻 R4 串联，用于指示比较结果。

感光信号采集与处理电路将光照的强弱转化为不同的电压数值 U_i，由 LM324 的反相输入端输入，与 LM324 的同相输入端的参考电压 U_{REF} 进行比较：

若晚上 $U_i > U_{REF}$，则比较器输出低电平，LED1 不亮；

若白天 $U_i < U_{REF}$，则比较器输出高电平，LED1 亮。

4）控制驱动电路控制照明电路

（1）控制驱动电路

控制驱动电路由三极管 Q1、电阻 R5 ～ R6、二极管 D5、继电器 RL1 的线圈构成。

（2）照明电路

照明电路由路灯 L1、～ 220 V 电源、继电器 RL1 的动断触点（本为转换接点，因只用了常闭状态，故称动断触点）。

（3）控制驱动原理

若晚上 $U_i > U_{REF}$，则比较器输出低电平，三极管 Q1 截止，继电器 RL1 的线圈不通电，继电器 RL1 的动断触点处于闭合状态，使路灯接通～ 220 V 电源而点亮；

若白天 $U_i < U_{REF}$，则比较器输出高电平，三极管 Q1 导通，继电器 RL1 的线圈得电，继电器 RL1 吸合，使其动断触点处于断开状态，路灯因电路切断而熄灭。

（4）二极管 D5 与继电器 RL1 的线圈并联。

当继电器 RL1 的线圈断电时，线圈电流逐渐减小至 0，其感应电动势会对电路中的元件产生反向电压。为防止反向电压击穿电路元件，将二极管 D5 并联在线圈两端，使线圈产生的感应电流通过二极管 D5 和线圈构成的回路做功而消耗掉。

4. 室外路灯自动照明电路的仿真调试

参考图 5-5-2 用 Proteus ISIS 绘制室外路灯自动照明电路，为了方便调试，调用了交流电压表，并在多处放置电压探针。仿真调试过程中需反复适当修改部分元件参数，逐步使电路趋向更佳的状态。仿真调试成功，效果如图 5-5-3 所示。

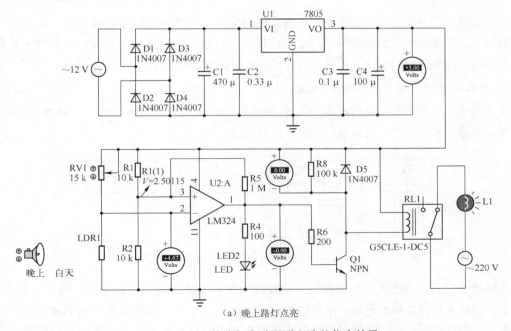

（a）晚上路灯点亮

图 5-5-3　室外路灯自动照明电路的仿真效果

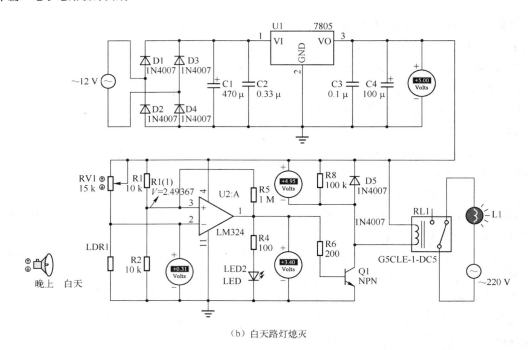

（b）白天路灯熄灭

图5-5-3　室外路灯自动照明电路的仿真效果（续）

5．结论

室外路灯自动照明电路工作稳定可靠，可使路灯晚上时自动点亮、白天时自动熄灭。

5.5.2　单人卫生间自动照明电路

在公共场所的卫生间如学校学生宿舍的公用卫生间，因使用频繁通常都是用"长明灯"的方式照明，长年累月电能的浪费不是一个小的数字。有必要为单独的隔间设计一种稳定可靠的单人卫生间自动照明电路，使有人使用时灯亮，人走灯灭。

1．单人卫生间自动照明电路的组成

单人卫生间自动照明电路的组成如图5-5-4所示，由信号采集与处理、单稳态触发电路、控制驱动电路、照明电路、直流稳压电源等部分组成。

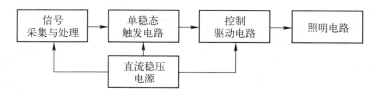

图5-5-4　单人卫生间自动照明电路组成框图

采用处于门框上的磁控元件根据门扇的开合采集有人使用及离开的信号，将其转换为高、低电平信号送入单稳态触发电路，由单稳态触发电路输出一个正脉冲送给控制驱动电路。若有人使用时，则由控制驱动电路控制照明电路接通电源点亮电灯；人一离开则由控制驱动电路控制照明电路断开电源使灯熄灭。其中直流稳压电源为单人卫生间自动照明电路提供所需的直流电压。整个系统采用～ 220 V/50 Hz 电源供电。

2. 单人卫生间自动照明电路

图 5-5-5 所示为一单人卫生间自动照明电路。

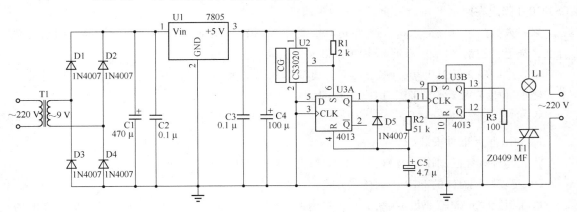

图 5-5-5　单人卫生间自动照明电路

3. 单人卫生间自动照明电路工作原理

1）信号采集与处理

信号采集与处理由霍尔集成传感器 CS3020、电阻 R1 构成 CS3020 基本应用电路完成，门扇合上时，磁钢（CG）靠近 CS3020，3 号端输出低电平（约 0.01 V）；门扇打开时，磁钢（CG）离开 CS3020，3 号端输出高电平（约 4.9 V）。采用自动关闭门，初始状态设定为门扇合上，即磁钢（CG）靠近 CS3020。

2）单稳态触发电路

由 D 触发器 U3A（CC4013）、电阻 R2、电容 C5、二极管 D5 构成单稳态触发电路，该电路的初始状态为稳态，即磁钢（CG）靠近 CS3020，CS3020 的 3 号端为低电平（约 0.01 V），此时电容 C5 放电完毕。当门扇打开即磁钢（CG）离开 CS3020 时，CS3020 的 3 端输出一个高电平有效信号给 CC4013 的 S 端（异步置 1 端，高电平有效），U3A 输出 Q 置 1，即 U3A 的 Q 为高电平，该高电平通过电阻 R2 对电容 C5 充电，当 C5 两端电压充至使 U3A 的 R 端（异步置 0 端，高电平有效）为高电平有效信号，并且此时门扇已自动关闭，U3A 的 S 端为低电平无效信号，因此 U3A 输出 Q 置 0，即 U3A 的 Q 端为低电平，此时 C5 通过 D5 迅速放电，C5 两端电压迅速下降，使 U3A 的 Q 端稳定在低电平状态。由此可见，门扇每打开并自动合上一次，U3A 的 Q 输出一个正脉冲。

3）控制驱动原理

由 D 触发器 U3B（CC4013）、电阻 R3、双向晶闸管 T1 构成控制驱动电路。

由 U3A 的 Q 端输出一个正脉冲，送给 U3B 的 CLK 端作为 D 触发器 U3B 的触发脉冲，由于 U3B 的 D 端与 $\overline{Q}$ 端相连，使得 U3B 每来一个正脉冲，其输出 Q 端的状态翻转一次，而此输出信号作为双向晶闸管的触发信号，U3B 的 Q 端高电平时，灯 L1 亮；U3B 的 Q 端为低电平时，灯 L1 灭。

4）由变压器 Tr、二极管 D1 ～ D4、电容 C1 ～ C4、集成稳压器 7805 构成输出为 +5 V 的直流稳压电源，为整个电路提供所需的直流电压。

4. 工作过程

单人卫生间门为自动关闭门（门扇上安装有磁钢 CG），初始状态设定为磁钢（CG）靠近 CS3020（固定在门框上），且此时 L1（卫生间灯）灭。

来一人拉门扇进入卫生间，磁钢（CG）离开 CS3020，此时 L1（卫生间灯）亮。门扇自动合上，锁上，磁钢（CG）靠近 CS3020，L1（卫生间灯）仍亮。

来人推门扇离开卫生间，磁钢（CG）离开 CS3020，此时 L1（卫生间灯）灭。门扇自动合上，磁钢（CG）靠近 CS3020，L1（卫生间灯）仍灭。

5. 安装注意事项

1）PCB 板元器件安装

将元器件焊在已制作好的 PCB 板上，要求焊接质量良好。

2）安装好元器件的 PCB 板的接线方式

PCB 板上 "LAMP" 处的接线插孔接灯泡，"～" 处的接线插孔接～ 220 V 的工频交流电的两孔插头，给灯泡供电；"～ 9 V" 处的接线插孔接～ 220 V/～ 9 V 电源变压器的次级，电源变压器的初级接一两孔插头（与灯泡所用两孔插头共用），该插头接～ 220 V 的工频交流电；"U2" 处引出三根绝缘导线连接霍尔集成传感器 CS3020 的三引脚，导线长度视霍尔集成传感器 CS3020 的安装位置而定，霍尔集成传感器 CS3020 固定嵌入安装在门框高处的地方，与霍尔集成传感器 CS3020 相对的门扇上固定嵌入安装强度和大小均足够的磁钢，安装位置准确，以确保霍尔集成传感器在门扇开关时能正确工作。

3）安装好元器件的 PCB 板与电源变压器的安装

安装好元器件的 PCB 板与电源变压器固定安装在一绝缘小盒内，该小盒安装在人触及不到的地方。

4）自动关闭门

自动关闭门的复位器用于连接门的框与扇，采用自动关闭门合页，使门扇在推开后能自动回到原关闭处。

6. 结论

单人卫生间自动照明电路可实现有人使用时灯亮，人走灯灭，节能效果显著。

思考与练习题

1. 撰写 "室外路灯自动照明电路的设计" 设计报告，绘制仿真电路图，选用合适的元件参数，仿真成功。

2. 将图 5-5-2 中的 LM324 用比较器 LM393 替代，重新设计仿真电路并调试成功。

3. 分析图 5-5-5 所示单人卫生间自动照明电路的工作原理，估算电路制作成本，购置元器件并制作调试成功。

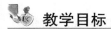

第 **6** 章 单片机电子电路设计

教学目标

1. 掌握单片机系统的基本组成。
2. 掌握程序设计的思路及流程。
3. 掌握 Keil Vision2、Proteus ISIS 文件的基本操作方法和管理方法。
4. 掌握 Keil 与 Proteus 联调仿真的方法。
5. 掌握单片机电子电路的设计、仿真及制作。

6.1　步进电动机控制驱动电路设计

设计任务书

1. 技术要求

设计单片机控制的步进电动机驱动电路，要求：

（1）控制四相步进电动机按半步励磁方式工作。

（2）能控制四相步进电动机正反转。

（3）能控制四相步进电动机加减速。

2. 给定条件

（1）主要采用 AT89S51（或 STC89C51）单片机，步进电动机选用 5 线四相步进电动机（工作电压 5 V）。

（2）计算机，编程器，Keil 软件，Proteus 软件，Word 软件，编程软件。

（3）电源电压为 +5 V。

6.1.1　步进电动机的工作原理

1. 步进电动机概述

步进电动机是一种将电脉冲转化为角位移的执行机构。当步进驱动器接收到一个脉冲信号，它就驱动步进电动机按设定的方向转动一个固定的角度（称为"步距角"），它的旋转是以固定的角度一步一步运行的。可以通过控制脉冲个数来控制角位移量，从而达到准确定位的目的；

同时可以通过控制脉冲频率来控制电动机转动的速度和加速度，从而达到调速的目的。

在非超载的情况下，电动机的转速、停止的位置只取决于脉冲信号的频率和脉冲数，而不受负载变化的影响，即给电动机加一个脉冲信号，电动机就转过一个步距角。这一线性关系的存在，加上步进电动机只有周期性的误差而无累积误差等特点，使步进电动机可以作为一种控制用的特种电动机，广泛应用于各种开环控制。

1）相数：产生不同对极 N、S 磁场的激磁线圈对数。常用 m 表示。

2）拍数：完成一个磁场周期性变化所需脉冲数或导电状态，用 n 表示，或指电机转过一个齿距角所需脉冲数。

以四相电机为例，其四相八拍运行方式即 A – AB – B – BC – C – CD – D – DA – A。

3）步距角：对应一个脉冲信号，电机转子转过的角位移用 θ 表示。$\theta = 360$ 度/（转子齿数 $J \times$ 运行拍数）。以 50 齿转子的四相电机为例，四拍运行时步距角为 $\theta = 360$ 度/（50×4）$= 1.8$ 度（称整步），八拍运行时步距角为 $\theta = 360$ 度/（50×8）$= 0.9$ 度（称半步）。

2. 四相步进电动机工作原理

选用四相步进电动机，采用单个直流电源供电。只要对步进电动机的各相绕组按合适的时序通电，就能使步进电动机步进转动。图 6-1-1 是四相步进电动机工作原理示意图。

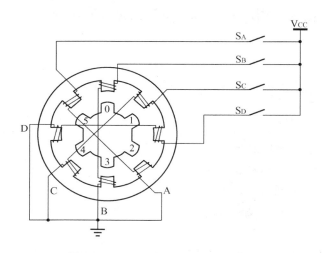

图 6-1-1　四相步进电机步进示意图

若开始时，开关 S_B 接通电源，S_A、S_C、S_D 断开，B 相磁极和转子 0、3 号齿对齐，同时，转子的 1、4 号齿和 C、D 相绕组磁极产生错齿，2、5 号齿和 D、A 相绕组磁极产生错齿。

当开关 S_C 接通电源，S_A、S_B、S_D 断开时，由于 C 相绕组的磁力线和 1、4 号齿之间磁力线的作用，使转子转动，1、4 号齿和 C 相绕组的磁极对齐。而 0、3 号齿和 A、B 相绕组产生错齿，2、5 号齿和 A、D 相绕组磁极产生错齿。

依此类推，A、B、C、D 四相绕组轮流供电，则转子会沿着逆时针方向转动。

四相步进电机按照通电顺序的不同，可分为单四拍、双四拍、八拍三种工作方式。单四拍与双四拍的步距角相等，但单四拍的转动力矩小。八拍工作方式的步距角是单四拍与双四拍的一半，因此，八拍工作方式既可以保持较高的转动力矩又可以提高控制精度。

单四拍、双四拍与八拍工作方式的电源通电时序与波形分别如图6-1-2所示。

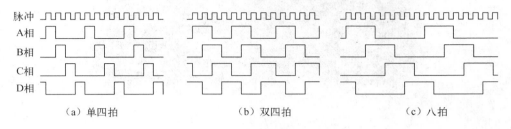

（a）单四拍　　　　　　　（b）双四拍　　　　　　（c）八拍

图6-1-2　步进电机工作时序波形图

四相单四拍为 A－B－C－D－A，步距角为1.8度；四相双四拍为 AB－BC－CD－DA－AB，步距角为1.8度；四相八拍为 AB－B－BC－C－CD－D－DA－A－AB，步距角为0.9度。

五线四相步进电动机：用万用表测，当发现五线中有一根线和其他几根线的电阻是相当的，那么这根线就是公共com端。

3. 步进电动机应用时的注意事项

1）步进电动机应用于低速场合——每分钟转速不超过1000转，最好在1000～3000PPS（0.9度）间使用（每秒脉冲数简称PPS），可通过减速装置使其在此间工作，此时电机工作效率高，噪音低。

2）步进电机最好不使用整步状态，整步状态时振动大。

3）由于历史原因，只有标称为12V电压的电动机使用12V外，其他电动机的电压值不是驱动电压伏值，可根据驱动器选择驱动电压，当然12V的电压除12V恒压驱动外也可以采用其他驱动电源，不过要考虑温升。

4）转动惯量大的负载应选择大号机座的电机。

5）电动机在较高速或大惯量负载时，一般不在工作速度启动，而采用逐渐升频提速，一可使电动机不失步，二可以减少噪声，同时还触提高电机停止的定位精度。

6）电机不应在振动区内工作，若必须可通过改变电压、电流或加一些阻尼来解决。

7）电机在600PPS（0.9度）以下工作时，应采用小电流、大电感、低电压来驱动。

6.1.2　单片机概述

1. 单片机概述

一台能够工作的计算机主要由如下几个部分构成：CPU（进行运算、控制）、RAM（数据存储）、ROM（程序存储）、输入/输出设备（如串行口、并行输出口）。在个人计算机上这些部分被分成若干块芯片安装在主板上，而在单片机中，这些部分全部被做到一块集成电路芯片中了，所以就称为单片机或单芯片机。单片机 AT89S51 封装如图6-1-3所示。单片机是一种控制芯片，也是一个微型的计算机，而加上晶体振荡器、存储器、地址锁存器、逻辑门、译码器、显示器、按钮（或键盘）、扩展芯片、接口等就成了单片机系统。

由于单片机具有体积小、重量轻、电源单一、功耗低、功能强、价格低、运行速度快、可靠性高、抗干扰能力强等优点，因此被广泛应用于测控系统、数据采集、智能仪器仪表、机电一体化产品、智能接口、计算机通信以及单片机的多级系统等领域。

图 6-1-3　单片机 AT89S51 封装

2. 引脚详解

MCS‒51 系列单片机 8051 以及 AT89S51/AT89C51 等均采用双列直插 DIP40 封装。如图 6-1-4 所示。40 个引脚中，电源正极和地线两根，外置石英晶体振荡器的时钟线两根，4 组 8 位共 32 个 I/O 口，其中 P3 口线复用一些特殊功能。AT89S51 各引脚的功能说明如下：

1）电源引脚

V_{CC}：40 端。电源正极，工作电压为 +5 V；

GND：20 端。接地极。

2）外接晶体引脚

Pin19：时钟 XTAL1 端；

Pin18：时钟 XTAL2 端。

XTAL1 是片内振荡器的反相放大器输入端，XTAL2 则是输出端，使用外部振荡器时，外部振荡信号应直接加到 XTAL1，而 XTAL2 悬空。内部方式时，时钟发生器对振荡脉冲二分频，如晶振为 12 MHz，时钟频率就为 6 MHz。晶振的频率可以在 1 ～ 24 MHz 内选择。电容取 30 pF 左右。

3）复位端　RESET　9

在振荡器运行时，有两个机器周期（24 个振荡周期）以上的高电平出现在此引脚时，将使单片机复位，只要这个引脚保持高电平，51 芯片便循环复位。复位后 P0 ～ P3 口均置 1，引脚表现为高电平，程序计数器和特殊功能寄存器 SFR 全部清零。当复位端由高电平变为低电平时，芯片从 ROM 的 0000H 处开始运行程序。常用的复位电路如图 6-1-5 所示。复位操作不会对内部 RAM 有所影响。当 AT89S51 通电，时钟电路开始工作，在 RESET 引脚上出现 24 个时钟周期以上的高电平，系统即初始复位。此外，RESET 还是一复用端，V_{CC} 掉电期间，此引脚可接上备用电源，以保证单片机内部 RAM 的数据不丢失。

4）输入输出（I/O）引脚

Pin39 ～ Pin 32 为 P00 ～ P07 输入输出端，称为 P0 口，是一个 8 位漏极开路型双向 I/O 口。内部不带上拉电阻（上拉电阻简单来说就是把电平拉高，通常用 4.7 ～ 10 kΩ 的电阻接到 V_{CC} 电源，下拉电阻则是把电平拉低，电阻接到 GND 地线上），当外接上拉电阻时，每位能以吸收电流的方式驱动 8 个 LSTTL 负载。通常在使用时外接上拉电阻，用来驱动多个数码管。在访问外部程序和外部数据存储器时，P0 口是分时转换的地址（低 8 位）/数据总线，不需要外接上拉电阻。

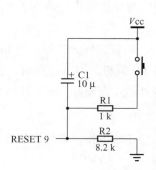

1	P10	VCC	40
2	P11	P00	39
3	P12	P01	38
4	P13	P02	37
5	P14	P03	36
6	P15	P04	35
7	P16	P05	34
8	P17	P06	33
9	RESET	P07	32
10	RXD	$\overline{EA}$/VP	31
11	TXD	ALE/$\overline{P}$	30
12	$\overline{INT0}$	$\overline{PSEN}$	29
13	$\overline{INT1}$	P27	28
14	T0	P26	27
15	T1	P25	26
16	$\overline{WR}$	P24	25
17	$\overline{RD}$	P23	24
18	X2	P22	23
19	X1	P21	22
20	GND	P20	21

图 6-1-4　51 单片机引脚图　　　　图 6-1-5　常用复位电路

Pin1 ～ Pin 8 为 P10 ～ P17 输入输出端，称为 P1 口，是一个带内部上拉电阻的 8 位双向 I/O 口，每位能驱动 4 个 LSTTL 负载。通常在使用时不需要外接上拉电阻，就可以直接驱动发光二极管。端口置 1 时，内部上拉电阻将端口拉到高电平，作输入用。同时，在单片机工作时，可以通过用指令控制单片机的引脚输出高电平或者低电平。

Pin21 ～ Pin 28 为 P20 ～ P27 输入输出端，称为 P2 口，是一个带内部上拉电阻的 8 位双向 I/O 口，每位能驱动 4 个 LSTTL 负载。端口置 1 时，内部上拉电阻将端口拉到高电平，作输入用。对内部 Flash 程序存储器编程时，接收高 8 位地址和控制信息。在访问外部程序和 16 位外部数据存储器时，P2 口送出高 8 位地址。而在访问 8 位地址的外部数据存储器时其引脚上的内容在此期间不会改变。

Pin10 ～ Pin 17 为 P30 ～ P37 输入输出端，称为 P3 口，是一个带内部上拉电阻的 8 位双向 I/O 口，每位能驱动 4 个 LSTTL 负载。端口置 1 时，内部上拉电阻将端口拉到高电平，作输入用。对内部 Flash 程序存储器编程时接收控制信息。

P3 口在做输入使用时，因内部有上拉电阻，被外部拉低的引脚会输出一定的电流。除了作为一般的 I/O 口之外 P3 口还用于一些专门功能，具体见表 6-1-1。

表 6-1-1　P3 口的专门功能

P3 口引脚	兼 用 功 能	P3 口引脚	兼 用 功 能
P30	串行通讯输入（RXD）	P34	定时器 0 输入（T0）
P31	串行通讯输出（TXD）	P35	定时器 1 输入（T1）
P32	外部中断 0（$\overline{INT0}$）	P36	外部数据存储器写选通 $\overline{WR}$
P33	外部中断 1（$\overline{INT1}$）	P37	外部数据存储器读选通 $\overline{RD}$

5）其他的控制或复用引脚

（1）30 端：访问外部存储器时，ALE（地址锁存允许）的输出用于锁存地址的低位字节。

即使不访问外部存储器，ALE 端仍以不变的频率输出脉冲信号（此频率是振荡器频率的 1/6）。在访问外部数据存储器时，出现一个 ALE 脉冲。对 Flash 存储器编程时，这个引脚用于输入编程脉冲 PROG。

（2）29 端：该引脚是外部程序存储器的选通信号输出端。当 AT89S51 由外部程序存储器取指令或常数时，每个机器周期输出 2 个脉冲即两次有效。但访问外部数据存储器时，将不会有脉冲输出。

（3）31 端：外部访问允许端。当 EA 输入高电平时，CPU 可以访问片内程序存储器 4KB 的地址范围，若 PC 值超出 4KB 范围时，将自动转向访问片外程序存储器。当 EA 输入低电平时，则只能访问片外程序存储器，不论片内是否有程序存储器。

3．工作条件

单片机要想正常工作，必须具备以下工作条件：

（1）电源 V_{CC} +5 V 40 端。

（2）接地 GND 20 端。

（3）复位电路：RES 端维持高电平时间不能少于 24 个振荡周期，单片机保持在复位状态。

（4）时钟电路：单片机的工作是在统一时钟下工作的，所以必须有时钟电路。

（5）存储器控制电路：第 31 端 EA 端接高电平。

（6）单片机内部必须具有相应的程序。

综上述，单片机必须至少具备如图 6-1-6 所示电路。

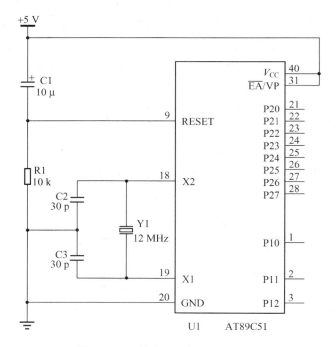

图 6-1-6　单片机必备的基础电路

4. 汇编指令系统

单片机编程采用的是十六进制。MCS－51 系列单片机的汇编指令系统共有 111 条指令，其中 49 条是单字节指令，45 条是双字节指令，17 条是三字节指令。

MCS－51 的指令系统共有 33 个功能，用汇编编程时只需要 42 个助记符就能指明这 33 个功能操作。

1）指令格式

MCS－51 汇编语言指令格式与其他微机的指令格式一样，均由以下几部分组成：

［标号：］＜操作码＞［操作数］［；注释］

指令格式中，［　］中表示可有可无，为可选项。

标号：又称为指令地址符号，一般由 1 到 6 个字符组成，标号是以字母开头的字母数字串，与操作码之间用冒号分开。

操作码：是由助记符表示的字符串，它规定了指令的操作功能。操作码是指令的核心，不可缺少。

操作码和操作数之间必须用空格分隔。

操作数：是指参加操作的数据和数据的地址。操作数可以为 1、2、3 个，操作数与操作数之间必须用逗号分隔，也可以没有操作数。

不同功能的指令，操作数作用不同，如传送指令多数有两个操作数，写在左边的是目的操作数（表示操作结果存放的单元地址），写在右边的称为源操作数（指出操作数的来源）。

注释：为该条指令作说明，便于阅读。注释以分号开头。

2）指令分类

MCS－51 的 111 条指令分为下面 5 类：

（1）数据传送类指令 29 条。分为片内 RAM、片外 RAM、程序存储器的传送指令，交换及堆栈操作指令。

（2）算术运算类指令 24 条。分为加、减、乘、除、加 1、减 1 等指令。

（3）逻辑运算及移位类指令 24 条。分为逻辑与、或、非、异或、移位等指令。

（4）控制转移类指令 17 条。分为无条件转移与调用、条件转移、空操作等指令。

（5）位操作类指令 17 条。分为数据传送、位与、位或、位转移等指令。

6.1.3　控制电路设计

1. 步进电动机驱动控制电路原理图

设计步进电动机驱动控制电路如图 6-1-7 所示。其中单片机 AT89C51 用于控制步进电动机的工作状态，SW1 为步进电动机正反转控制开关，两个自复位按钮分别用于调整步进电动机加速和减速，ULN2003A 用于驱动步进电动机工作。4 只发光二极管及其限流电阻帮助监视调试运行的程序至成功，然后再接入步进电动机，待步进电动机接入电路并调试成功后可删去这 4 只发光二极管及其限流电阻。

2. 集成驱动电路 ULN2003A

在自动化密集的场合会有很多被控元件如继电器、微型电动机、风机、电磁阀等元件及设

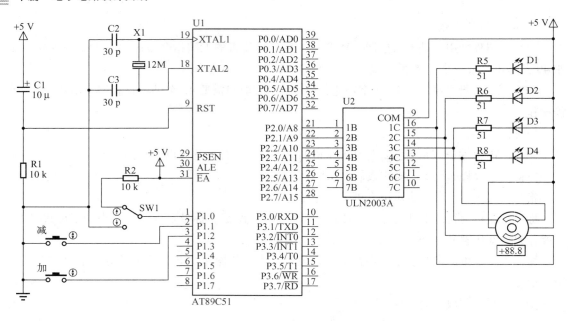

图 6-1-7　步进电机驱动控制电路

备，这些元件及设备通常由 CPU 集中控制，由于控制系统不能直接驱动被控元件，需要由功率电路来满足被控元件工作电流、电压的需要。ULN2XXXX 高压大电流达林顿晶体管阵列系列产品就属于这类可控大功率器件，应用范围广。

1）ULN2003A

ULN2003A 是一个单片高压大电流的达林顿晶体管阵列集成电路，由 7 对 NPN 达林顿管组成，适宜驱动感性负载（如线圈）和普通负载（如灯）。每对达林顿管的集电极电流最大可达 500 mA。达林顿管并联可以承受更大的电流。ULN2003A 主要应用于驱动继电器、微型电动机、灯等元件。ULN2003A 内部有 7 路反相驱动电路，即当输入端为高电平时输出端为低电平，当输入端为低电平时输出端为高电平。其内部结构如图 6-1-8 所示。

2）ULN2003A 应用电路及使用注意事项

（1）对一般电路，如图 6-1-9 所示，ULN2003A 内部的二极管可以不用，即 ULN2003A 芯片 9 端开路。图中 9 端所接按钮为试灯按钮，即按下该按钮，所有灯应点亮，用于检测所驱动的灯是否全部完好。

（2）若使用 ULN2003A 内部的二极管，则 9 端所接电源必须与关断时输出端所承受的电源为同一电源（如图 6-1-10 所示），否则不能实现关断。例如，当 9 端接 5 V 电源时，输出端不能关断 12 V 电压。

（3）驱动感性负载（线圈）时，ULN2003A 内部的二极管通常是并联在线圈的两端（如图 6-1-10 所示）。当线圈电流逐渐减小至 0 时，其感应电动势会对电路中的元件产生反向电压。为防止反向电压击穿电路元件，将 ULN2003A 内部的二极管并联在线圈两端，使线圈产生的感应电流通过二极管和线圈构成的回路做功而消耗掉。

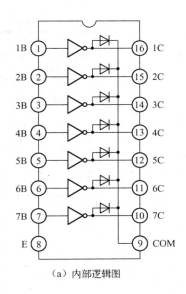

（a）内部逻辑图

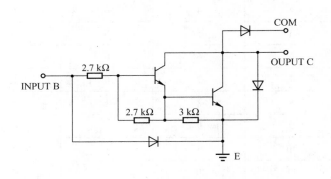

（b）内部每对达林顿管示意图

图6-1-8 ULN2003A

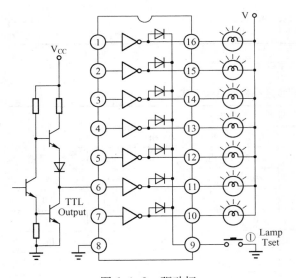

图6-1-9 驱动灯

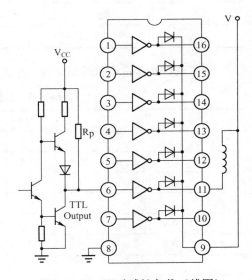

图6-1-10 驱动感性负载（线圈）

6.1.4 控制程序设计

1. 步进电动机的驱动方式

1）十进制、十六进制、二进制数转换对应见表6-1-2。

表6-1-2 十进制、十六进制、二进制数转换表

十 进 制 数	十六进制数	二 进 制 数			
0	0	0	0	0	0
1	1	0	0	0	1
2	2	0	0	1	0

续表

十 进 制 数	十六进制数	二 进 制 数			
3	3	0	0	1	1
4	4	0	1	0	0
5	5	0	1	0	1
6	6	0	1	1	0
7	7	0	1	1	1
8	8	1	0	0	0
9	9	1	0	0	1
10	A	1	0	1	0
11	B	1	0	1	1
12	C	1	1	0	0
13	D	1	1	0	1
14	E	1	1	1	0
15	F	1	1	1	1

2）五线四相步进电机的驱动方式见表 6-1-3。

表 6-1-3　五线四相步进电机的驱动方式

八拍	未接端子				四相				数据输出	电机运转
					D 相	C 相	B 相	A 相		
	P2.7	P2.6	P2.5	P2.4	P2.3	P2.2	P2.1	P2.0	P2	半步励磁
1	0	0	0	0	0	0	0	1	01H	A
2	0	0	0	0	0	0	1	1	03H	AB
3	0	0	0	0	0	0	1	0	02H	B
4	0	0	0	0	0	1	1	0	06H	BC
5	0	0	0	0	0	1	0	0	04H	C
6	0	0	0	0	1	1	0	0	0CH	CD
7	0	0	0	0	1	0	0	0	08H	D
8	0	0	0	0	1	0	0	1	09H	DA

2. 汇编程序设计

1）使一只发光二极管一亮一灭

程序1：采用给输入输出端口一个亮状态延时一段时间、一个灭状态延时一段时间的方法。

```
;P2.0 的发光二极管一亮一灭
    ORG 0000H              ;程序存放的起始地址
    LJMP START            ;跳转到主程序
    ORG 0030H             ;主程序入口地址
```

```
START: MOV A,#01H            ;发光二极管亮
       MOV P2,A              ;状态输出ACALL DELAY        ;调用延
时子程序
       MOV A,#00H            ;发光二极管灭
       MOV P2,A              ;状态输出
       ACALL DELAY           ;调用延时子程序
       SJMP START
DELAY: MOV R6,#250           ;延时子程序
L1：   MOV R7,#200
       DJNZ R7,$
       DJNZ R6,L1
       RET                   ;延时子程序返回
       END
```

程序 2:采用给输出端点置 1 状态延时一段时间、置 0 状态延时一段时间的方法。

```
;P2.0 的发光二极管一亮一灭
       ORG 0000H
       LJMP START
       ORG 0030H
START: SETB P2.0
       ACALL DELAY
       CLR  P2.0
       ACALL DELAY
       SJMPSTART
DELAY: MOV R6,#250
       MOV R7,#200
L1：   DJNZ R7,$
       DJNZ R6,L1
       RET
       END
```

2）用单片机控制四相步进电动机按半步励磁方式工作

使四只发光二极管按四相步进电动机半步励磁方式四相八拍的顺序亮灭。

程序 1:采用给输入输出端口一个状态延时一段时间的方法。

```
;P2 的四只发光二极管按四相八拍的顺序亮灭
       ORG 0000H
       LJMP START
       ORG 0030H
START: MOV A,#01H            ;A 相
       MOV P2,A              ;状态输出
```

```
            ACALL DELAY                         ;调用延时子程序
            MOV A,#03H                          ;A 相、B 相
            MOV P2,A
            ACALL DELAY
            MOV A,#02H                          ;B 相
            MOV P2,A
            ACALL DELAY
            MOV A,#06H                          ;B 相、C 相
            MOV P2,A
            ACALL DELAY
            MOV A,#04H                          ;C 相
            MOV P2,A
            ACALL DELAY
            MOV A,#0CH                          ;C 相、D 相
            MOV P2,A
            ACALL DELAY
            MOV A,#08H                          ;D 相
            MOV P2,A
            ACALL DELAY
            MOV A,#09H                          ;D 相、A 相
            MOV P2,A
            ACALL DELAY
            SJMP START
DELAY:      MOV R6,#250
L1:         MOV R7,#200
            DJNZ R7,$
            DJNZ R6,L1
            RET
            END
```

程序 2:采用查表的方法。
;P2 的四只发光二极管按四相八拍的顺序亮灭

```
            ORG 0000H
            LJMP START
            ORG 0030H
START:      MOV R3,#8                           ;脉冲表格数据个数
            MOV R4,#0                           ;表格数据输出准备
ZZ:         MOV DPTR,#TAB1                      ;填充正转数据
            MOV A,R4                            ;输入数据
            MOVC A,@ A + DPTR
            MOV P2,A                            ;输出数据
```

```
              INC R4
              ACALL DELAY
              DJNZ R3 ,ZZ                      ;R3 - 1≠0 时转 ZZ
              SJMP START
DELAY:MOV R6,#250
L1：         MOV R7,#200
              DJNZ R7, $
              DJNZ R6,L1
              RET
TAB1： DB 01H,03H,02H,06H,04H,0CH,08H,09H
              END
```

3）用单片机控制四相步进电机按半步励磁方式工作，用一转换开关控制电机正反转。

程序 1：判断正反转后,各自采用给输入输出端口一个状态延时一段时间的方法。
;P2 的四只发光二极管按四相八拍的正反顺序亮灭

```
              ORG 0000H
              LJMP START
              ORG 0030H
START：JNB P1.0,ZZ                       ;P1.0 为 0 时正转
              MOV A,#09H                     ;D 相、A 相(开始反转)
              MOV P2,A
              ACALL DELAY
              MOV A,#08H                     ;D 相
              MOV P2,A
              ACALL DELAY
              MOV A,#0CH                     ;C 相、D 相
              MOV P2,A
              ACALL DELAY
              MOV A,#04H                     ;C 相
              MOV P2,A
              ACALL DELAY
              MOV A,#06H                     ;B 相、C 相
              MOV P2,A
              ACALL DELAY
              MOV A,#02H                     ;B 相
              MOV P2,A
              ACALL DELAY
              MOV A,#03H                     ;A 相、B 相
              MOV P2,A
              ACALL DELAY
```

```
                MOV A,#01H                    ;A 相
                MOV P2,A
                ACALL DELAY
                SJMP START
ZZ:             MOV A,#01H                    ;A 相(开始正转)
                MOV P2,A
                ACALL DELAY
                MOV A,#03H                    ;A 相、B 相
                MOV P2,A
                ACALL DELAY
                MOV A,#02H                    ;B 相
                MOV P2,A
                ACALL DELAY
                MOV A,#06H                    ;B 相、C 相
                MOV P2,A
                ACALL DELAY
                MOV A,#04H                    ;C 相
                MOV P2,A
                ACALL DELAY
                MOV A,#0CH                    ;C 相、D 相
                MOV P2,A
                ACALL DELAY
                MOV A,#08H                    ;D 相
                MOV P2,A
                ACALL DELAY
                MOV A,#09H                    ;D 相、A 相
                MOV P2,A
                ACALL DELAY
                SJMP START
DELAY:          MOV R6,#250
L1:             MOV R7,#200
                DJNZ R7,$
                DJNZ R6,L1
                RET
                END
```

程序2:判断正反转后,采用各自查表各自输出的方法。
;P2 的四只发光二极管按四相八拍的正反顺序亮灭
```
                ORG 0000H
```

```
                 LJMP START
                 ORG 0030H
START：   MOV R3,#8                              ;脉冲表格数据个数
                 MOV R4,#0                              ;表格数据输出准备
                 JNB P1.0,ZZ                            ;P1.0 为 0 时正转
FZ：        MOV DPTR,#TAB2                    ;填充反转数据
                 MOV A,R4                                ;输入数据
                 MOVC A,@ A + DPTR
                 MOV P2,A                                ;输出数据
                 INC R4
                 ACALL DELAY
                 DJNZ R3,FZ                             ;R3 - 1≠0 时转 FZ
                 SJMP START
ZZ：        MOV DPTR,#TAB1                    ;填充正转数据
                 MOV A,R4                                ;输入数据
                 MOVC A,@ A + DPTR
                 MOV P2,A                                ;输出数据
                 INC R4
                 ACALL DELAY
                 DJNZ R3,ZZ                             ;R3 - 1≠0 时转 ZZ
                 SJMP START
DELAY：MOV R6,#250
L1：        MOV R7,#200
                 DJNZ R7,$
                 DJNZ R6,L1
                 RET
TAB1：    DB 01H,03H,02H,06H,04H,0CH,08H,09H      ;正转数据表
TAB2：    DB 09H,08H,0CH,04H,06H,02H,03H,01H      ;反转数据表
                 END
```

4）用单片机控制四相步进电机按半步励磁方式工作，用一个转换开关控制电机的正反转，用两个按钮分别控制电机的加减速。

方案一：

（1）流程图 1 如图 6-1-11 所示。

（2）源程序如下。

程序 1：按图 6-1-11 所示流程判断加减速、正反转后，运转正反转时，采用各自给输入输出端口一个状态延时一段时间的方法。

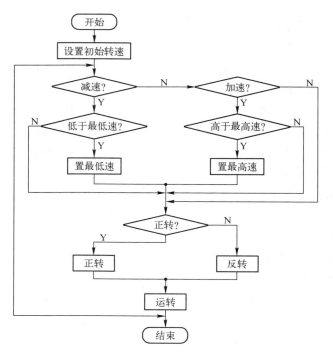

图 6-1-11　流程图 1

```
;P2 的四只发光二极管按四相八拍的正反顺序亮灭,可加减速
        ORG 0000H
        LJMP START
        ORG 0030H
START: MOV R2,#5                    ;设初始转速
LOOP:  JNB P1.1,JIANS               ;P1.1 为 0 时减速
        JNB P1.2,JIAS               ;P1.2 为 0 时加速
        SJMP YZ
JIANS: INC R2                       ;减速处理
        CJNE R2,#11,YZ              ;R2≠#11 时转 YZ
        MOV R2,#10                  ;最低限速
        SJMP YZ
JIAS:  DJNZ R2,YZ                   ;加速处理,R2-1≠0 时转 YZ
        MOV R2,#1                   ;最高限速
YZ:    JNB P1.0,ZZ                  ;P1.0 为 0 时正转
        MOV A,#09H                  ;D 相、A 相(开始反转)
        MOV P2,A
        ACALL DELAY
        MOV A,#08H                  ;D 相
        MOV P2,A
        ACALL DELAY
```

```
              MOV A,#0CH                    ;C 相、D 相
              MOV P2,A
              ACALL DELAY
              MOV A,#04H                    ;C 相
              MOV P2,A
              ACALL DELAY
              MOV A,#06H                    ;B 相、C 相
              MOV P2,A
              ACALL DELAY
              MOV A,#02H                    ;B 相
              MOV P2,A
              ACALL DELAY
              MOV A,#03H                    ;A 相、B 相
              MOV P2,A
              ACALL DELAY
              MOV A,#01H                    ;A 相
              MOV P2,A
              ACALL DELAY
              SJMP LOOP
ZZ:           MOV A,#01H                    ;A 相（开始正转）
              MOV P2,A
              ACALL DELAY
              MOV A,#03H                    ;A 相、B 相
              MOV P2,A
              ACALL DELAY
              MOV A,#02H                    ;B 相
              MOV P2,A
              ACALL DELAY
              MOV A,#06H                    ;B 相、C 相
              MOV P2,A
              ACALL DELAY
              MOV A,#04H                    ;C 相
              MOV P2,A
              ACALL DELAY
              MOV A,#0CH                    ;C 相、D 相
              MOV P2,A
              ACALL DELAY
              MOV A,#08H                    ;D 相
              MOV P2,A
              ACALL DELAY
```

```
        MOV A,#09H                        ;D 相、A 相
        MOV P2,A
        ACALL DELAY
        SJMP LOOP


DELAY: MOV A,R2
        MOV R5,A
L1:     MOV R6,#20
L2:     MOV R7,#250
        DJNZ R7,$
        DJNZ R6,L2
        DJNZ R5,L1
        RET
        END
```

程序 2:按图 6-1-11 所示流程判断加减速、正反转后,运转正反转时,采用各自查表各自输出的方法。

```
;P2 的四只发光二极管按四相八拍的正反顺序亮灭,可加减速
        ORG 0000H
        LJMPSTART
        ORG 0030H
START: MOV R2,#5                          ;设初始转速
LOOP:  JNB P1.1,JIANS                     ;P1.1 为 0 时减速
        JNB P1.2,JIAS                     ;P1.2 为 0 时加速
        SJMP YZ
JIANS:  INC R2                            ;减速处理
        CJNE R2,#11,YZ                    ;R2 ≠ #11 时转 YZ
        MOV R2,#10                        ;最低限速
        SJMP YZ
JIAS:   DJNZ R2,YZ                        ;加速处理,R2 - 1 ≠ 0 时转 YZ
        MOV R2,#1                         ;最高限速
YZ:     MOV R3,#8                         ;脉冲表格数据个数
        MOV R4,#0                         ;表格数据输出准备
        JNB P1.0,ZZ                       ;P1.0 为 0 时正转
FZ:     MOV DPTR,#TAB2                    ;填充反转数据
        MOV A,R4                          ;输入数据
        MOVC A,@ A + DPTR
        MOV P2,A                          ;输出数据
        INC R4
```

```
        ACALL DELAY
        DJNZ R3,FZ                          ;R3－1≠0 时转 FZ
        SJMP LOOP
ZZ:     MOV DPTR,#TAB1                      ;填充正转数据
        MOV A,R4                            ;输入数据
        MOVC A,@ A＋DPTR
        MOV P2,A                            ;输出数据
        INC R4
        ACALL DELAY
        DJNZ R3,ZZ                          ;R3－1≠0 时转 ZZ
        SJMP LOOP


DELAY:  MOV A,R2
        MOV R5,A
L1:     MOV R6,#20
L2:     MOV R7,#250
        DJNZ R7 $
        DJNZ R6,L2
        DJNZ R5,L1
        RET


TAB1:   DB 01H,03H,02H,06H,04H,0CH,08H,09H  ;正转数据表
TAB2:   DB 09H,08H,0CH,04H,06H,02H,03H,01H  ;反转数据表
        END
```

程序 3:(推荐)按图 6-1-11 所示流程判断加减速、正反转后,运转正反转时,采用各自查表共用输出的方法。

;P2 的四只发光二极管按四相八拍的正反顺序亮灭,可加减速

```
        ORG 0000H
        LJMP START
        ORG 0030H
START:  MOV R2,#5                           ;设初始转速
LOOP:   MOV R3,#8                           ;脉冲表格数据个数
        MOV R4,#0                           ;表格数据输出准备
        JNB P1.1,JIANS                      ;P1.1 为 0 时减速
        JNB P1.2,JIAS                       ;P1.2 为 0 时加速
        SJMP YZ
JIANS:  INC R2                              ;减速处理
```

```
                CJNE R2,#11,YZ              ;R2≠#11 时转 YZ
                MOV R2,#10                 ;最低限速
                SJMP YZ
JIAS:           DJNZ R2,YZ                 ;加速处理,R2－1≠0 时转 YZ
                MOV R2,#1                  ;最高限速
YZ:             JNB P1.0,ZZ                ;P1.0 为 0 时正转
FZ:             MOV DPTR,#TAB2             ;填充反转数据
                ACALL OUT                  ;调用 OUT 子程序
                DJNZ R3,FZ                 ;R3－1≠0 时转 FZ
                SJMP LOOP
ZZ:             MOV DPTR,#TAB1

                ACALL OUT                  ;调用 OUT 子程序
                DJNZ R3,ZZ                 ;R3－1≠0 时转 ZZ
                SJMP LOOP


OUT:            MOV A,R4                   ;输入数据
                MOVC A,@ A + DPTR
                MOV P2,A                   ;输出数据
                INC R4
                ACALL DELAY
                RET                        ;OUT 子程序返回


DELAY:          MOV A,R2
                MOV R5,A
L1:             MOV R6,#20
L2:             MOV R7,#250
                DJNZ R7, $
                DJNZ R6,L2
                DJNZ R5,L1
                RET


TAB1:           DB 01H,03H,02H,06H,04H,0CH,08H,09H    ;正转数据表
TAB2:           DB 09H,08H,0CH,04H,06H,02H,03H,01H    ;反转数据表
                END
```

方案二:

(1) 流程图 2 如图 6-1-12 所示。

(2) 源程序如下。

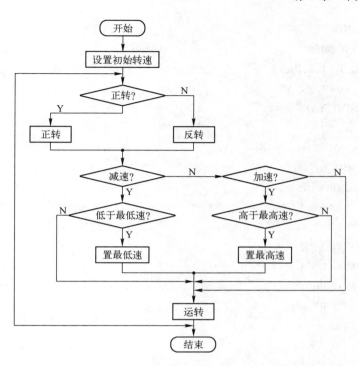

图 6-1-12　流程图 2

程序 1：按图 6-1-12 所示流程判断正反转后，运转正反转时判断加减速并设置，采用各自查表共用输出的方法。

;P2 的四只发光二极管按四相八拍的正反顺序亮灭，可加减速

```
            ORG 0000H
            LJMP START
            ORG 0030H
START:      MOV R2,#5              ;设初始转速
LOOP:       MOV R3,#8              ;脉冲表格数据个数
            MOV R4,#0              ;表格数据输出准备
            JNB P1.0,ZZ           ;P1.0 为 0 时正转
FZ:         MOV DPTR,#TAB2        ;填充反转数据
            ACALL OUT
            DJNZ R3,FZ            ;R3 - 1≠0 时转 FZ
            SJMP LOOP

ZZ:         MOV DPTR,#TAB1        ;填充正转数据
            ACALL OUT            ;调用 OUT 子程序
            DJNZ R3,ZZ           ;R3 - 1≠0 时转 ZZ
            SJMP LOOP


OUT:        MOV A,R4              ;输入数据
            MOVC A,@ A + DPTR
```

```
        MOV P2,A                        ;输出数据
        INC R4
        JNB P1.1,JIANS                  ;P1.1 为 0 时减速
        JNB P1.2,JIAS                   ;P1.2 为 0 时加速
        SJMP YANS
JIANS:  INC R2                          ;减速处理
        CJNE R2,#11,YANS                ;R2≠#11 时转 YANS
        MOV R2,#10                      ;最低限速
        SJMP YANS
JIAS:   DJNZ R2,YANS                    ;加速处理,R2－1≠0 时转 YANS
        MOV R2,#1                       ;最高限速
YANS:   MOV A,R2                        ;延时
        MOV R5,A
L1:     MOV R6,#20
L2:     MOV R7,#250
        DJNZ R7,$
        DJNZ R6,L2
        DJNZ R5,L1
        RET                             ;OUT 子程序返回

TAB1:   DB 01H,03H,02H,06H,04H,0CH,08H,09H;正转数据表
TAB2:   DB 09H,08H,0CH,04H,06H,02H,03H,01H;反转数据表
        END
```

程序 2:按图 6－1－12 所示流程判断正反转后,运转正反转时先调用调速子程序并设置,采用各自查表共用输出口的方法。

;P2 的四只发光二极管按四相八拍的正反顺序亮灭,可加减速

```
        ORG 0000H
        LJMP START
        ORG 0030H
START:  MOV R2,#5                       ;设初始转速
LOOP:   MOV R3,#8                       ;脉冲表格数据个数
        MOV R4,#0                       ;表格数据输出准备
        JNB P1.0 ,ZZ                    ;P1.0 为 0 时正转
FZ:     ACALL TIAOSU                    ;调用 TIAOSU 子程序
        MOV DPTR,#TAB2                  ;填充反转数据
        ACALL OUT                       ;调用 OUT 子程序
        DJNZ R3,FZ                      ;R3－1≠0 时转 FZ
        SJMP LOOP
ZZ:     ACALL TIAOSU                    ;调用 TIAOSU 子程序
```

```
            MOV DPTR,#TAB1              ;填充正转数据
            ACALL OUT                   ;调用 OUT 子程序
            DJNZ R3,ZZ                  ;R3 - 1≠0 时转 ZZ
            SJMP LOOP

TIAOSU：JNB P1.1,JIANS                  ;P1.1 为 0 时减速
            JNB P1.2,JIAS               ;P1.2 为 0 时加速
            SJMP FANH
JIANS：  INC R2                         ;减速处理
            CJNE R2,#11,FANH            ;R2≠#11 时转 FANH
            MOV R2,#10                  ;最低限速
JIAS：   DJNZ R2,FANH                   ;加速处理,R2 - 1≠0 时转 FANH
            MOV R2,#1                   ;最高限速
FANH：   RET                            ;TIAOSU 子程序返回

OUT：    MOV A,R4                       ;输入数据
            MOVC A,@ A + DPTR
            MOV P2,A                    ;输出数据
            INC R4
            ACALL DELAY
            RET                         ;OUT 子程序返回

DELAY：MOV A,R2
            MOV R5,A
L1：     MOV R6,#20
L2：     MOV R7,#250
            DJNZ R7,$
            DJNZ R6,L2
            DJNZ R5,L1
            RET

TAB1：   DB 01H,03H,02H,06H,04H,0CH,08H,09H  ;正转数据表
TAB2：   DB 09H,08H,0CH,04H,06H,02H,03H,01H  ;反转数据表
            END
```

6.1.5　仿真调试

1. 安装 Proteus、Keil、stc - isp - v3.1 及编程器驱动等 4 个软件

2. Proteus 软件的使用

绘制出电路原理图。

3. Keil 软件的使用

在 Keil 环境下建立、编辑并保存编制的源程序。

4. 在一台电脑上联调 Keil 软件和 Proteus 软件

1）分别进行安装。

2）安装 Keil 驱动中的 vdmadi.exe，安装路径选择 Keil 的安装目录（C:Program Files\Keil）。安装完成。

3）运行 Proteus 的 ISIS 软件，"调试"菜单→使用远程调试监控。

4）运行 Keil，进入 Keil 的"工程"（Project）菜单→为目标"Target1"设置选项（Options for Target 'Target 1'）→为目标"Target1"设置选项（Options for Target 'Target 1'）窗口→在调试（Debug）选项卡中右栏上部选中"使用"（Use）→在下拉菜选中 Proteus VSM Simulator→进入 Setting，如果同一台机 IP 名为 127.0.0.1，如不是同一台机则填另一台的 IP 地址。端口号一定为 8000。注意：可以在一台机器上运行 Keil，另一台中运行 Proteus 进行远程仿真。

5）Keil 的编译程序和 Proteus 的文件一定要放在同一个文件夹中。

6）将 Keil 与 Proteus 的窗口调整到各占屏幕的一半，在 Keil 中单击启动调试按钮，此时 Keil 与 Proteus 已连接，在 Keil 中调试，在 Keil 与 Proteus 两窗口中观察仿真调试的效果。

7）在 Keil 中，"工程"菜单→建立所有目标文件→在"Output Window"窗口中显示有"创建 HEX 文件"、"0 个错误，0 个警告"，如图 6-1-13 所示，即表示调试成功，生成 ∗.hex 文件。若显示有错误、警告，则根据提示查找原因并及时更正，再"建立所有目标文件"，如此直至调试成功。

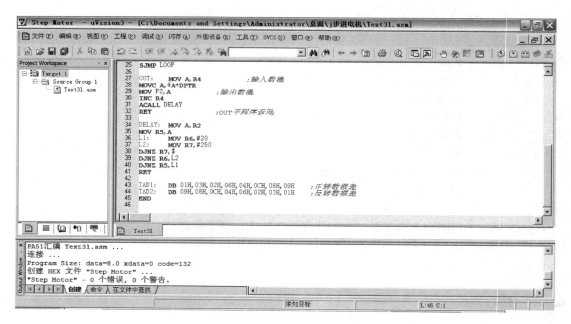

图 6-1-13　Keil 软件界面

5. 程序写入芯片

例：stc - isp - v3.1 软件及 STC 编程器的使用。

1）编程器开关关上，插好编程器的两个 USB 接口，将 STC89C52RC 芯片放入编程器的 DIP40 活动插座中，双击打开编程软件 STC - ISP - V3.1，在编程软件界面中选择对应的单片机芯片型号，如 STC89C52RC。

2）在桌面右击"我的电脑"→设备管理器→双击"端口"→查看 USB 的端口是哪个（如 COM3）→记住

3）回到 STC – ISP – V3.1 界面→Open File→选择刚才生成 *.hex 文件→打开

4）COM→选 COM3

（1）Max Buad→选 38400。

（2）Step4→全选右侧⊙。

5）如图 6-1-14 所示，单击"Down Load/下载"→出现"握手连接…"时→按下（打开）编程器开关→等待→出现"Have already encrypt./已加密"→说明芯片烧写成功。

图 6-1-14　stc – isp – v3.1 软件界面

6.1.6　制作与调试

制版原理图如图 6-1-15 所示。

（1）根据 PCB 板画出原理图，看看是否存在问题。

（2）逐一清点元件，并一一检测质量。

（3）PCB 板焊接，要求焊接工艺良好。

（4）CON5 对应步进电机的线序 1、2、3、4、5 分别为白、蓝、棕、黄、红。

（5）程序编写并烧入单片机。

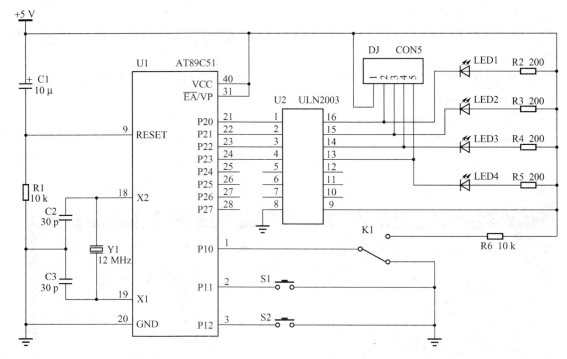

图 6-1-15　步进电机驱动控制电路印制板原理图

（6）插好 PCB 板各芯片，选择 + 5 V 电源，接入 PCB 前认真检查电源电压值，无误后接入电路。

（7）调试电路，观察电机运行是否正常，如不正常，查找原因并解决问题直至成功。

6.1.7　总结与延伸

1. 结论

所设计的步进电动机控制驱动电路触控制四相步进电动机按半步励磁方式工作，触控制四相步进电动机正、反转及加、减速。

2. 采用 C51 设计控制程序

1）硬件电路设计

电路设计如图 6-1-16 所示。

2）C 语言的特点

（1）语言简洁、紧凑，使用方便、灵活。

（2）运算符丰富。

（3）数据结构丰富，具有现代化语言的各种数据结构。

（4）可进行结构化程序设计。

（5）可以直接对计算机硬件进行操作。

（6）生成的目标代码质量高，程序执行效率高。

（7）可移植性好。

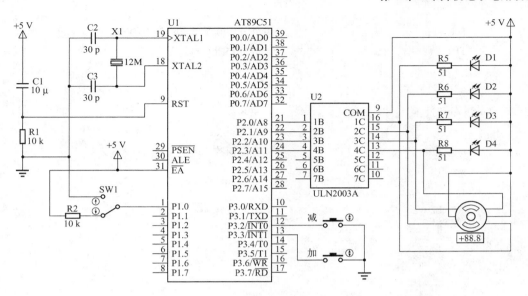

图 6-1-16 步进电机驱动控制电路（运用外部中断 0、1 功能端）

3）采用 C51 设计步进电动机控制程序

（1）C 语言源程序：

```
#include <reg51.h>                              // C 程序头文件
#define uint unsigned int                       // 宏定义,用 uint 代替 unsigned int
#define uchar unsigned char                     // 宏定义,用 uchar 代替 unsigned char
sbit jias = P3^3;                               // 加速按键位选为 P3.3(外部中断 1 功能端)
sbit jians = P3^2;                              // 减速按键位选为 P3.2(外部中断 0 功能端)
sbit kt = P1^0;                                 // 正反转开关位选为 P1.0
uchar code zz[8] = {0x01,0x03,0x02,0x06,0x04,0x0c,0x08,0x09};   // 正转数组
uchar code fz[8] = {0x09,0x08,0x0c,0x04,0x06,0x02,0x03,0x01};   // 反转数组
uint t;                                         // t 为无符号整形数变量(数值范围 0~65535)
uchar x;                                        // x 为无符号字符变量(数值范围 0~255)
uint i = 500;                                   // i 为无符号整形数变量,并设定初始转速

void init()                                     // 定时/计数器 1 及外部中断 0、1 初始化函数
{
    TMOD = 0x01;                                // 设置定时/计数器为工作方式 1
    TH1 = (65536 - 50000)/256;                  // 定时/计数器 1 设置初值,定时时间为 50 ms
    TL1 = (65536 - 50000)%256;
    EA = 1;                                     // 开总中断
    ET1 = 1;                                    // 开定时/计数器 1 溢出中断
    EX1 = 1;                                    // 允许外部中断 1 中断
    EX0 = 1;                                    // 允许外部中断 0 中断
    IT0 = 1;                                    // 外部中断 0 下降沿触发中断
```

```
        IT1 = 1;                              // 外部中断 1 下降沿触发中断
        TR1 = 1;                              // 启动定时/计数器 1
    }

    void main( )                              // 主函数
    {
        init( );                              // 调用函数 init( )
        while(1)
        {
            P2 = zz[ x ];                     // 电机正转
            if( t == i )
            {
                t = 0;
                x ++ ;
                if( x == 8 )
                x = 0;
            }
            while( kt! = 1 )                  // P1.0 = 0 时,电机反转
            {
                P2 = fz[ x ];
                if( t == i )
                {
                    t = 0;
                    x ++ ;
                    if( x == 8 )
                    x = 0;
                }
            }
        }
    }

    void int_t1( ) interrupt 3 using 1        // 定时/计数器 1 中断处理函数
    {
        TH1 = (65536 - 1000)/256;             // 定时/计数器 1 设置初值,定时时间为 1 ms
        TL1 = (65536 - 1000)% 256;
        t ++ ;
    }

    void int_ex0( ) interrupt 0               // 减速,外部中断 0 处理函数
    {
```

```
            i = i + 400;
            if( i == 1300)
            i = 900;                    // 设定最低限速
        }

        void int_ex1( ) interrupt 2     // 加速,外部中断 1 处理函数
        {
            i = i – 400;
            if( i == –300)
            i = 100;                    // 设定最高限速
            if( t > 500 & i == 500)     // 判断定时器超过所设定定时值时的纠正操作
            t = t – i + 100;
            if( t > 100 & i == 100)
            t = 0;
        }
```

（2）定时计算

定时计数器初值 $= 2^N – ($ 系统振荡频率/12 $) ×$ 定时时间

模式 0 时 $N = 13$，模式 1 时 $N = 16$，模式 2 时 $N = 8$

因晶振为 12 MHz，系统振荡频率 = 12 MHz

选模式 1，则 $N = 16$，故定时计数器初值 $= 2^{16} – ($ 12 MHz/12 $) × 50$ ms $= 65536 – 50000$

即　　　　　　　　定时时间 = 50 ms

定时计数器初值转换为 16 进制数分为高 8 位、低 8 位，分别是：

定时计数器 1 初值：$TH1 = (65536 – 50000)/256$ 　　　　　　;定时时间 = 50 ms

　　　　　　　　　　$TL1 = (65536 – 50000)\% 256$

同理，定时计数器 1 初值：$TH1 = (65536 – 1000)/256$ 　　　　　　;定时时间 = 1 ms

　　　　　　　　　　$TL1 = (65536 – 1000)\% 256$

4）运行调试

运用仿真调试成功。

思考与练习题

1. 设计一个单片机控制的 8 路编程彩灯电路，自行设计彩灯花样，仿真调试成功，估算电路制作成本，制作并调试成功，编写电子版设计论文，发至教师邮箱。

2. 设计一个单片机控制的交通灯电路，根据十字路口的车流量合理设置允许通行的时间，仿真调试成功，编写电子版设计论文，发至教师邮箱。

3. 完成步进电动机驱动控制电路的设计与制作，编写电子版实训报告，发至教师邮箱。

6.2　电子秒表电路设计

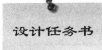

1. 技术要求

设计一个 0 ～ 9.9 秒的电子秒表的电路，要求：

(1) 开始时，显示"00"，第 1 次按下一个自复位按钮后就开始计时。

(2) 第 2 次按下该自复位按钮后，计时停止。

(3) 第 3 次按下该自复位按钮后，计时归零。

2. 给定条件

(1) 采用 AT89C51 单片机为主要元件，数码管选用两个共阴数码管。

(2) 采用 +5 V 直流电源供电。

6.2.1　硬件电路设计

电子秒表硬件电路采用 AT89C51 单片机为主要元件，数码管选用两个共阴数码管。一个自复位按钮接在 P1.0 端。

电路原理如图 6-2-1 所示。

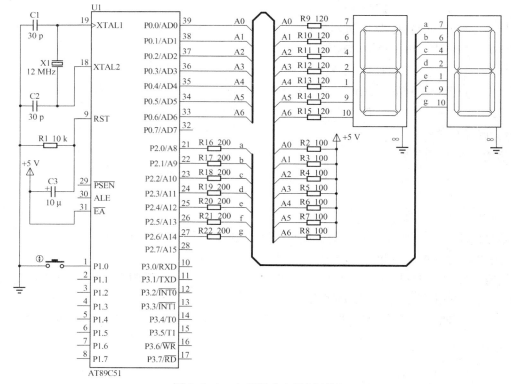

图 6-2-1　电子秒表电路原理图

6.2.2　汇编程序设计

1. 主程序流程图

主程序流程图如图 6-2-2 所示。

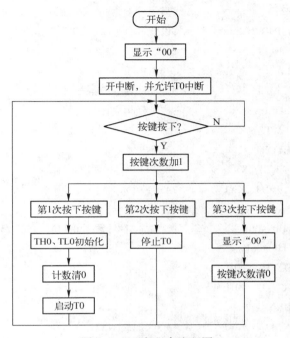

图 6-2-2　主程序流程图

2. 汇编源程序

```
            TCNTA EQU 30H
            TCNTB EQU 31H
            SEC EQU 32H
            KEYCNT EQU 33H
            SP1 BIT P1.0            ;SP1 按键位选为 P1.0
            ORG 00H                 ;程序存放的起始地址
            LJMP START
            ORG 0BH                 ;定时/计数器 0 入口地址
            LJMP INT_T0             ;无条件转移到中断程序
    START： MOV KEYCNT,#00H
            MOV SEC,#00H            ;秒初值为 0
            MOV A,SEC               ;秒送 A
            MOV B,#10              ;秒个位是 10 进制数,可显示 0～9 共 10 个数码
            DIV AB                 ;A 除以 B,商送 A,余数送 B
            MOV DPTR,#TABLE
            MOVC A,@ A + DPTR
```

```
                MOV P0,A              ;显示秒个位
                MOV A,B
                MOV DPTR,#TABLE
                MOVC A,@ A + DPTR
                MOV P2,A              ;显示秒十位
                MOV TMOD,#02H        ;设置定时/计数器 0 为工作方式 2
                SETB ET0             ;开定时/计数器 0 中断
                SETB EA              ;开总中断
        WT:     JB SP1,WT
                LCALL DELAY          ;按键延时去抖
                JB SP1,WT
                INC KEYCNT
                MOV A,KEYCNT
                CJNE A,#01H,KN1      ;A≠1 时转 KN1
                SETB TR0             ;启动定时/计数器 0
                MOV TH0,#06H         ;设置定时/计数器 0 初值(定时 250μs)
                MOV TL0,#06H
                MOV TCNTA,#00H
                MOV TCNTB,#00H
                LJMP DKN
        KN1:    CJNE A,#02H,KN2      ;A≠2 时转 KN2
                CLR TR0              ;关定时/计数器 0
                LJMP DKN
        KN2:    CJNE A,#03H,DKN      ;A≠3 时转 DKN
                MOV SEC,#00H
                MOV A,SEC
                MOV B,#10
                DIV AB
                MOV DPTR,#TABLE
                MOVC A,@ A + DPTR
                MOV P0,A
                MOV A,B
                MOV DPTR,#TABLE
                MOVC A,@ A + DPTR
                MOV P2,A
                MOV KEYCNT,#00H
        DKN:    JNB SP1, $           ;SP1 =0 时在此停止
                LJMP WT

        DELAY:  MOV R6,#20           ;延时 10 ms 子程序
```

```
D1:     MOV R7,#248
        DJNZ R7, $
        DJNZ R6,D1
        RET

;T0 中断服务程序
INT_T0: INC TCNTA
        MOV A,TCNTA
        CJNE A,#100,NEXT          ;A≠100 时转 NEXT(100 次)
        MOV TCNTA,#00H
        INC TCNTB
        MOV A,TCNTB
        CJNE A,#4,NEXT            ;A≠4 时转 NEXT(4 次)(共 4×100×250 μs=0.1 s)
        MOV TCNTB,#00H
        INC SEC
        MOV A,SEC
        CJNE A,#100,DONE          ;A≠100 时转 DONE(达 100 即归 0)
        MOV SEC,#00H
DONE:   MOV A,SEC
        MOV B,#10
        DIV AB
        MOV DPTR,#TABLE
        MOVC A,@A+DPTR
        MOV P0,A                  ;显示秒个位
        MOV A,B
        MOV DPTR,#TABLE
        MOVC A,@A+DPTR
        MOV P2,A                  ;显示秒十位
NEXT:   RETI                      ;中断子程序返回

TABLE: DB 3FH,06H,5BH,4FH,66H,6DH,7DH,07H,7FH,6FH      ;共阴数字字符
        END                       ;结束
```

3. 程序分析

1)定时计算

```
MOV TMOD,#02H     ;设置定时器 0 为模式 2 工作方式
MOV TH0,#06H      ;送计数初值(250 μs)
MOV TL0,#06H
```

定时计数器初值 $=2^N-$(系统振荡频率/12)×定时时间

模式 0 时 $N=13$,模式 1 时 $N=16$,模式 2 时 $N=8$

因晶振为 12 MHz，系统振荡频率 = 12 MHz

选模式 2，则 $N = 8$，故 $06 = 2^8 - (12\,\text{MHz}/12) \times 250\,\mu s$

定时计数器初值 = 06H，即定时时间 = 250 μs

2）中断

（1）中断服务程序流程图

T0 中断服务程序流程如图 6-2-3 所示。

（2）中断设置

```
SETBET0          ;允许定时器 0 中断
SETB EA          ;允许总中断
```

（3）中断时间间隔

```
INC TCNTA        ;TCNTA 加 1
MOV A,TCNTA
CJNE A,#100,NEXT ;未到 100 则转到 NEXT
MOV TCNTA,#00H   ;TCNTA 清零
INC TCNTB        ;TCNTB 加 1
MOV A,TCNTB
CJNE A,#4,NEXT   ;未到 4 则转到 NEXT
MOV TCNTB,#00H   ;TCNTB 清零
```

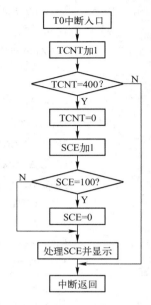

图 6-2-3　中断服务程序
流程图

则中断时间间隔共 $4 \times 100 \times 250\,\mu s = 0.1\,s$，即每间隔 0.1 s 数码管显示的数码就上跳一次。

（4）秒最大计数数值

```
INC SEC          ;秒加 1
MOV A,SEC
CJNE A,#100,DONE ;未到 100 则转移到 DONE
MOV SEC,#00H     ;秒清零
```

则秒最大计数数值为 $100 - 1 = 99$，计数范围为 $0 \sim 99$。

（5）数码输出

```
DONE：MOV A,SEC
      MOV B,#10
      DIV AB          ;将秒计数值分为十进制数的个位 A 和十位 B
      MOV DPTR,#TABLE ;开始查个位的段码
      MOVC A,@ A + DPTR
      MOV P0,A        ;P0 口输出秒个位
      MOV A,B
      MOV DPTR,#TABLE ;开始查十位的段码
      MOVC A,@ A + DPTR
      MOV P2,A        ;P2 口输出秒十位
```

3）按键程序

```
        ;开始时,显示"00",第 1 次按下 SP1 后就开始计时。第 2 次按 SP1 后,计时停止。第 3 次
    按 SP1 后,计时归零。第四次开始计数。
        SP1 BIT P1.0            ;SP1 按键位选为 P1.0
WT：JB SP1,WT              ;SP1 是否按下
        LCALLDELAY             ;调用 DELAY 延时子程序对按下的按键去抖
        JB SP1,WT              ;10 ms 后再次判断 SP1 是否按下
        INC KEYCNT
        MOV A,KEYCNT
        CJNE A,#01H,KN1        ;判断 KEYCNT 是否为 1
                              ;是 1 即为第 1 次按下按键,开始计数
        SETB TR0              ;启动定时/计数器 0
        MOV TH0,#06H          ;设置计数初值
        MOV TL0,#06H
        MOV TCNTA,#00H        ;将个位计数清零
        MOV TCNTB,#00H        ;将十位计数清零
        LJMP DKN             ;无条件转移到 DKN
KN1：CJNE A,#02H,KN2        ;判断 KEYCNT 是否为 2
                              ;是 2 即为第 2 次按下按键,则计时停止
        CLR TR0              ;关定时器 0
        LJMP DKN             ;无条件转移到 DKN
KN2：CJNE A,#03H,DKN        ;判定 KYECNT 是否为 3
                              ;是 3 即为第 3 次按下按键,则秒清零
        MOV SEC,#00H          ;将秒清零
```

4）延时子程序

（1）10 ms 延时子程序

```
DELAY：  MOV R6,#20
D1：     MOV R7,#248
        DJNZ R7,$           ;R7 减 1 结果不为 0 时仍执行本命令
        DJNZ R6,D1          ;R6 减 1 结果不为 0 时转到 D1
        RET
```

（2）延时时间的计算

石英晶体为 12 MHz，因此，1 个机器周期为 1 μs。

	机器周期	累计占用时间
MOV R6,#20	1 个机器周期	1 μs
D1：MOV R7,#248	1 个机器周期	1 μs
DJNZ R7,$	2 个机器周期	$2 \times 248 = 496 \mu s$
DJNZ R6,D1	2 个机器周期	$20 \times (496 + 2 + 1) + 1 = 9.981$ ms
RET	2 个机器周期	$20 \times (496 + 2 + 1) + 1 + 2 = 9.983$ ms

因此，该延时程序运行时间约为 10 ms。

5）字形设计

16 进制数与 2 进制数的转换见表 6-1-2。表 6-2-1 和表 6-2-2 分别是两种字符的字形码。

表 6-2-1 不显示小数点的数字字符字形码表

字	dp	g	f	e	d	c	b	a	共阴（原码）	共阳（反码）
0	0	0	1	1	1	1	1	1	3FH	0C0H
1	0	0	0	0	0	1	1	0	06H	0F9H
2	0	1	0	1	1	0	1	1	5BH	0A4H
3	0	1	0	0	1	1	1	1	4FH	0B0H
4	0	1	1	0	0	1	1	0	66H	99H
5	0	1	1	0	1	1	0	1	6DH	92H
6	0	1	1	1	1	1	0	1	7DH	82H
7	0	0	0	0	0	1	1	1	07H	0F8H
8	0	1	1	1	1	1	1	1	7FH	80H
9	0	1	1	0	1	1	1	1	6FH	90H

表 6-2-2 显示小数点的数字字符字形码表

字	dp	g	f	e	d	c	b	a	共阴（原码）	共阳（反码）
0	1	0	1	1	1	1	1	1	0BFH	40H
1	1	0	0	0	0	1	1	0	86H	79H
2	1	1	0	1	1	0	1	1	0DBH	24H
3	1	1	0	0	1	1	1	1	0CFH	30H
4	1	1	1	0	0	1	1	0	0E6H	19H
5	1	1	1	0	1	1	0	1	0EDH	12H
6	1	1	1	1	1	1	0	1	0FDH	02H
7	1	0	0	0	0	1	1	1	87H	78H
8	1	1	1	1	1	1	1	1	0FFH	00H
9	1	1	1	0	1	1	1	1	0EFH	10H

6.2.3 C 语言程序设计

```
#include < reg51. h >                    //C 程序头文件

unsigned char code dispcode[ ] = {0x3f,0x06,0x5b,0x4f,0x66,0x6d,0x7d,0x07,0x7f,0x6f} ;
                                        //不显示小数点的共阴数字字符
unsigned char second;                    //second 为无符号字符变量（数值范围 0～255）
unsigned char keycnt;                    //keycnt 为无符号字符变量（数值范围 0～255）
unsigned int tcnt;                       //tcnt 为无符号整形数变量（数值范围 0～65535）
```

```
sbit AN = P1^0;                              //按键位选为 P1.0

void main( void)                             //主函数
{
  TMOD = 0x02;                               //设置定时器 0 为工作方式 2
  ET0 = 1;                                    //开定时/计数器 0 中断
  EA = 1;                                     //开总中断
  second = 0;                                 //秒初值为 0
  P0 = dispcode[ second/10];                 //P0 口输出秒个位(十进制数)
  P2 = dispcode[ second% 10];                //P2 口输出秒十位(十进制数)

  while( 1)
  {
    if( AN == 0)                             //按键延时去抖
    {
      unsigned char i,j;                     //i、j 均为无符号字符变量(数值范围 0～255)
      for( i = 20;i > 0;i --)
      for( j = 248;j > 0;j --);
      if( AN == 0)
      {
        keycnt ++ ;                          //keycnt 加 1
        switch( keycnt)
        {
          case 1:                            //KEYCNT 是 1 即为第 1 次按下按键,开始计数
          TH0 = 0x06;                        //设置计数初值(250μs)
          TL0 = 0x06;
          TR0 = 1;                           //启动定时/计数器 0
          break;
          case 2:                            //KEYCNT 是 2 即为第 2 次按下按键,则计时停止
          TR0 = 0;                           //关定时/计数器 0
          break;
          case 3:                            //KEYCNT 是 3 即为第 3 次按下按键,则秒清零
          keycnt = 0;
          second = 0;                        //秒清零
          P0 = dispcode[ second/10];         //P0 口输出秒个位(十进制数)
          P2 = dispcode[ second% 10];        //P2 口输出秒十位(十进制数)
          break;
        }
        while( AN == 0);                     //按键按下时循环
      }
```

```
            }
          }
        }

    void t0( void) interrupt 1 using 0          //定时/计数器 0 中断处理函数
    {
        tcnt ++ ;                               //tcnt 加 1
        if( tcnt ==400 )                        //tcnt 到 400 则清零,时间间隔共 400 × 250 μs = 0.1 s
        {
            tcnt = 0;
            second ++ ;                         //秒加 1
            if( second ==100 )                  //秒到 100 则清零
            {
                second = 0;
            }
            P0 = dispcode[ second/10] ;         //P0 口输出秒个位( 十进制数)
            P2 = dispcode[ second% 10] ;        //P2 口输出秒十位( 十进制数)
        }
    }
```

6.2.4　仿真调试与制作

1. 利用 Keil、Proteus 软件在计算机上调试，得到正确的程序、hex 文件和仿真图形。

2. 利用仿真软件运行仿真至达到预期效果。

3. 利用编程器将程序烧到单片机里，然后连好电路，在电路板上调试，观察设计达到预期要求。

6.2.5　总结与延伸

1. 总结

该电子秒表最大计时时间为 9.9 s，通过软件仿真调试和硬件电路调试均获成功，设计达到预期要求。开始时，数码管显示"00"，第 1 次按下按键后就开始自动计时，每 0.1 s 加法计数一次，可循环显示"00～99"。第 2 次按下按键后，计时停止，显示计时停止时的计数值。第 3 次按下按键后，计时归零，显示"00"。再按下按键时可重复上述过程。

该电路主要应用了单片机 AT89S51，通过其中烧制事先编好的程序来控制电子秒表工作，达到了设计目标。显示数码管采用的是共阴数码管。该电路结构简单，运行可靠，性能稳定。

2. 改进

1）9.9 s 电子秒表显示小数点

本次所设计的电子秒表最大计时时间为 9.9 s，应增加小数点的显示。

只需将原程序中的采用表 6-2-1 的字形码修改为表 6-2-2 的字形码即可显示小数点，如图 6-2-4 所示。图 6-2-5 为数码管引脚图。

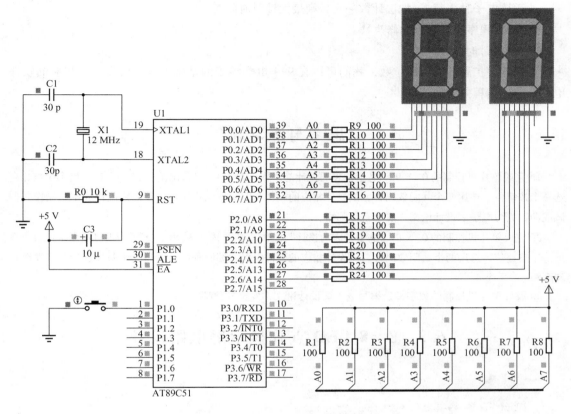

图 6-2-4　9.9 s 电子秒表仿真图

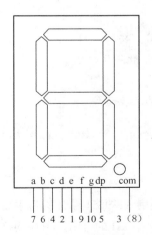

图 6-2-5　数码管引脚图

2）设计 99 s 电子秒表

如要设计 99 s 电子秒表，可增加中断的间隔时间，即修改中断时间间隔程序：

原：CJNE A，#4，NEXT　　　；未到4则转到NEXT（每0.1 s加法计数一次）

改为：CJNE A，#40，NEXT　　　；未到40则转到NEXT（每1 s加法计数一次）

改后该电子秒表每1 s加法计数一次，则最大计时时间为99 s。

（C语言程序也作相应的修改）

3）扩展计时位数

如果需要扩展其计时的位数，我们可以在99 s电子秒表的基础上，扩展设计出相应的硬件电路及软件编程并调试成功。

思考与练习题

1. 完成单片机控制的0～99 s电子秒表的设计与制作，要求P1口输出十位数，P2口输出个位数，自选一个按键位，选用两个共阴数码管，试设计相应的硬件电路及编制程序，估算电路制作成本，制作并调试成功，编写电子版设计论文，发至教师邮箱。

2. 完成单片机控制的0～99 s电子秒表的设计与制作，要求P2口输出十位数，P1口输出个位数，自选一个按键位，选用两个共阳数码管，试设计相应的硬件电路及编制程序，编写电子版设计论文，发至教师邮箱。

3. 设计单片机控制的数字钟，编写电子版设计论文，发至教师邮箱。

6.3　8×8 LED 点阵显示屏电路设计

设计任务书

1. 技术要求

设计一个LED点阵显示电路，要求：

利用8×8 LED点阵轮流显示数字0到9。

2. 给定条件

（1）采用AT89S51单片机为主要元件。

（2）采用+5 V直流电源供电。

6.3.1　硬件电路设计

8×8 LED点阵数字显示电路采用AT89S51单片机为主要元件，电路原理如图6-3-1所示，图中U2为8×8 LED点阵，Rp为8×1 kΩ的排阻。图6-3-2为8×8 LED点阵。

用数字万用表检测点阵时，选二极管挡，当红表笔（高电位）接行引脚、黑表笔（低电位）接列引脚时，对应行列交叉处的发光二极管亮。

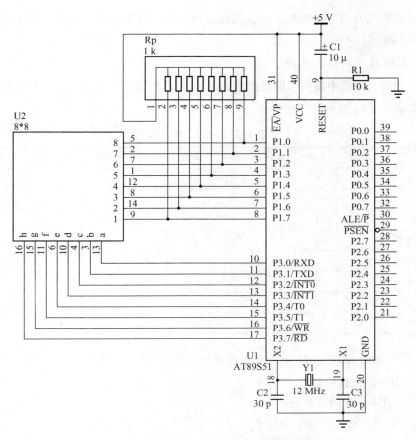

图 6-3-1 8×8 LED 点阵显示屏电路原理图

点阵引脚朝下正放时的引脚编号

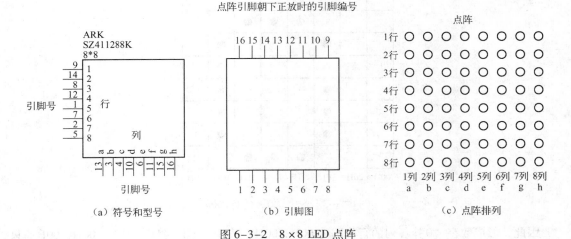

（a）符号和型号　　　　（b）引脚图　　　　（c）点阵排列

图 6-3-2 8×8 LED 点阵

6.3.2 点阵显示原理

1. 点阵显示原理

点阵显示通常采用逐列扫描的方式进行，即先选定一列，送出该列的行代码并显示，再选定第二列，送出第二列的行代码并显示，如此逐列扫描，并且每列显示的时间小于 5 ms，使之符合视觉暂留的要求。

2. 8×8 点阵列代码形成原理

扫描某一列时，先选中该列，即设置该列线为"0"，其他列线为"1"，这样得到的扫描各列时的代码如表 6-3-1 所示。

表 6-3-1 列 代 码

	8 列	7 列	6 列	5 列	4 列	3 列	2 列	1 列	十六进制代码
扫描第 1 列	1	1	1	1	1	1	1	0	0FEH
扫描第 2 列	1	1	1	1	1	1	0	1	0FDH
扫描第 3 列	1	1	1	1	1	0	1	1	0FBH
扫描第 4 列	1	1	1	1	0	1	1	1	0F7H
扫描第 5 列	1	1	1	0	1	1	1	1	0EFH
扫描第 6 列	1	1	0	1	1	1	1	1	0DFH
扫描第 7 列	1	0	1	1	1	1	1	1	0BFH
扫描第 8 列	0	1	1	1	1	1	1	1	7FH

3. 数字 0 ~ 9 的 8×8 点阵行代码形成原理及点阵显示原理

1）数字"0"的行代码及显示原理

（1）数字"0"行代码

数字"0"各列行代码的建立如图 6-3-3 所示。

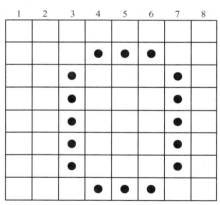

00H, 00H, 3EH, 41H, 41H, 41H, 3EH, 00H

图 6-3-3 数字"0"的行代码

因此，形成数字"0"各列的行代码为 00H，00H，3EH，41H，41H，3EH，00H，00H；只要把这些行代码分别送到相应的列线上，即可实现"0"的数字显示。

（2）数字"0"显示原理

采用逐列扫描的方式进行显示。

扫描第 1 列时，先选中第 1 列，即设置第 1 列线为"0"，其他列线为"1"，则第 1 列的代码为 0FEH（如表 6-3-1 所示），将其送到 P3 端口。同时送第 1 列的行代码 00H（如图 6-3-3

所示）到 P1 端口，延时 2 ms 左右。

扫描第 2 列时，先选中第 2 列，即设置第 2 列线为"0"，其他列线为"1"，则第 2 列的代码为 0FDH（如表 6-3-1 所示），将其送到 P3 端口。同时送第 2 列的行代码 00H（如图 6-3-3 所示）到 P1 端口，延时 2 ms 左右。

如此下去，直到扫描完最后一列，又从头开始。

2）数字"1～9"的行代码

（1）数字"1"行代码

数字"1"各列行代码的建立如图 6-3-4 所示。

（2）数字"2"行代码

数字"2"各列行代码的建立如图 6-3-5 所示。

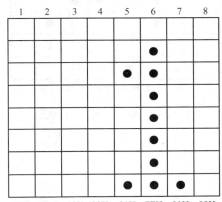

00H, 00H, 00H, 00H, 21H, 7FH, 01H, 00H

图 6-3-4 数字"1"的行代码

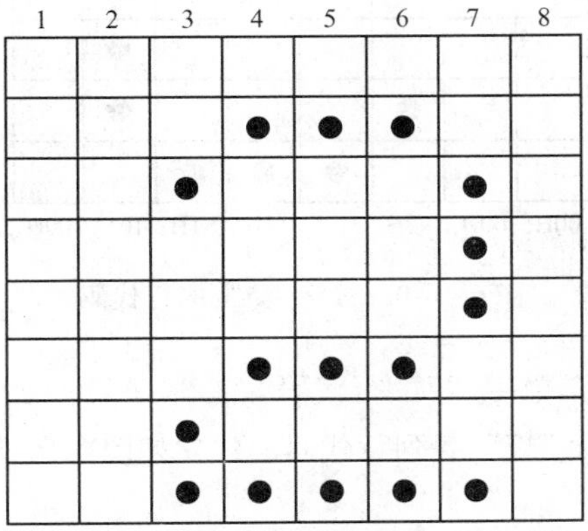

00H, 00H, 23H, 45H, 45H, 45H, 39H, 00H

图 6-3-5 数字"2"的行代码

（3）数字"3"行代码

数字"3"各列行代码的建立如图 6-3-6 所示。

（4）数字"4"行代码

数字"4"各列行代码的建立如图 6-3-7 所示。

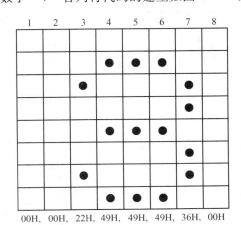

00H, 00H, 22H, 49H, 49H, 49H, 36H, 00H

图 6-3-6 数字"3"的行代码

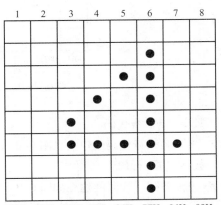

00H, 00H, 0CH, 14H, 24H, 7FH, 04H, 00H

图 6-3-7 数字"4"的行代码

（5）数字"5"行代码

数字"5"各列行代码的建立如图6-3-8所示。

（6）数字"6"行代码

数字"6"各列行代码的建立如图6-3-9所示。

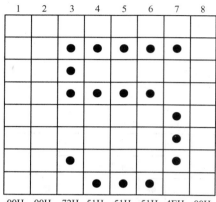

图6-3-8　数字"5"的行代码　　　　图6-3-9　数字"6"的行代码

（7）数字"7"行代码

数字"7"各列行代码的建立如图6-3-10所示。

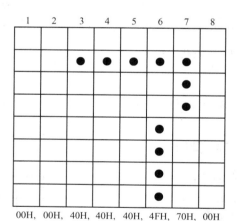

图6-3-10　数字"7"的行代码

（8）数字"8"行代码

数字"8"各列行代码的建立如图6-3-11所示。

（9）数字"9"行代码

数字"9"各列行代码的建立如图6-3-12所示。

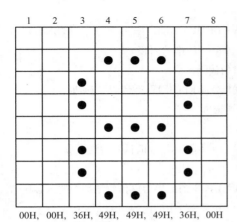

00H, 00H, 36H, 49H, 49H, 49H, 36H, 00H

图 6-3-11 数字 "8" 的行代码

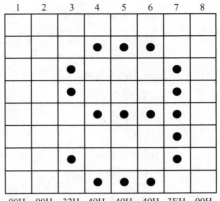

00H, 00H, 32H, 49H, 49H, 49H, 3EH, 00H

图 6-3-12 数字 "9" 的行代码

6.3.3 汇编程序设计

1. 汇编源程序

```
            TIM EQU 30H
            CNTA EQU 31H
            CNTB EQU 32H
            ORG 00H
            LJMP START                          ;跳转到主程序入口
            ORG 0BH                             ;定时计数器 0 中断入口
            LJMP T0X                            ;跳转到定时计数器 0 中断程序
            ORG 30H

START: MOV TIM,#00H
            MOV CNTA,#00H
            MOV CNTB,#00H
            MOV TMOD,#01H                       ;设定定时计数器 0 为工作方式 1
            MOV TH0,#(65536 - 2000)/256         ;设置定时计数器 0 初值(定时 2 ms)
            MOV TL0,#(65536 - 2000) MOD 256
            SETB TR0                            ;启动定时计数器 0
            SETB ET0                            ;开定时计数器 0 中断
            SETB EA                             ;开总中断
            SJMP $

T0X:    MOV TH0,#(65536 - 2000)/256
            MOV TL0,#(65536 - 2000) MOD 256
            MOV DPTR,#TAB                       ;数据指针指向 TAB(列代码)首地址
            MOV A,CNTA                          ;CNTA 送 A
```

```
          MOVC A,@ A + DPTR        ;将 A + DPTR 的结果为操作数地址中的内容送 A
                                   ;A =（TAB 表）中的内容
          MOV P3,A                 ;输出列代码
          MOV DPTR,#DIGIT          ;数据指针指向 DIGIT(行代码)首地址
          MOV A,CNTB               ;CNTB 送 A
          MOV B,#8                 ;共 8 列
          MUL AB                   ;A×B,结果高 8 位送 B,低 8 位送 A
          ADD A,CNTA               ;A + CNTA,结果送 A
          MOVC A,@ A + DPTR        ;将 A + DPTR 的结果为操作数地址中的内容送 A
                                   ;A =（DIGIT 表）中的内容
          MOV P1,A                 ;行代码输出
          INC CNTA                 ;CNTA + 1
          MOV A,CNTA               ;CNTA 送 A
          CJNE A,#8,NEXT           ;A≠8 时转移至 NEXT(共 8 个行代码)
          MOV CNTA,#00H
NEXT: INC TIM
          MOV A,TIM
          CJNE A,#250,NEX          ;A≠#250 时转移至 NEX(250 次,即 250×2 ms = 0.5 s)
          MOV TIM,#00H
          INC CNTB
          MOV A,CNTB
          CJNE A,#10,NEX           ;A≠#10 时转移至 NEX(可显示 10 个图形)
          MOV CNTB,#00H
NEX:  RETI

TAB:  DB 0FEH ,0FDH ,0FBH ,0F7H ,0EFH ,0DFH ,0BFH ,7FH      ;列代码
DIGIT: DB 00H ,00H ,3EH ,41H ,41H ,41H ,3EH ,00H      ;字符 0 的行代码
          DB 00H ,00H ,00H ,00H ,21H ,7FH ,01H ,00H      ;字符 1 的行代码
          DB 00H ,00H ,23H ,45H ,45H ,45H ,39H ,00H      ;字符 2 的行代码
          DB 00H ,00H ,22H ,49H ,49H ,49H ,36H ,00H      ;字符 3 的行代码
          DB 00H ,00H ,0CH ,14H ,24H ,7FH ,04H ,00H      ;字符 4 的行代码
          DB 00H ,00H ,72H ,51H ,51H ,51H ,4EH ,00H      ;字符 5 的行代码
          DB 00H ,00H ,3EH ,49H ,49H ,49H ,26H ,00H      ;字符 6 的行代码
          DB 00H ,00H ,40H ,40H ,40H ,4FH ,70H ,00H      ;字符 7 的行代码
          DB 00H ,00H ,36H ,49H ,49H ,49H ,36H ,00H      ;字符 8 的行代码
          DB 00H ,00H ,32H ,49H ,49H ,49H ,3EH ,00H      ;字符 9 的行代码
          END
```

2. 部分程序分析

由表 6-3-2 分析知，A 每增加 1，则 AB 相乘后的低 8 位送入 A 中的值增加了 8，即指向了下一列（共 8 列，每列 8 个行代码）。

表 6-3-2 "MUL AB"运算结果

MUL AB (低8位送A, 高8位送B)		A									
		0	1	2	3	4	5	6	7	8	9
		0000	0001	0010	0011	0100	0101	0110	0111	1000	1001
B	8	0×8	1×8	2×8	3×8	4×8	5×8	6×8	7×8	8×8	9×8
	1000	00000000	00001000	00010000	00011000	00100000	00101000	00110000	00111000	01000000	01001000

6.3.4 C 语言程序设计

C 语言源程序

```
#include < reg51. h >               //C 程序头文件
unsigned char code tab[ ] = {0xfe,0xfd,0xfb,0xf7,0xef,0xdf,0xbf,0x7f};        //列代码
unsigned char code digittab[10][8] = {{0x00,0x00,0x3e,0x41,0x41,0x41,0x3e,0x00},//0
                                      {0x00,0x00,0x00,0x00,0x21,0x7f,0x01,0x00},//1
                                      {0x00,0x00,0x23,0x45,0x45,0x45,0x39,0x00},//2
                                      {0x00,0x00,0x22,0x49,0x49,0x49,0x36,0x00},//3
                                      {0x00,0x00,0x0c,0x14,0x24,0x7f,0x04,0x00},//4
                                      {0x00,0x00,0x72,0x51,0x51,0x51,0x4e,0x00},//5
                                      {0x00,0x00,0x3e,0x49,0x49,0x49,0x26,0x00},//6
                                      {0x00,0x00,0x40,0x40,0x40,0x4f,0x70,0x00},//7
                                      {0x00,0x00,0x36,0x49,0x49,0x49,0x36,0x00},//8
                                      {0x00,0x00,0x32,0x49,0x49,0x49,0x3e,0x00}};//9
unsigned int timecount;            //timecount 为无符号整形数变量(数值范围 0~65535)
unsigned char cnta;                //cnta 为无符号字符变量(数值范围 0~255)
unsigned char cntb;                //cntb 为无符号字符变量(数值范围 0~255)

void main( void)                   //主函数
{
    TMOD = 0x01;                   //设置定时器0 为工作方式1
    TH0 = (65536 - 2000)/256;      //设置定时计数器0 初值(定时 2 ms)
    TL0 = (65536 - 2000)%256;
    TR0 = 1;                       //启动定时/计数器0
    ET0 = 1;                       //开定时/计数器0 中断
    EA = 1;                        //开总中断
    while(1)
    {;
```

```
            }
        }
    void t0(void)interrupt 1 using 0        //定时/计数器 0 中断处理函数
    {
        TH0 = (65536 - 2000)/256;           //设置定时计数器 0 初值(定时 2 ms)
        TL0 = (65536 - 2000)%256;
        P3 = tab[cnta];                     //P3 口输出列代码
        P1 = digittab[cntb][cnta];          //P1 口输出行代码
        cnta ++;
        if(cnta ==8)                        //共 8 列
        {
            cnta =0;
        }
        timecount ++;
        if(timecount ==250)                 //timecount 到 250 则清零,时间间隔共 250×2 ms =0.5 s
        {
            timecount =0;
            cntb ++;
            if(cntb ==10)                   //共 10 个字符
            {
                cntb =0;
            }
        }
    }
```

6.3.5　仿真调试与制作

1. 仿真

利用 Keil、Proteus 软件在计算机上调试,得到正确的程序、hex 文件和仿真图形。

利用仿真软件运行仿真至达到预期效果。如图 6-3-13 所示。

2. 实际电路调试

利用编程器将程序烧到单片机里,然后按图 6-3-1 连好电路,在电路板上调试,观察设计达到预期要求。

6.3.6　总结与延伸

1. 结论

所设计的 8×8 LED 点阵显示电路可轮流显示数字 0 到 9,间隔时间为 0.5 s,性能稳定可靠。

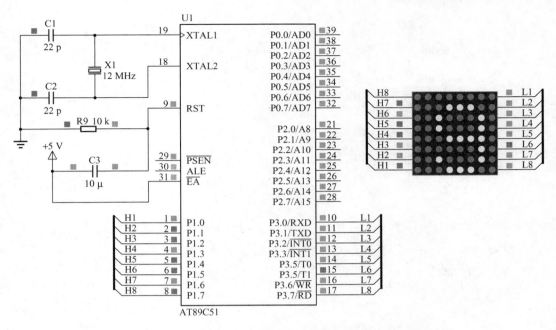

图 6-3-13　8 ×8 LED 点阵数字显示仿真电路

2. 扩尺

通常采用 16 ×16 LED 点阵来显示汉字，汉字的字模可由相应的字模软件生成提取。其中 16 ×16 LED 点阵由 4 块 8 ×8 LED 点阵构成，可设计相应的硬件电路及控制程序来完成汉字的显示和移动。

思考与练习题

1. 利用 8 ×8 LED 点阵轮流显示数字 0 到 9，要求选用 P1、P2 口输出图形，试设计相应的硬件电路及编制程序，仿真调试成功，估算电路制作成本，制作并调试成功，编写电子版设计论文，发至教师邮箱。

2. 利用 8 ×8 LED 点阵轮流右移数字 0 到 9，要求选用 P1、P2 口输出图形，试设计相应的硬件电路及编制程序，仿真调试成功，编写电子版设计论文，发至教师邮箱。

3. 利用 16 ×16 LED 点阵左移文字"武汉工程职业技术学院信息工程系"，试设计相应的硬件电路及编制程序，仿真调试成功，编写电子版设计论文，发至教师邮箱。

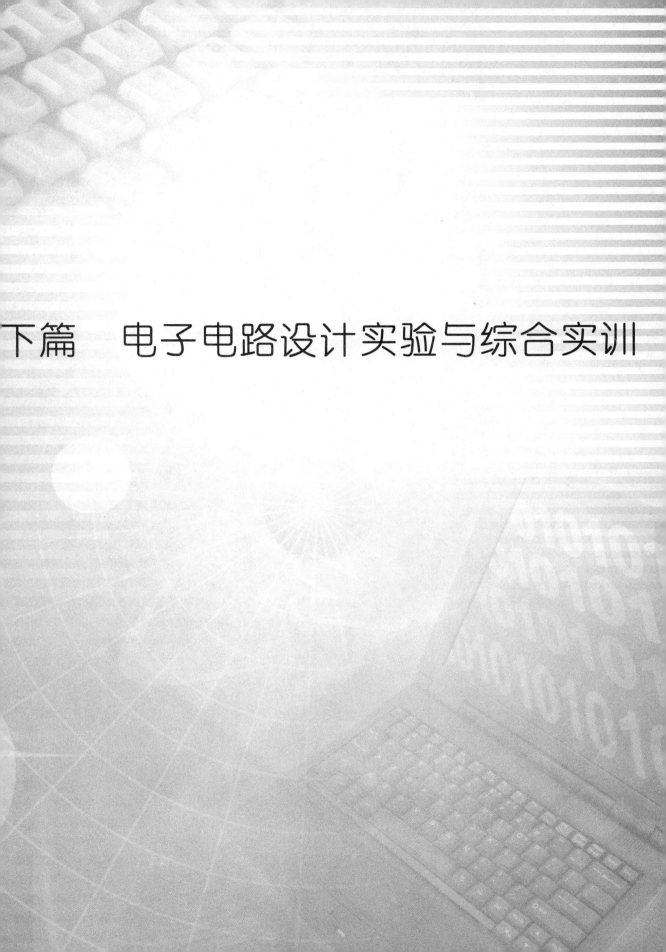

下篇　电子电路设计实验与综合实训

第**7**章　电子电路设计实验

7.1　常用仪器仪表的使用

一、实验目的

1. 掌握万用表的使用。
2. 掌握低频信号发生器的使用。
3. 掌握示波器的使用方法。

二、实验器材

实验台（上有低频信号发生器）、指针式万用表、数字万用表、示波器、探头、常用元件、导线。

三、实验内容

1. 指针式万用表的使用。

（1）机械调零。

（2）测量电压。

（3）测量直流电流。

（4）测量电阻。

（5）检测电容。

2. 数字万用表的使用。

（1）测量电压。

（2）测量电流。

（3）测量电阻。

（4）测量二极管。

（5）测量三极管的 h_{FE} 参数。

（6）检查线路通断。

3. 使用信号发生器与示波器观测波形。

（1）用示波器观察正弦波。

（2）用示波器观察矩形波。

（3）用示波器观察三角波。

四、实验报告

1. 自制表格填写测量数据。

2. 画出你所调试出的正弦波、三角波、矩形波各一个，标明幅值、周期或频率。

五、总结与思考

1. 总结万用表的使用方法。

2. 总结示波器的使用方法。

7.2　闪烁信号发生器

一、实验目的

1. 了解 NE555 的封装及功能。

2. 掌握由 NE555 构成的多谐振荡器的工作原理，掌握振荡频率的计算。

3. 学会选择合适的参数。

4. 用示波器监测输出波形，进一步熟悉示波器的使用。

5. 掌握 Proteus ISIS 仿真软件的使用方法。

二、实验器材

计算机、Proteus 软件、NE555、电阻（自选）、电容（自选）、发光二极管、导线、万用表、示波器、探头、实验台。

三、实验原理图

实验原理图如图 7-2-1 所示。

四、实验内容

1. 根据你所设计的电路及参数画好仿真电路，并调试成功。

2. 观察并绘制 NE555 的封装，标出引脚标号。

3. 根据你所设计的电路及参数，接好电路。

4. 电源选择 +5 V，检查无误后接上电路。

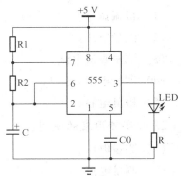

图 7-2-1　闪烁信号发生器

5. 根据发光二极管的闪烁程度，适当调节参数直到满意为止，同时用示波器监测输出波形。

6. 画出总体电路图，标明参数。

五、实验报告

1. 算出实验电路的频率。

2. 画出输出波形图。

六、总结与思考

1. 分析由 NE555 构成多谐振荡器的工作原理。

2. C 增大其他参数不变，闪烁频率将变_____。C 减小其他参数不变，闪烁频率将变_____。

3. 改进你设计的闪烁电路，控制两只发光二极管，使其中一只发光二极管亮时，另一只发光二极管灭，调试成功并画出总体电路图。

4. 故障分析与处理。

5. 实验总结。

7.3　音频信号发生器

一、实验目的

1. 掌握由 NE555 构成的多谐振荡器的工作原理及振荡频率的计算。

2. 掌握运用 NE555 设计音频信号发生器的方法，学会选择合适的参数。

3. 熟悉示波器的使用。

二、实验器材

计算机、Proteus 软件、NE555、电阻（自选）、电容（自选）、扬声器、万用表、示波器、探头、导线、实验台。

三、实验原理图

实验原理图如图 7-3-1 所示。

四、实验内容

1. 根据设计的电路及参数画好仿真电路，并调试成功。

2. 根据你所设计的参数，接好电路。

3. 电源选用 +5 V，检查电路无误后，接上电源。

4. 观察实验现象，听扬声器是否有声。

5. 根据扬声器的音响程度，适当调整参数，重试上述实验，直至声音悦耳为止，并用示波器监测输出波形。

6. 画出总体电路图，标明参数。

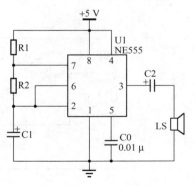

图 7-3-1　音频信号发生器

五、实验报告

1. 算出实验电路的频率。

2. 画出输出波形。

六、总结与思考

1. C 增大其他参数不变，声音频率变_____。R1 增大其他参数不变，声音频率变_____。

2. 改进你设计的多谐振荡器，使其音频信号的频率、占空比可调，调试成功并画出总体电路图。

3. 故障分析与处理。

4. 实验总结。

7.4　笛音报警器

一、实验目的

1. 在闪烁信号发生器与音频信号发生器设计基础上进一步扩展 NE555 的应用。

2. 学会自行设计一个简易报警器，并能分析其工作原理。

二、实验器材

计算机、Proteus 软件、NE555、电阻（自选）、电容（自选）、发光二极管、扬声器、万用表、示波器、探头、导线、实验台。

三、实验原理图

实验原理图如图 7-4-1 所示。

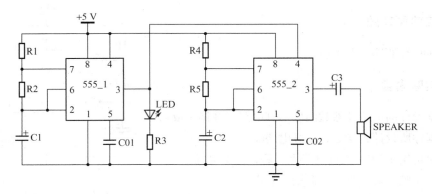

图 7-4-1　简易报警器

四、实验内容

1. 根据设计的电路及参数画好仿真电路，并调试成功。

2. 先分别接好音频信号发生器、闪烁信号发生器电路，并分别调试好。

3. 将两组元器件按实验电路图适当接续。

4. 观察实验现象，根据发光二极管的闪烁程度及扬声器的音响程度，适当调整元件参数，统调电路至最佳效果，同时用示波器监测两级 555 多谐振荡器的输出波形。

5. 画出总体电路图，标明参数。

五、实验报告

1. 画出两级 555 多谐振荡器的输出 U_{O1}、U_{O2} 波形。

2. 计算你设计的笛音报警器的频率。

六、总结与思考

1. 分析你设计的笛音报警器的工作原理。

2. 故障分析与处理。

3. 实验总结。

7.5　单相桥式整流电容滤波电路

一、实验目的

1. 掌握单相桥式整流电路的工作原理及有关计算。

2. 掌握单相桥式整流电容滤波电路的工作原理及有关计算。

3. 熟悉万用表及示波器的使用。

二、实验器材

整流桥（或二极管）、电容、电阻、电位器、万用表、示波器、导线、实验台。

三、实验原理图

实验原理图如图 7-5-1、图 7-5-2 所示。

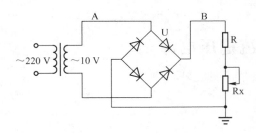
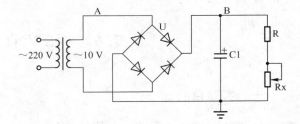

图 7-5-1　单相桥式整流电路　　　　　图 7-5-2　单相桥式整流电容滤波电路

四、实验内容

1. 根据设计好的电路接好电路。接通电源前用万用表检测两接线端是否短路，如果短路，查找原因。

2. 选用 10 V 交流电压（用万用表测量实际电压），检查无误后通电，通电瞬间，观察有无异常现象。若异常，迅速断开电源，检查原因。

3. 若正常，调整 Rx 至不同的位置，用万用表测量直流稳压电源的输出电压值，适当调整元件参数，直至达到最佳效果。

4. 用示波器分别监测输入输出波形，画出波形图。

5. 将 Rx 调至一适当位置后不动，用万用表测量输出电压，将测量结果记录于表中。将 Rx 调至另两处不同位置重复上述步骤。

6. 画出总体电路图，标明参数。

7. 改用 14 V 交流电压输入，重复上述步骤，调电位器 Rx，测量输出电压，比较两次实验效果。

五、实验报告

1. 填表

电　　路	输入交流电压（V）	输出直流电压（V）	输入电压波动时输出电压是否变化	负载变化时输出电压是否变化
单相桥式整流				
单相桥式整流电容滤波				

2. 画出单相桥式整流电路的总体电路图和输入输出波形图。

3. 画出单相桥式整流电容滤波电路的总体电路图和输入输出波形图。

六、总结与思考

1. 分析实验结果，你会得到什么结果，如何改进？

2. 故障分析与处理。

3. 实验总结。

7.6　+5 V 直流稳压电源

一、实验目的

1. 了解 LM7805 的封装及引脚排列。

2. 掌握 LM7805 的功能及基本应用。

3. 设计一个输出为 +5 V 的直流稳压电源（含三端固定输出集成稳压器）。

二、实验器材

LM7805、电阻、电容、整流桥、电位器、万用表、示波器、导线、实验台。

三、实验原理图

实验原理图如图7-6-1所示。

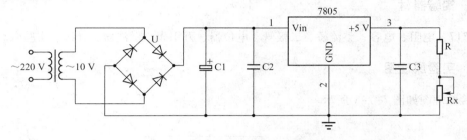

图7-6-1 +5 V的直流稳压电源

四、实验内容

1. 观察并绘制LM7805的封装，标出引脚标号。

2. 按设计的电路及参数，接好电路。接通电源前用万用表检测两接线端是否短路，如果短路，查找原因。

3. 选用10 V交流电压，检查电路无误后接通电源。在接通电源的瞬间，观察有无异常现象。若异常，迅速断开电源并检查原因。

4. 若正常，调整Rx至不同的位置，用万用表测量直流稳压电源的输出电压值，适当调整元件参数，直至达到最佳效果。

5. 用示波器分别监测输入输出波形，画出波形图。

6. 将Rx调至一适当位置后不动，用万用表测量输出电压，将测量结果记录于表中。将Rx调至另两处不同位置重复上述步骤。

7. 画出总体电路图，标明参数。

8. 改用14 V交流电压输入，调电位器Rx，测量输出电压，比较两次实验效果。

五、实验报告

1. 填表（自编表格）。
2. 画出输入输出波形。

六、总结与思考

1. 故障分析与处理。
2. 实验总结。

7.7 可调式直流稳压电源

一、实验目的

1. 了解LM317的封装及引脚排列。

2. 掌握 LM317 的功能及基本应用。

3. 设计一个输出电压可调的直流稳压电源（含三端可调式集成稳压器）。

二、实验器材

LM317、电阻、电容、整流桥、二极管、电位器、万用表、示波器、导线、实验台。

三、实验原理图

实验原理图如图 7-7-1 所示。

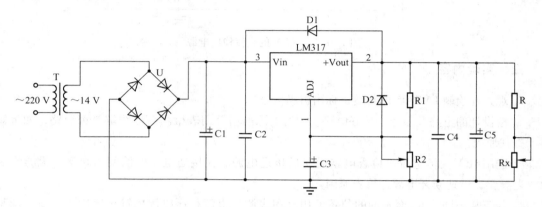

图 7-7-1　可调式直流稳压电源

四、实验内容

1. 观察并绘制 LM317 的封装，标出引脚标号。

2. 按设计接好电路（选 $R_1 = 120\,\Omega$，$R_2 = 1\,k\Omega$，$R = 240\,\Omega$，$R_x = 10\,k\Omega$）。接通电源前用万用表检测两接线端是否短路，如果短路，查找原因。

3. 选用 14 V 交流电压，检查电路，无误后接通电源，接通瞬时观察有无异常现象。若异常，迅速断开电源，检查原因。

4. 若正常，用万用表测输出电压，调电位器 R2，观察输出电压值的变化范围，调整 Rx 至不同位置，观察对输出电压值变化的影响，适当调整元件参数至输出达最佳效果。

5. 用示波器监测输入输出波形。

6. 画出总体电路图，标明参数。

7. 改用 17 V 交流电压输入，调电位器 R2，观察输出电压值的变化范围，调整 Rx 至不同位置，观察对输出电压值变化的影响，比较两次实验效果。

五、实验报告

1. 确定所选参数后先估算设计的直流稳压电源的调压范围是_____。
实际制作的直流稳压电源的调压范围是_____，画出实际的总体电路图，标明参数。

2. 画出输入、输出波形图。

六、总结与思考

1. 故障分析与处理。
2. 实验总结。

7.8　分立元件串联型直流稳压电源

一、实验目的

1. 了解分立元件串联型直流稳压电源的框图。
2. 掌握分立元件串联型直流稳压电源的工作原理。
3. 设计一个输出为 + 3 V 的串联型直流稳压电源。

二、实验器材

三极管、电阻、电容、整流桥、二极管、电位器、发光二极管、万用表、示波器、探头、导线、实验台。

三、实验原理图

实验原理图如图 7-8-1 所示。

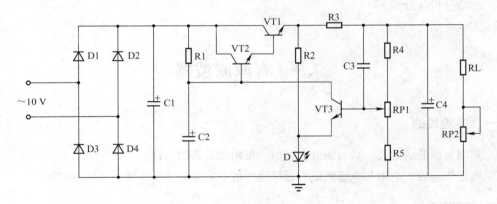

图 7-8-1　分立元件串联型直流稳压电源

四、实验内容

1. 根据设计的电路图及参数接好电路。接通电源前用万用表检测两接线端是否短路，如果短路，查找原因。
2. 选用 10 V 交流电压，检查电路无误后接通电源。在接通电源的瞬间观察是否异常，若异常，迅速断开电源并检查原因。
3. 若正常，调整 RP1 至不同的位置，用万用表测量直流稳压电源的输出电压值，观察输出电压的变化范围。

4. 用示波器监测输入输出波形，适当调整元件参数，直至达到最佳效果。

5. 将 RP1 调至一适当位置（使输出电压为 3 V）后不动，再调整 RP2 至不同的位置，用万用表测量直流稳压电源的输出电压值，观察输出电压是否变化。

6. 将低压交流电源调至 14 V，重新接入电路，观察输出电压是否变化。

7. 画出总体电路图，标明参数。

五、实验报告

1. 填表（可自编表格）

输入交流 电压（V）	输出直流电压 变化范围（V）	使输出电压调整为 +3 V 后	
		输入电压波动时输出 电压是否变化	负载变化时输出电压 是否变化

2. 画出输入、输出波形。

六、总结与思考

1. 分析设计的串联型直流稳压电源的工作原理。
2. 故障分析与处理。
3. 实验总结。

7.9 有源滤波器

一、实验目的

1. 掌握有源低通滤波、高通滤波和带通、带阻滤波器的特性。
2. 熟悉用运放、电阻和电容组成有源低通滤波、高通滤波和带通、带阻滤波器。

二、实验器材

计算机、Proteus 软件。

三、实验原理

由 RC 元件与运算放大器组成的滤波器称为 RC 有源滤波器，其功能是让一定频率范围内的信号通过，抑制或急剧衰减此频率范围以外的信号。可用在信息处理、数据传输、抑制干扰等方面，但因受运算放大器频带限制，这类滤波器主要用于低频范围。根据对频率范围的选择不同，可分为低通（LPF）、高通（HPF）、带通（BPF）与带阻（BEF）等四种滤波器，它们的幅频特性如图 7-9-1 所示。

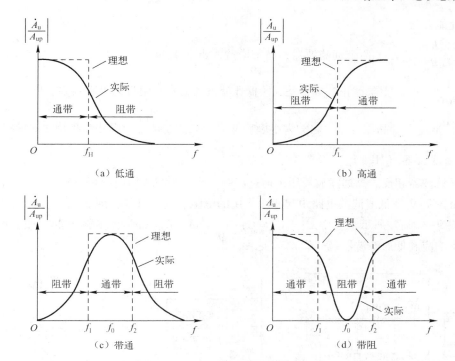

图 7-9-1   四种有源滤波电路的幅频特性示意图

具有理想幅频特性的滤波器是很难实现的，只能用实际的幅频特性去逼近理想的幅频特性。一般来说，滤波器的幅频特性越好，其相频特性越差，反之亦然。滤波器的阶数越高，幅频特性衰减的速率越快，但 RC 网络的节数越多，元件参数计算越繁琐，电路调试越困难。任何高阶滤波器均可以用较低的二阶 RC 有滤波器级联实现。

1. 低通滤波器（LPF）

低通滤波器是用来通过低频信号衰减或抑制高频信号。

图 7-9-2（a）为典型的二阶有源低通滤波器，其中 C1 = C2 = C，R2 = R3 = R。它由两级 RC 滤波环节与同相比例运算电路组成，其中第一级电容 C1 接至输出端，引入适量的正反馈，以改善幅频特性。图 7-9-2（b）为二阶低通滤波器幅频特性曲线。

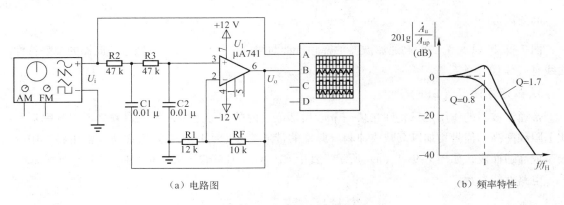

图 7-9-2   二阶低通滤波器

电路性能参数

$$A_{up} = 1 + \frac{R_F}{R_1}$$　　二阶低通滤波器的通带增益，要求 $A_{up} < 3$。

$$f_H = \frac{1}{2\pi RC}$$　　上限截止频率，是二阶低通滤波器通带与阻带的界限频率。

$$Q = \frac{1}{3 - A_{up}}$$　　品质因数，它的大小影响低通滤波器在截止频率处幅频特性的形状。

2. 高通滤波器（HPF）

与低通滤波器相反，高通滤波器用来通过高频信号，衰减或抑制低频信号。

只要将图 7-9-2 低通滤波电路中起滤波作用的电阻、电容互换，即变成二阶有源高通滤波器，如图 7-9-3（a）所示，其中 C1 = C2 = C，R2 = R3 = R。高通滤波器性能与低通滤波器相反，其频率响应和低通滤波器是"镜像"关系。

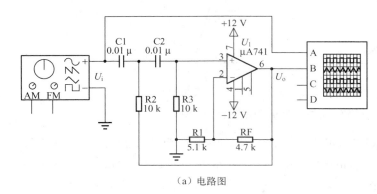
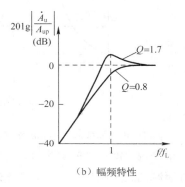

（a）电路图　　　　　　　　　　　　　（b）幅频特性

图 7-9-3　二阶高通滤波器

电路性能参数

通带增益　　　　　　　　$$A_{up} = 1 + \frac{R_F}{R_1} \quad (A_{uP} < 3)$$

下限截止频率　　　　　　$$f_L = \frac{1}{2\pi RC}$$

品质因数　　　　　　　　$$Q = \frac{1}{3 - A_{up}}$$

图 7-9-3（b）为二阶高通滤波器的幅频特性曲线，可见，它与二阶低通滤波器的幅频特性曲线有"镜像"关系。

3. 带通滤波器（BPF）

带通滤波器的作用是只允许在某一个通频带范围内的信号通过，而比通频带下限频率低和比上限频率高的信号均加以衰减或抑制。典型的带通滤波器可以从二阶低通滤波器中将其中一级改成高通而成，如图 7-9-4（a）所示，其中 C1 = C2 = C，R2 = R3 = R，R4 = 2R。

电路性能参数

通带增益　　　　　　　　$$A_{up} = 1 + \frac{R_F}{R_1} \quad (A_{uP} < 3)$$

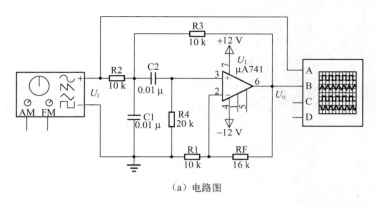 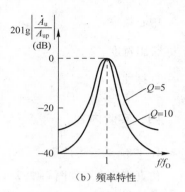

（a）电路图 （b）频率特性

图 7-9-4 二阶带通滤波器

中心频率 $$f_0 = \frac{1}{2\pi RC}$$

选择性 $$Q = \frac{1}{3 - A_{up}}$$ （Q 值越大，曲线越尖锐，选择性越好）

通带宽度 $$BW = \frac{f_0}{Q}$$ （Q 值越大，通带宽度越窄）

当 $f = f_0$ 时，带通滤波器具有最大电压增益 $A_{um} = \dfrac{A_{up}}{3 - A_{up}}$

带通滤波器的优点是改变 R_F 和 R_1 的比例就可改变频宽和通带增益而不影响中心频率。

4. 带阻滤波器（BEF）

带阻滤波器的性能和带通滤波器相反，即在规定的频带内，信号不能通过（或受到很大衰减或抑制），而在其余频率范围，信号则能顺利通过。

在双 T 网络后加一级同相比例运算电路就构成了基本的二阶有源带阻滤波器（BEF），如图 7-9-5（a）所示，其中 $C1 = C2 = C$，$C3 = 2C$，$R2 = R3 = R$，$R4 = 0.5R$。

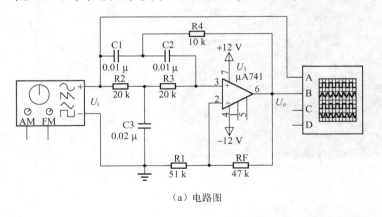 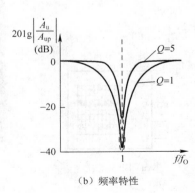

（a）电路图 （b）频率特性

图 7-9-5 二阶带阻滤波器

电路性能参数

通带增益 $$A_{uP} = 1 + \frac{R_F}{R_1}$$

中心频率
$$f_0 = \frac{1}{2\pi RC}$$

带阻宽度
$$BW = 2(2 - A_{up})f_0$$

选择性
$$Q = \frac{1}{2(2 - A_{up})}$$

四、实验内容

1. 二阶低通滤波器

仿真实验电路如图 7-9-2（a）所示。

（1）计算图 7-9-2（a）的截止频率。

（2）U_i 接信号发生器，U_i、U_0 接示波器，在输出波形不失真的条件下，选取适当幅度的正弦输入信号，在滤波器截止频率附近改变输入信号频率，用示波器观察输出电压幅度的变化是否具备低通特性，如不具备，查找原因排除故障。信号发生器如图 7-9-6 所示，四踪示波器如图 7-9-7 所示。

（a）信号发生器

（b）信号发生器调整面板

图 7-9-6　信号发生器

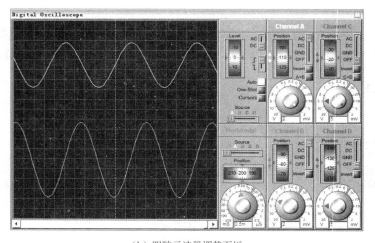

（a）四踪示波器

（b）四踪示波器调整面板

图 7-9-7　四踪示波器

（3）实测仿真实验电路的截止频率。

2. 二阶高通滤波器

仿真实验电路如图 7-9-3（a）所示。

（1）计算图 7-9-3（a）的截止频率。

（2）U_i 接信号发生器，U_i、U_0 接示波器，在输出波形不失真的条件下，选取适当幅度的正弦输入信号，在滤波器截止频率附近改变输入信号频率，用示波器观察输出电压幅度的变化是否具备高通特性，如不具备，查找原因排除故障。

（3）实测仿真实验电路的截止频率。

3．带通滤波器

仿真实验电路如图 7-9-4（a）所示。

（1）计算图 7-9-4（a）的中心频率 f_0、通带宽度 BW。

（2）U_i 接信号发生器，U_i、U_0 接示波器，在输出波形不失真的条件下，选取适当幅度的正弦输入信号，在滤波器中心频率附近通带宽度范围左右改变输入信号频率，用示波器观察输出电压幅度的变化是否具备带通特性，如不具备，查找原因排除故障。

（3）实测仿真实验电路的中心频率。

4．带阻滤波器

仿真实验电路如图 7-9-5（a）所示。

（1）计算图 7-9-5（a）的中心频率 f_0、带阻宽度 BW。

（2）U_i 接信号发生器，U_i、U_0 接示波器，在输出波形不失真的条件下，选取适当幅度的正弦输入信号，在滤波器中心频率附近带阻宽度范围左右改变输入信号频率，用示波器观察输出电压幅度的变化是否具备带阻特性，如不具备，查找原因排除故障。

（3）实测仿真实验电路的中心频率。

五、实验报告

1. 计算截止频率或中心频率、带宽及品质因数。
2. 画出上述四种有源滤波电路的幅频特性曲线。

六、总结与思考

1. 总结上述四种有源滤波电路的特性。
2. 故障分析与处理。
3. 实验总结。

第❽章　电子电路设计综合实验

8.1　直流电机调速控制电路

一、实验目的

1. 掌握电子电路的设计方法，掌握电子电路的调试方法。
2. 掌握查找故障的基本方法。
3. 综合设计一个直流电机调速控制电路，并能分析其工作原理。

二、实验器材

计算机、Proteus 软件、NE555、直流电机、9013、电位器、电阻、电容、二极管、发光二极管、双向晶闸管、灯（～ 220 V/15 W）、万用表、示波器、探头、导线、实验台。

三、实验原理图

实验原理图如图 8-1-1、图 8-1-2 所示。

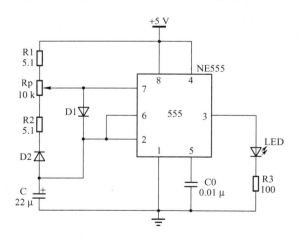

图 8-1-1　占空比可调的 PWM 信号产生电路

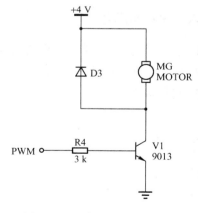

图 8-1-2　直流电机调速驱动

四、实验内容

1. 根据设计的电路及参数画好仿真电路（图 8-1-3），并调试成功。

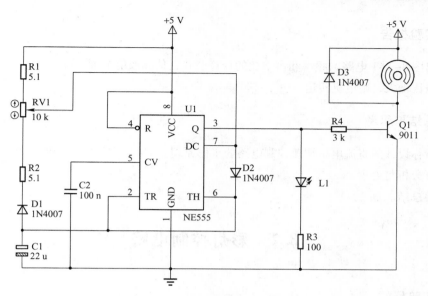

图 8-1-3　直流电机调速仿真电路

2. 按图 8-1-1 接好占空比可调的 PWM（脉宽调制）信号产生电路。观察实验现象，根据发光二极管的闪烁程度及亮度，适当调整元件参数，统调电路至最佳效果，调整电位器 Rp 可使发光二极管由不亮到闪到亮，同时用示波器监测 555 多谐振荡器的输出波形。

3. 在上一步的基础上，根据仿真成功的电路图接好直流电动机调速控制驱动电路，注意正确连接，并调试好。电动机启动时，浪涌电流较大，可在电动机两端并联一个小电容与小电阻的串联支路为电动机消火花电路。观察实验现象，根据电动机转速，适当调整元件参数，统调电路至最佳效果。调整电位器 Rp，使电动机由不转到转，转速由慢到快。画出总体电路图，标明参数。

4. 综合本书所学知识，设计一个灯光调节控制电路（图 8-1-4），～ 220 V 供电，调试成功后画出总体电路图，标明参数。

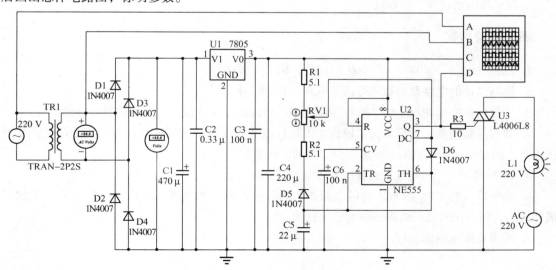

图 8-1-4　灯光调节控制仿真电路

五、实验报告

1. 列出图 8-1-1 电路的频率和占空比的计算公式，估算取值范围。

2. 占空比增大，则电机转速＿＿＿＿＿＿＿。

六、总结与思考

1. 分析你设计的直流电机调速控制电路的工作原理。

2. 故障分析与处理。

3. 实验总结。

8.2　彩灯控制电路

一、实验目的

1. 在前面所做实验的基础上进一步综合应用。

2. 掌握电子电路的设计方法，掌握电子电路的调试方法。

3. 综合前面所做实验设计一个彩灯控制电路，并分析其工作原理。

二、实验器材

计算机、Proteus 软件、NE555、电阻器（自选）、电容（自选）、二极管、发光二极管、CD4017、CD4069、7805、导线、万用表、示波器、实验台。

三、实验原理图

实验原理图请读者自行设计。

四、实验内容

1. 观察并绘制 CD4017、CD4069 的封装，标出引脚标号。

2. 根据设计的电路及参数画好仿真电路，并调试成功。

3. 先分别接好脉冲发生器、彩灯控制电路，将两组元器件按实验电路图接好并调试好。

4. 观察实验现象，根据发光二极管的闪烁程度及亮度，适当调整元件参数，统调电路至最佳效果，同时用示波器监测 555 多谐振荡器的输出波形。

5. 用 7805 设计一个 +5 V 的直流稳压电源并调试好。

6. 将所设计的 +5 V 的直流稳压电源作为彩灯控制电路的电源，按设计接好电路并调试至最佳效果，同时用示波器监测各级的输出波形。

7. 画出总体电路图，标明参数。

五、实验报告

1. 画出总体电路图，标明参数。
2. 计算彩灯流动的频率。

六、总结与思考

1. 你会扩展彩灯控制电路的功能、制作多种流动花色吗？如何制作？
2. 故障分析与处理。
3. 实验总结。

8.3　报　警　器

一、实验目的

1. 在前面所做实验的基础上进一步综合应用。
2. 掌握电子电路的设计方法，掌握电子电路的调试方法。
3. 综合前面所做实验设计一个报警器，并能分析其工作原理。

二、实验器材

NE555、电阻（自选）、电容（自选）、二极管、发光二极管、扬声器、LM386、7805、导线、万用表、示波器、实验台。

三、实验原理图

实验原理图请读者自行设计。

四、实验内容

1. 观察并绘制 LM386 的封装，标出引脚标号。
2. 先分别接好音频信号发生器、闪烁信号发生器电路，并分别调试好。
3. 将两组元器件按实验电路图做适当连接，并调试好。
4. 观察实验现象，根据发光二极管的闪烁程度及扬声器的音响程度，适当调整元件参数，统调电路至最佳效果，同时用示波器监测两级 555 多谐振荡器的输出波形。
5. 在以上两级电路的输出端增设 LM386 集成音频功率放大电路，其后接上扬声器，根据扬声器的音响程度，适当调整元件参数，统调电路至最佳效果，同时用示波器监测三级的输出波形。
6. 用 7805 设计一个 + 5 V 的直流稳压电源并调试好。
7. 将所设计的 + 5 V 的直流稳压电源作为报警器的电源，按所作设计接好电路并调试至最佳效果，同时用示波器监测各级的输出波形。
8. 画出总体电路图，标明参数。

五、实验报告

1. 画出输出波形。
2. 计算设计的报警器的频率。

六、总结与思考

1. 分析你设计的报警器的工作原理。
2. 故障分析与处理。
3. 实验总结。

8.4　计时电路

一、实验目的

1. 在前面所做实验的基础上进一步综合应用。
2. 掌握电子电路的设计方法，掌握电子电路的调试方法。
3. 综合前面所做实验设计一个数字钟电路，并能分析其工作原理。

二、实验器材

计算机、Proteus 软件、NE555、电阻器（自选）、电容（自选）、二极管、发光二极管、CD4518、CD4511、CD4011、万用表、实验台。

三、实验原理图

实验原理图请读者自行设计，图 8-4-1 所示为部分电路。

四、实验内容

1. 观察并绘制 CD4518、CD4511、CD4011 的封装，标出引脚标号。
2. 根据设计的电路及参数画好仿真电路，并调试成功。
3. 先接好时钟信号发生器，并调试好。观察实验现象，根据发光二极管的闪烁程度及亮度，适当调整元件参数，统调电路至最佳效果，同时用示波器监测 555 多谐振荡器的输出波形。
4. 接好十进制即 1 位计数译码显示电路，注意正确连接，以先接好的时钟信号发生器的输出作为计数电路的 CP 脉冲，并调试好。观察实验现象，根据数码管的示数及亮度，适当调整元件参数，统调电路至最佳效果。观察计数的进位情况，看是否满足设计的要求。
5. 接好一百进制即 2 位计数译码显示电路，注意正确连接，以先接好的时钟信号发生器的输出作为计数电路的 CP 脉冲，并调试好。观察实验现象，根据数码管的示数及亮度，适当调整元件参数，统调电路至最佳效果。观察计数的进位情况，看是否满足设计的要求。
6. 在一百进制计数电路的基础上进行二十四进制、六十进制计数译码显示电路的设计。
7. 将二十四进制、六十进制计数译码显示电路级联为计时电路，注意级间线路的连接，要

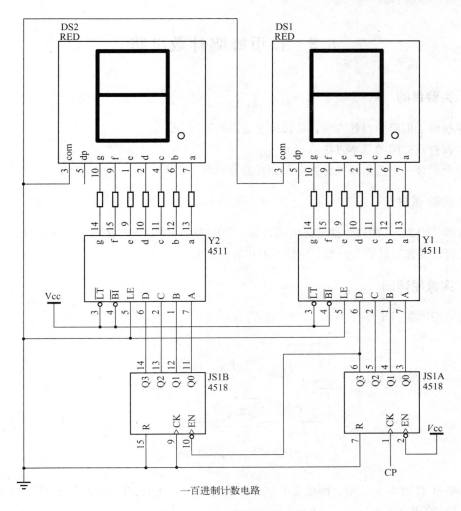

一百进制计数电路

图 8-4-1　一百进制计数电路

能满足满 60 秒进分、满 60 分进时、满 24 时进入下一轮计时循环的计时规律。

　　8. 给电路增设一个 +5 V 的直流稳压电源，整体联调至最佳效果。

　　9. 画出总体电路图，标明参数。

五、实验报告

1. 手工绘制完整的总体电路图，标明参数。

2. 详述本实验分级调试与整体联调的步骤。

六、总结与思考

1. 分析你设计的计时电路的工作原理。

2. 故障分析与处理。

3. 实验总结。

8.5 投币蜂鸣计数电路

一、实验目的

1. 掌握电子电路的设计方法，掌握电子电路的调试方法。
2. 掌握查找故障的基本方法。
3. 综合设计一个投币蜂鸣计数电路，并能分析其工作原理。

二、实验器材

蜂鸣器、NE555、9011、槽型光电耦合器、CD4518、共阴 LED 数码管、CD4511、电阻、电容、二极管、发光二极管、开关、导线、万用表、实验台。

三、实验原理图

实验原理图如图 8-5-1 所示。

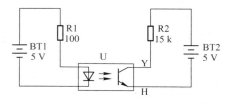

图 8-5-1　光电耦合器

图 8-5-1 和图 8-5-2 中，槽型光电耦合器的光槽中通光时，U_{YH} 输出低电平（约 0.13 V）；遮光时，U_{YH} 输出高电平（约 4.7 V）。

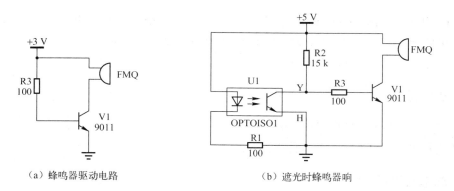

（a）蜂鸣器驱动电路　　　　　　（b）遮光时蜂鸣器响

图 8-5-2　蜂鸣器

图 8-5-3 中，电路接通后，槽型光电耦合器的光槽中遮光时 LED 灭，通光时 LED 亮，即光耦的光槽中遮光后，抽去遮光物时产生一次计数信号。

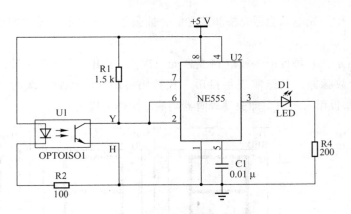

图 8-5-3 稳定计数信号的产生

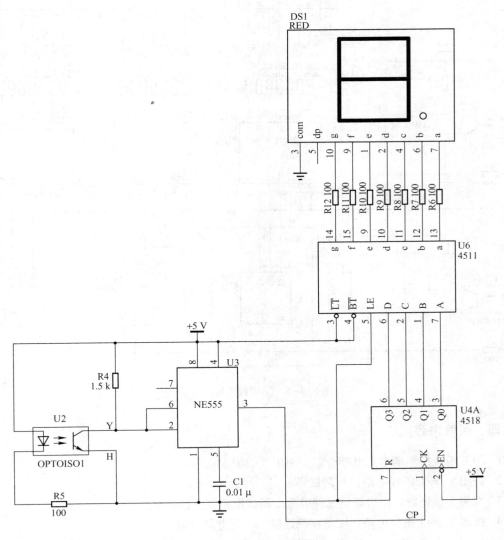

图 8-5-4 0～9 计数器

　　图 8-5-4 中，槽型光电耦合器光槽间遮光后，抽去遮光物时数码显示加法计数一次，计数范围为 0 ～ 9。

　　如图 8-5-5 所示，若每投币一枚（遮光通光一次），送出一个计数脉冲，整形后作为计数译码显示电路的计数脉冲，就能实现每投币一枚数码显示加法计数一次的功能，计数范围为 0 ～ 999。此外，每投币一枚时，即驱动蜂鸣器鸣响一次作为提醒。

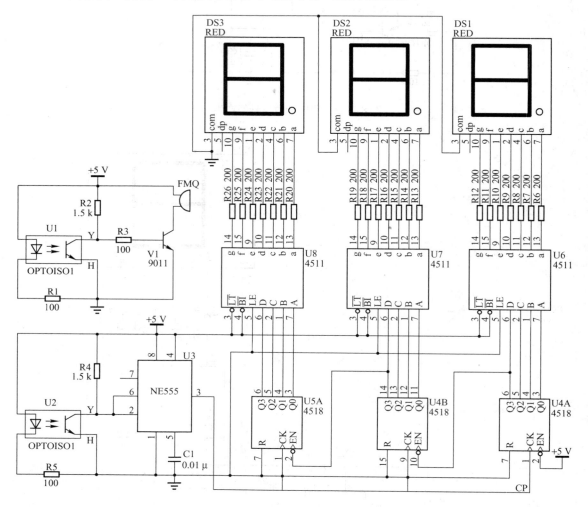

图 8-5-5　三位投币蜂鸣计数器

四、实验内容

1. 用万用表检测槽型光电耦合器，画出其引脚示意图。

2. 按图 8-5-1 接好电路，并调试好。

3. 观察实验现象，适当调整元件参数，调试电路至最佳效果。

4. 按图 8-5-3 接好电路，注意正确连接，统调电路至最佳效果。

5. 按图 8-5-2、图 8-5-4 接好电路，注意正确连接，统调电路至最佳效果。

6. 画出完整的 1 位投币蜂鸣计数电路的电路图，标明参数。

7. 按图 8-5-5 接好电路，注意正确连接，统调电路至最佳效果，画出总体电路图，标明参数。

8. 综合本书所学知识，设计一个 3 位投币蜂鸣计数电路，～ 220 V 供电，调试成功后画出总体电路图，标明参数。

五、实验报告

1. 手工绘制总体电路图，标明参数。

2. 撰写设计性实验报告。

六、总结与思考

1. 分析设计的投币蜂鸣计数电路的工作原理。

2. 故障分析与处理。

3. 实验总结。

8.6　路灯延时控制电路

一、实验目的

1. 掌握电子电路的设计方法，掌握电子电路的调试方法。

2. 掌握查找故障的基本方法。

3. 综合设计一个路灯延时控制电路，并能分析其工作原理。

二、实验器材

CD4011、槽型光电耦合器、NE555、电阻、电容、二极管、发光二极管、自复位按钮、导线、万用表、实验台。

三、实验原理图

实验原理图如图 8-6-1 所示。

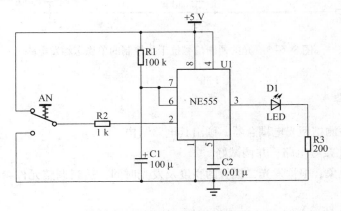

图 8-6-1　单稳态触发器

图 8-6-1 中，按下 AN 后其迅速复位，给 NE555 的 2 脚送了一个窄负脉冲，LED 点亮，延时 $t = 1.1 R_1 C_1 = 11$ s 后熄灭。

图 8-6-2 中，按下 AN1 后其迅速复位，由 U2 及 Ra、Rb 构成的单次脉冲源给 NE555 的 2 脚送了一个窄负脉冲，LED 点亮，延时 $t = 1.1 R_1 C_1 = 11$ s 后熄灭。

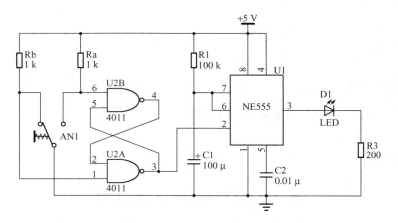

图 8-6-2　单次脉冲源控制的单稳态触发电路

图 8-6-3 中，电路接通后，给槽型光电耦合器中的光槽遮一下光后立即通光，LED 亮延时 11 s 后灭。

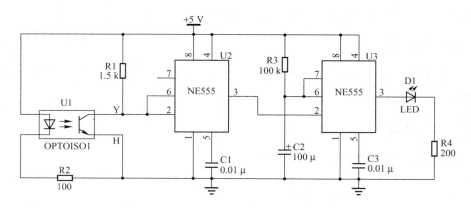

图 8-6-3　光的通断信号抗干扰控制的单稳态触发电路

四、实验内容

1. 用万用表检测槽型光电耦合器，画出其电路结构。

2. 按图 8-6-1 接好电路，并调试好。

3. 观察实验现象，根据发光二极管的亮度及发光时间，适当调整元件参数，调试电路至最佳效果。

4. 按图 8-6-2 接好电路，注意正确连接，先调好单次脉冲源，统调电路至最佳效果。

5. 按图 8-6-3 接好电路，注意正确连接，统调电路至最佳效果。

6. 综合本书所学知识，设计模拟一个人走来时前面的灯亮，人走过后延时一段时间灯灭的路灯自动照明控制电路，～ 220 V 供电，调试成功后画出总体电路图，标明参数。

五、实验报告

1. 计算延时电路 LED 亮延时时间。
2. 撰写设计性实验报告。

六、总结与思考

1. 分析你设计的路灯自动照明控制电路的工作原理。
2. 故障分析与处理。
3. 实验总结。

8.7　8 路抢答器

一、实验目的

1. 掌握抢答器的设计。
2. 掌握 Keil 与 Proteus ISIS 软件的基本操作。
3. 掌握 Keil 与 Proteus ISIS 的联调方法。
4. 掌握程序的编制及烧录，掌握单片机硬件电路的调试。
5. 用单片机设计一个 8 人参加的抢答控制器，要求：

（1）抢答开始前，主持人按下复位按钮使抢答控制器复位，数码管不显示，准备开始抢答。抢答开始时，主持人宣布"开始"。

（2）当有某一参赛者首先按下抢答按钮时，相应的抢答者号码由数码管显示，并对其后的抢答信号不再响应，同时蜂鸣器鸣响，给出音响提示信号。抢答成功者回答参赛选题。

（3）当主持人按下复位信号后开始下一轮抢答。

二、实验器材

计算机、Keil 软件、Proteus 软件、编程器及编程软件、STC89C51、电阻、电容、晶振、发光二极管、按钮、共阳数码管、9012、蜂鸣器、导线、万用表、实验台。

三、实验原理图

实验原理如图 8-7-1 所示。

四、实验内容

1. 设计流程图。

设计流程图如图 8-7-2 所示。

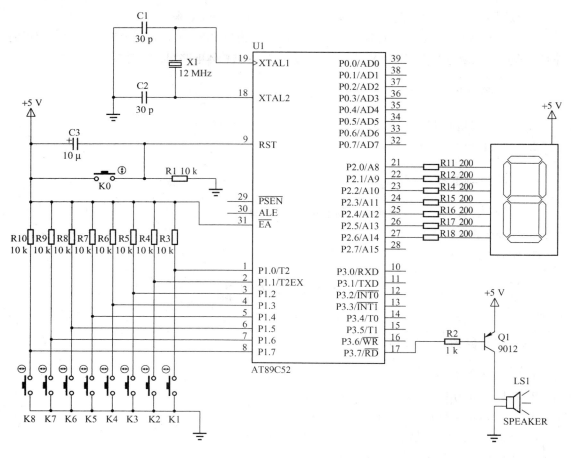

图 8-7-1　抢答器

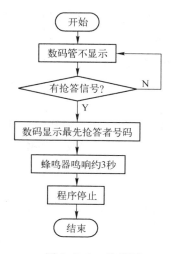

图 8-7-2　流程图

2. 编写源程序。

```
            ORG     0000H
            LJMP    START
            ORG     0030H
    START：  MOV     R0,#00H
            MOV     A,#0FFH
            MOV     P2,A
    L1：     MOV     A,P1
            XRL     A,#0FFH
            JZ      L1
    L2：     MOV     B,#02H
            DIV     AB
            INC     R0
            JNZ     L2
            MOV     DPTR,#TABLE
            MOV     A,R0
            MOVC    A,@A+DPTR
            MOV     P2,A
            MOV     R3,#0FFH
    SS：     CLR     P3.7
            ACALL   DELAY
            SETB    P3.7
            ACALL   DELAY
            DJNZ    R3,SS
    L4：     SJMP    L4
    DELAY： MOV     R1,#249
    L3：     NOP
            NOP
            DJNZ    R1,L3
            RET
    TABLE： DB      0C0H,0F9H,0A4H,0B0H,99H,92H,82H,0F8H,80H,90H
            END
```

3. 逐条分析源程序。

4. 在 E：中新建一个文件夹，用你的中文姓名、班级命名。所有文件都保存在该文件夹中。

（1）在 Proteus ISIS 软件中新建 ∗.DSN 文件，在 ∗.DSN 文件中绘制抢答控制器原理图并保存。

（2）在 Keil 软件中新建 ∗.Uv2 项目，输入编制的程序，与 Proteus ISIS 的 ∗.DSN 联调编译至正确产生 ∗.hex 文件，并仿真成功。

（3）将 ∗.hex 烧录到单片机中。

（4）正确连接硬件电路，并调试成功。

五、实验报告

1. 计算 DELAY 子程序延时时间。
2. 撰写电子版实验报告发至教师邮箱。

六、总结与思考

1. 为源程序全部添加注释并编译成功，绘制仿真电路图，联调成功。
2. 故障分析与处理。
3. 实验总结。

附　　录

附录 A　Proteus 常用元件库及其部分常用元件

（1）Analog ICs　模拟集成器件类

子　类	含　义	常 用 元 件
Amplifier	放大器	LM386
Comparators	比较器	LP311、LP339、TLC393、TLC339
Display Drivers	显示驱动器	LM3914、LM3915
Miscellaneous	混杂器件	ULN2803、ULN2003A、LM331、LM2907
Regulators	集成稳压器	7805~7824　7905~7924　TL431　LM317T　LM337T
Timers	定时器	555、7555、NE555

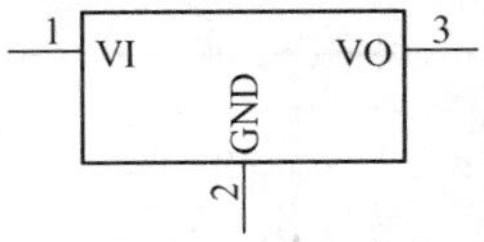

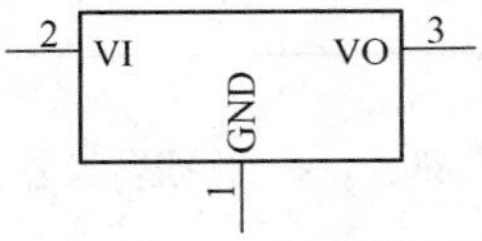

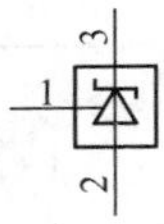

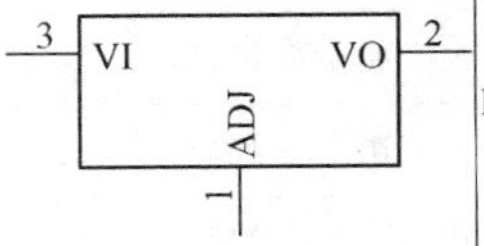

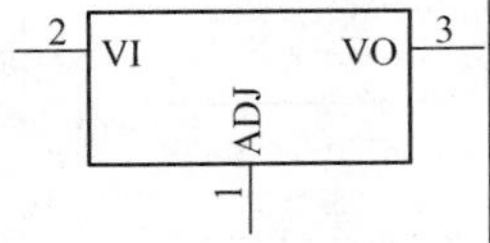

（2）Capacitors　电容类

子　类	含　义	常 用 元 件		
Generic	普通电容	CAP	电容	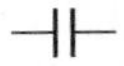
		CAP – ELEC	电解电容	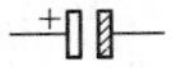

（3）CMOS 4000 series　CMOS 4000 系列数字电路

子　类	含　义	子　类	含　义
Adders	加法器	Encoders	编码器
Buffers & Drivers	缓冲和驱动器	Comparators	比较器
Misc Logic	混杂逻辑电路	Counters	计数器
Phase – Locked Loops（PLLs）	锁相环	Decoders	译码器

子　类	含　义	子　类	含　义
Flip – Flops & Latches	触发器和锁存器	Memory	存储器
Frequency Dividers & Timers	分频器和定时器	Mutiplexers	数据选择器
Gates & Inverters	门电路和反相器	Multivibrators	多谐振荡器
Signal Switcher	信号开关	Registers	寄存器

常用门电路			
AND 与门	4081	NAND 与非门	4011
OR 或门	4071	NOR 或非门	4001
NOT 非门	4069	XOR 异或门	4030

（4）Data Converters　数据转换器类

子　类	含　义	常用元件
A/D Converters	模数转换器	ADC0808
D/A Converters	数模转换器	DAC0808
Light Sensors	光传感器	TSL251RD
Temperature Sensors	温度传感器	DS18B20、LM35

（5）Diodes　二极管类

子　类	含　义	常用元件	
Bridge Rectifiers	整流桥	Bridge、2W04、2W08	
Generic	普通二极管	Bridge　整流桥	
		DIODE – ZEN　稳压二极管	
		DIODE　二极管	
Rectifiers	整流二极管	1N4001～1N4007、1N5400～1N5408	
Switching	开关二极管	1N4148、1N4448	
Zener	稳压二极管	1N4073～1N992B	

（6）Electromechanical　电机类

常 用 元 件					
MOTOR	直流电动机		MOTOR – STEPPER	步进电动机	
MOTOR – DC	直流电动机		MOTOR – SERVO	伺服电动机	

（7）Inductors　电感类

子　类	含　义	常 用 元 件	
Generic	普通电感	IND – AIR　空心电感	
		IND – IRON　铁心电感	
Transformers	变压器	TRAN – 2P2S	
		TRAN – 1P2S、TRAN – 2P3S	

（8）Memory Ics　存储器芯片类

子　类	含　义	子　类	含　义
Dynamic RAM	动态数据存储器	Memory Cards	存储卡
EEPROM	电可擦除程序存储器	SPI Memories	SPI 总线存储器
EPROM	可擦除程序存储器	Static RAM	静态数据存储器
I2C Memories	I^2C 总线存储器	UNI/O Memories	

（9）Microprocessor ICs　微处理器芯片类

子　类	含　义	常 用 元 件
8051 Family	8051 系列	80C51、AT89C2051、AT89C51、AT89C52、MAX232
ARM Family	ARM 系列	
AVR Family	AVR 系列	
HC11 Family	HC11 系列	
peripherals	CPU 外设	
PIC 12（16，18，24）Family	PIC 12（16，18，24）系列	

（10）Miscellaneous　常用混杂元件类

常 用 元 件	常 用 元 件	
IRLINK　光耦	BATTERY　电池组	

续表

常 用 元 件	常 用 元 件	
TORCH – LDR　光敏电阻	CELL　电池	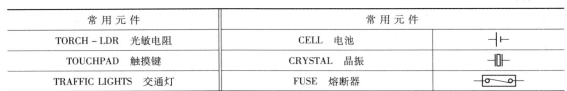
TOUCHPAD　触摸键	CRYSTAL　晶振	
TRAFFIC LIGHTS　交通灯	FUSE　熔断器	

（11）Operational Amplifiers　运算放大器类

子　类	含　义	常 用 元 件
Dual	双运放	LM358N、OP200AP
Quad	四运放	LM324、OPA4342PA
Ideal	理想运放	OP1P、OPAMP
Macromodel	普通比较器	COMPI
Single	单运放	741、LM741、OP07

（12）Resistors　电阻类

子　类	含　义	常 用 元 件		
Generic	普通电阻	RES		
NTC	负温度系数热敏电阻			
Variable	滑动电阻器	POT – LIN（直线式）		
		POT – LOG（对数式）		
		POT – HG（指数式）		
Varisitors	可变电阻			
Resistor Network	电阻网络			
Resistor Packs	排阻			

（13）Simulator Primitives　仿真源类

子　类	含　义	常 用 元 件		
Sources	输入源	ALTERNATOR	交流电压源	
		BATTERY	电池组	
		CLOCK	时钟脉冲	
		CSOURCE	直流电流源	
		VSOURCE	直流电压源	

（14） Optoelectronics 光电器件类

子 类	含 义	子 类	含 义
7（14、16）– Segment Displays	7（14、16）段显示	LCD Controllers	液晶控制器
		LCD Panels Displays	液晶面板显示
Alphanumeric LCDs	液晶数码显示	LEDs	发光二极管
Bargraph Displays	条形显示	Optocouplers	光电耦合
Dot Matrix Displays	点阵显示	Serial LCDs	液晶显示
Graphical LCDs	液晶图形显示	Lamps	灯

7 – Segment Displays 子类——常用元件		
7SEG – COM – AN – BLUE	蓝色 1 位 7 段共阳数码管（无小数点）	
7SEG – COM – AN – GRN	绿色 1 位 7 段共阳数码管（无小数点）	
7SEG – COM – ANODE	红色 1 位 7 段共阳数码管（无小数点）	
7SEG – COM – CAT – BLUE	蓝色 1 位 7 段共阴数码管（无小数点）	
7SEG – COM – CAT – GRN	绿色 1 位 7 段共阴数码管（无小数点）	
7SEG – COM – CATHODE	红色 1 位 7 段共阴数码管（无小数点）	
7SEG – MPX1 – CA	红色 1 位 7 段共阳数码管（有小数点）	
7SEG – MPX1 – CC	红色 1 位 7 段共阴数码管（有小数点）	
7SEG – MPX2 – CA	红色 2 位 7 段共阳数码管（有小数点）	
7SEG – MPX2 – CC	红色 2 位 7 段共阴数码管（有小数点）	
7SEG – MPX2 – CA – BLUE	蓝色 2 位 7 段共阳数码管（有小数点）	
7SEG – MPX2 – CC – BLUE	蓝色 2 位 7 段共阴数码管（有小数点）	
7SEG – MPX4 – CA	红色 4 位 7 段共阳数码管（有小数点）	
7SEG – MPX4 – CC	红色 4 位 7 段共阴数码管（有小数点）	
7SEG – MPX4 – CA – BLUE	蓝色 4 位 7 段共阳数码管（有小数点）	
7SEG – MPX4 – CC – BLUE	蓝色 4 位 7 段共阴数码管（有小数点）	
7SEG – MPX6 – CA	红色 6 位 7 段共阳数码管（有小数点）	
7SEG – MPX6 – CC	红色 6 位 7 段共阴数码管（有小数点）	
7SEG – MPX6 – CA – BLUE	蓝色 6 位 7 段共阳数码管（有小数点）	
7SEG – MPX6 – CC – BLUE	蓝色 6 位 7 段共阴数码管（有小数点）	
7SEG – MPX8 – CA – BLUE	蓝色 8 位 7 段共阳数码管（有小数点）	
7SEG – MPX8 – CC – BLUE	蓝色 8 位 7 段共阴数码管（有小数点）	

LEDs 子类——常用元件	
LED（发光二极管）	
LED – BLUE、LED – GREEN、LED – RED、LED – YELLOW（发光二极管）	

（15） Speaker & Sounders　扬声器类

常 用 元 件	
BUZZER　蜂鸣器	
SPEAKER　扬声器	
SOUNDER　音响发声器	

（16） Switches and Relays　开关和继电器类

子　类	含　义	常 用 元 件	
Keypads	键盘	KEYPAD – CALCULATOR	计算器键盘
		KEYPAD – PHONE	电话键盘
		KEYPAD – SMALLCALC	小计算器键盘
Relays（Generic）	普通继电器	RLY – DPCO 有2组转换节点的继电器	
		RLY – DPNO 有2组常开节点的继电器	
		RLY – SPCO 有1组转换节点的继电器	
		RLY – SPNO 有1组常开节点的继电器	
Relays（Specific）	专用继电器	各种专用继电器	
Switches	开关	BUTTON　按钮	
		SW – DPDT 双联转换开关	
		SW – DPST 双联开关	
		SW – SPDT　转换开关	
		SW – SPST、SWITCH　开关	
		各种开关	

（17） Switching Devices　开关器件类

子　类	含　义	常　用　元　件						
DIACs	双向二极管							
Generic	普通开关元件	DIAC 双向二极管		SCR 单向晶闸管		TRIAC 双向晶闸管		
SCRs	单向晶闸管							
TRIACs	双向晶闸管							

（18） Transducers　传感器类

子　类	含　义	常　用　元　件
Humidity/Temperature	湿敏/温度传感器	SHT10、SHT71
Ligt Dependent Resistor（LDR）	光敏电阻	LDR
Pressure	压力传感器	MPX4115、MPX4250
Temperature	温度传感器	RTD－PT100

（19） Transistors　晶体管类

子　类	含　义	常　用　元　件	
Generic	普通晶体管	NJFET N 沟道结型场效应管	
		NMOSJFET N 沟道绝缘栅场效应管	
		NPN NPN 型三极管	
		PJFET P 沟道结型场效应管	
		PMOSJFET P 沟道绝缘栅场效应管	
		PNP PNP 型三极管	
		UJT 单结晶体管	
Bipolar	双极型晶体管		
JFET	结型场效应管		
MOSFET	金属氧化物场效应管		
RF Power LDMOS	射频功率 LDMOS 管		
RF Power VDMOS	射频功率 VDMOS 管		
Unijunction	单结晶体管		

（20）TTL 74、74ALS、74AS、74F、74HC、74HCT、74LS、74S 系列

子　类	含　义	子　类	含　义
Adders	加法器	Gates & Inverters	门电路和反相器
Comparators	比较器	Misc Logic	混杂逻辑电路
Counters	计数器	Mutiplexers	数据选择器
Decoders	译码器	Multivibrators	多谐振荡器
Encoders	编码器	Buffers & Drivers	缓冲和驱动器
Registers	寄存器	Flip – Flops & Latches	触发器和锁存器
Transceivers	收发器	Phase – Locked Loops（PLLs）	锁相环
Signal Switcher	信号开关		

附录 B　MCS51 单片机的汇编语言指令表

（1）数据传送指令

指　令			功　能	字节	时钟周期
MOV	A,	Rn	Rn 中内容送 A	1	12
		direct	direct 地址中内容送 A	2	12
		@ Ri	Ri 存放的地址中的内容送 A	1	12
		#data	8 位立即数 data 送 A	2	12
MOV	Rn,	A	A 中内容送 Rn	1	12
		direct	direct 地址中内容送 Rn	2	24
		#data	8 位立即数 data 送 Rn	2	12
MOV	direct,	A	A 中内容送 direct 地址中	2	12
		Rn	Rn 中内容送 direct 地址中	2	24
		direct（1）	direct（1）地址中的内容送 direct 地址中	3	24
		@ Ri	Ri 存放的地址中的内容送 direct 地址中	2	24
		#data	8 位立即数 data 送 direct 地址中	3	24
MOV	@ Ri,	A	A 中内容送 Ri 存放的地址中	1	12
		direct	direct 地址中的内容送 Ri 存放的地址中	2	24
		#data	8 位立即数 data 送 Ri 存放的地址中	2	12
MOV	DPTR,	#data16	16 位立即数 data 送 DPTR	3	24
MOVC	A,	@ A + DPTR	将程序存储器中的数据传送到累加器 A 中	1	24
		@ A + PC		1	24
MOVX	A,	@ Ri	外部数据存储器与累加器 A 之间传送数据。寄存器 Ri、DPTR 中存放外部数据存储器的地址。	1	24
		@ DPTR		1	24
	@ Ri,	A		1	24
	@ DPTR,	A		1	24

续表

指 令			功 能	字节	时钟周期
XCH	A,	Rn	交换	1	12
		@ Ri		1	12
		direct		2	12
XCHD	A,	@ Ri	低4位交换	1	12
PUSH	direct		压栈	2	24
POP	direct		出栈	2	24
SWAP	A		高低4位交换	1	12

（2）运算指令

指 令			功 能	字节	时钟周期
ADD/ADDC/SUBB	A,	Rn	ADD：A加操作数，结果送A ADDC：A加操作数再加进位位（C），结果送A SUBB：A减操作数再减进位位（C），结果送A	1	12
		direct		2	12
		@ Ri		1	12
		#data		2	12
DIV	AB		A中内容除以B中内容，商送A，余数送B	1	48
MUL	AB		A中内容乘以B中内容，结果高8位送B，低8位送A	1	48
INC/DEC	A		加1/减1	1	12
	Rn			1	12
	direct			2	12
	@ Ri			1	12
INC	DPTR		DPTR指向下一个数据	1	24
CLR/CPL	A		A清零/取反	1	12
RR/RL/RRC/RLC	A		循环右移/循环左移/带进位循环右移/带进位循环左移	1	12
ANL/ORL/XRL	A	Rn	与/或/异或	1	12
		direct		2	12
		@ Ri		1	12
		#data		2	12
ANL/ORL/XRL	direct,	A	与/或/异或	2	12
		#data		3	24
DA	A		十进制数调整	1	12

（3）转移指令

指 令		功 能	字节	时钟周期
ACALL	add11	转子程序	2	24
LCALL	add16	长转子程序	3	24

指　　令				功　　能	字节	时钟周期
AJMP	add11			绝对转移	2	24
LJMP	add16			长转移	3	24
JMP	@ A + DPTR			变址寻址转移，（DPTR）+（A）结果为目标地址	1	24
SJMP	rel			短转移（相对转移）	2	24
JZ	rel			A = 0 时转移	2	24
JNZ	rel			A ≠ 0 时转移	2	24
CJNE	A,	direct,	rel	比较不同时转移	3	24
	A,	#data,	rel		3	24
	@ Ri,		rel		3	24
	Rn,				3	24
DJNZ	Rn,		rel	减 1 后结果 ≠ 0 时转移	3	24
	direct,		rel		3	24
RET/RETI				子程序返回/中断子程序返回	2	24
NOP				空操作	1	12

（4）布尔指令集

指　　令			功　　能	字节	时钟周期
MOV	C,	bit	位传送	2	12
	bit,	C		2	24
CLR/SETB/CPL		C	清零/置1/取反	1	12
		bit		2	12
ANL/ORL	C,	bit	与/或	2	24
		/bit		2	24
JC	rel		C = 1 时转移	2	24
JNC	rel		C = 0 时转移	2	24
JB	bit,	rel	bit = 1 时转移	3	24
JNB	bit,	rel	bit = 0 时转移	3	24
JBC	bit,	rel	bit = 1 时转移同时使 bit = 0	3	24

表（1）、（2）、（3）、（4）中：

direct	表示 RAM、SFR 或 I/O 的直接地址		
#data	表示 8 位立即数	#data16	表示 16 位立即数
Rn	表示寄存器 R0 ～ R7	Ri	表示寄存器 R0、R1
add11	表示 11 位地址	add16	表示 16 位地址
rel	表示有符号的 8 位数的相对偏移量	bit	表示位地址

（5）伪指令

伪指令不生成机器语言指令，主要用于对汇编过程进行说明和指导。

指　令	格　式	功　能
EQU	〈符号名〉EQU〈表达式〉	〈表达式〉的值赋予〈符号名〉
DATA	〈符号名〉DATA〈表达式〉	将片内数据存储器的地址赋予所规定的〈符号名〉
XDATA	〈符号名〉XDATA〈表达式〉	将片外数据存储器的地址赋予所规定的〈符号名〉
IDATA	〈符号名〉IDATA〈表达式〉	将可间接寻址的片内数据存储器的地址赋予所规定的〈符号名〉
BIT	〈符号名〉BIT〈表达式〉	将片内数据存储器可位寻址的位地址赋予所规定的〈符号名〉
CODE	〈符号名〉CODE〈表达式〉	将程序存储器的地址赋予所规定的〈符号名〉
DB	〈标号〉DB〈表达式列表〉	将表达式的值顺序存放在从〈标号〉开始的程序存储器的地址中
DW	〈标号〉DW〈表达式列表〉	将表达式的值顺序存放在从〈标号〉开始的程序存储器的地址中，每一项值占用2个字节（1个字）
DS	〈标号〉DS〈表达式〉	占用从〈标号〉开始的程序存储器中等于〈表达式〉数值长度的字节空间
DBIT	〈标号〉DBIT〈表达式〉	占用从〈标号〉开始的程序存储器中等于〈表达式〉数值长度的可位寻址的空间
ORG	ORG〈表达式〉	定义下一条指令在程序存储器中地址为〈表达式〉的值
END	END	程序结束标志，本指令后的内容汇编程序不再编译

附录 C　电阻器、电容器常用标示

（1）常用标称系列

允许偏差	E24（±5%）		E12（±10%）	E6（±20%）
标称系列	1.0	3.3	1.0	1.0
	1.1	3.6	1.2	1.5
	1.2	3.9	1.5	2.2
	1.3	4.3	1.8	3.3
	1.5	4.7	2.2	4.7
	1.6	5.1	2.7	6.8
	1.8	5.6	3.3	
	2.0	6.2	3.9	
	2.2	6.8	4.7	
	2.4	7.5	5.6	
	2.7	8.2	6.8	
	3.0	9.1	8.2	

（2）色标法

颜色	有效数字	倍率	允许偏差	颜色	有效数字	倍率	允许偏差
黑	0	10^0		紫	7	10^7	±0.1%
棕	1	10^1	±1%	灰	8	10^8	
红	2	10^2	±2%	白	9	10^9	
橙	3	10^3		金		10^{-1}	±5%
黄	4	10^4		银		10^{-2}	±10%
绿	5	10^5	±0.5%	无			±20%
蓝	6	10^6	±0.2%				

（3）字母表示的允许偏差

字　　母	B	C	D	F	G	J	K	M
允许偏差	±0.1%	±0.2%	±0.5%	±1%	±2%	±5%	±10%	±20%

参 考 文 献

［1］任为民．电子技术基础课程设计［M］．北京：中央广播电视大学出版社，2002.

［2］周润景，张丽娜．基于 PROTEUS 的电路及单片机系统设计与仿真［M］．北京：北京航空航天大学出版社，2006.

［3］胡宴如．模拟电子技术［M］．北京：高等教育出版社，2008.

［4］华容茂．数字电子技术与逻辑设计教程［M］．北京：电子工业出版社，2002.

［5］杨清学．电子装配工艺［M］．北京：电子工业出版社，2003.

［6］李忠国，陈刚．单片机应用技能实训［M］．北京：人民邮电出版社，2006.

［7］王廷才．电子线路 CAD Protel99 使用指南（第 2 版）［M］．北京：机械工业出版社，2007.

［8］百度文库　http://wenku.baidu.com/